Telekommunikation für den Menschen

Individuelle und gesellschaftliche Wirkungen

Human Aspects of Telecommunication

Individual and Social Consequences

Vorträge des Kongresses
29.–31. Oktober 1979, München

Proceedings of the Congress
October 29–31, 1979, Munich

Herausgeber/Editor: E. Witte

Springer-Verlag
Berlin Heidelberg New York 1980

MÜNCHNER KREIS
Übernationale Vereinigung für Kommunikationsforschung
Supranational Association for Communications Research
Ludwigstraße 8, D-8000 München 22, Telefon: (089) 28 49 09

Wissenschaftliche Betreuung des Kongresses:
Prof. Dr. Eberhard Witte
Dipl.-Kfm., Ing. (grad.) Peter Welchowski
Institut für Organisation, Universität München
Ludwigstraße 28, D-8000 München 22

CIP-Kurztitelaufnahme der Deutschen Bibliothek
Telekommunikation für den Menschen :
individuelle u. gesellschaftl. Wirkungen ;
Vorträge d. Kongresses, 29. – 31. Oktober 1979, München –
Human aspects of telecommunication /
[Münchner Kreis, Übernationale Vereinigung für Kommunikationsforschung].
Hrsg.: E. Witte. [Wissenschaftl. Betreuung d. Kongresses: Eberhard Witte ; Peter Welchowski].
– Berlin, Heidelberg, New York : Springer, 1980.

ISBN-13: 978-3-540-10036-2   e-ISBN-13: 978-3-642-67618-5

DOI: 10.1007/978-3-642-67618-5

Offsetdruck und Bindearbeiten: Julius Beltz/Hemsbach
2362/3020/543210

Vorwort

Der Münchner Kreis hat in den vergangenen Jahren eine Reihe
von Symposien, Kongressen und Fachkonferenzen zur Entwicklung
neuer Systeme der Telekommunikation veranstaltet. Der erste
Kongreß im Jahre 1976 war dem Thema "Kommunikation und
Demokratie" gewidmet und hat dadurch von vornherein deutlich
werden lassen, daß die gesellschaftlichen Wirkungen der
Telekommunikation bevorzugte Beachtung verdienen. Die weiteren
Veranstaltungen des Münchner Kreises widmeten sich dann
technischen, wirtschaftlichen und rechtlichen Problemen
des Zweiweg-Kabelfernsehens und der Elektronischen Textverarbeitung. Auch hier wurden die Humanwirkungen soziotech-
nischer Kommunikationssysteme im Auge behalten. Auf dieser
Grundlage kann heute das Wagnis unternommen werden, eine
umfassende Bestandsaufnahme im Hinblick auf die individuellen
und gesellschaftlichen Wirkungen der Telekommunikation vorzunehmen. Das Problem soll unter vielseitigen Aspekten, insbesondere aus der Sicht der Wissenschaften, der Medien, des
Kommunikations- und Arbeitsmarktes und der Politik behandelt
werden. Unsere Aufgabe ist es - soweit es der Stand der
Erkenntnisse heute bereits zuläßt -, die Analyse von Fakten
und sachlich begründeten Prognosen in den Vordergrund zu
stellen. Damit kann die notwendige Versachlichung in einem
Problemfeld erreicht werden, das allzu leicht von Vorur-
teilen, Gruppeninteressen und Ideologien beherrscht wird.
Wenn es gelingt, wissenschaftliche Aussagen, wirtschaftliche

Analysen und politische Impulse zur Förderung humaner Kommunikationssysteme zu verbinden, dann besteht eine gute Chance, der Telekommunikationspolitik die Schwierigkeiten zu ersparen, die in der Energiepolitik - wegen der nicht rechtzeitigen Integration der verschiedenen Problemaspekte - zu beklagen sind.

Im ersten Teil des Kongresses stehen die Anforderungen des Menschen gegenüber der technischen Ausgestaltung von Geräten und Prozeduren im Vordergrund. Im zweiten Teil werden Probleme der individuellen Nutzung der Telekommunikation behandelt. Dabei geht es nicht lediglich um Marktanalysen und Akzeptanzuntersuchungen, sondern vor allem auch um die Frage, inwieweit die Bedürfnisse des einzelnen Menschen in neuen Kommunikationssystemen berücksichtigt werden können. Im letzten Teil werden die gesellschaftlichen Wirkungen der Telekommunikation umfassend und kritisch diskutiert. Dabei ist erwünscht, daß nicht lediglich die bereits bekannten medienpolitischen Standpunkte ausgetauscht werden, sondern die gesellschaftlichen Wirkungen unterschiedlicher Innovationsstrategien abgewogen und durch Prognosedaten belegt werden. Deshalb zeigt die Programmfolge der Themen und Referenten einen bewußten Wechsel von Politikern, Wissenschaftlern und Praktikern der Telekommunikation. Der Münchner Kreis ist weder ausschließlich eine wissenschaftliche Gesellschaft, noch ein Wirtschaftsverband, eine medienpolitische Interessengruppe oder ein Kreis von Politikern. Er begründet seine Existenz vielmehr durch die Integration der verschiedenen Betrachtungsweisen.

Bei der Vorbereitung des Kongresses zeigte sich, daß der
Problemkreis der Bildungskommunikation eine eigene Veranstaltung erfordert. Sie ist als Kongreß des Münchner Kreises
im Rahmen der Visodata am 11. und 12. Juni 1980 in München
vorgesehen.

Allen Teilnehmern dieses Kongresses danke ich für die aktive
und kritische Mitwirkung. Es ist unser aller Aufgabe, die neuen
Systeme der Telekommunikation so zu gestalten, daß die programma-
tische Aussage "Telekommunikation für den Menschen!" Wirklichkeit
wird.

München, im Januar 1980   Eberhard Witte

                                 Wissenschaftlicher
                                 Leiter des Kongresses

Foreword

In recent years the MÜNCHNER KREIS has organized a number
of symposiums and congresses both for the general public
and for specialized audiences on the development of new
systems of telecommunication. The first congress, held in
the year 1976, had as its theme "Communication and Democracy"
and made clear from the very outset that the social consequences of the new telecommunication systems deserve special
consideration. The subsequent events staged by the MÜNCHNER
KREIS were all devoted to the technical, economic and legal
problems arising from two-way cable television and electronic
text processing. Here, too, the effects on the user of socio-
technical communication systems were also never lost sight of.

All this provides the basis which emboldens us to venture
on a comprehensive inventory of the individual and social
consequences of telecommunication. The congress papers
treat this entire complex of problems from a wide variety
of aspects, but in particular from the viewpoint of the
sciences, the media, the communication and labour markets,
and politics. The task facing us is - in so far as the state
of our presentday knowledge permits this - to dire attention
to empirical analyses and scientifically founded prognoses.
This in turn will enable us to attain the requisite degree
of objectivity in a field where the treatment of problems is
all too often governed by prejudices, group interests and

ideological standpoints. If we succeed in uniting scientific
statements and economic analyses with political initiatives
in the service of "humane" systems of telecommunication, we
stand a good chance of sparing telecommunications policy those
difficulties which - because of a too tardy recognition of the
need to integrate the various aspects of the problem - still
plague the whole field of energy policy.

The first section of the congress gives priority to the human
demands to be made on the technical form both devices and
procedures take. The second section is devoted to the problems
arising from the individual utilization of telecommunication
services. Here it is not merely a matter of market analyses
and research into acceptance difficulties, but first and
foremost of the question whether the needs of the individual
can be met by the new telecommunication systems. In the final
section, the social effects of telecommunication are discussed
critically and in great detail. Here the aim was not that
only media-political standpoints already well known should
once again be aired; the social consequences of a variety
of innovation strategies were to be contrasted with one
another and backed up by prognostic data. This will explain
why subjects and speakers are consciously so alternated that
politicians, natural scientists and practicians are repre-
sented in turn. The MÜNCHNER KREIS is neither a scientific
society nor a business association nor a lobby for the
promotion of media-political interests nor a circle of
politicians exclusively. Its raison d'être is rather to be
sought in the integration of these various standpoints.

During the preparations for the present congress it soon
became clear that the wide variety of problems connected
with education communication would have to be set aside for
treatment at a separate congress dedicated to them alone.
Accordingly a further congress of the MÜNCHNER KREIS will
be devoted to this area within the framework of <u>Visodata</u>
on 11 and 12 June next.

I should like to express my gratitude for their active
and critical cooperation to all those who took part in
the congress. We are all called upon to ensure that the
new systems of telecommunication assume a form which will
give due significance to the "Human Aspects of Telecommunication".

Munich, January 1980   Eberhard Witte

                                        Congress Director

Inhalt

Kongreß-Programm

I. Menschengerechte Technik der Telekommunikation

II. Individuelle Nutzung der Telekommunikation

XIII

III. Gesellschaftliche Wirkung der Telekommunikation

Prof. Dr. E. Witte
Leitung der Podiumsdiskussion

Teilnehmer:
*E. Breit, A. Jaumann, Dr. Ch. Schwarz-Schilling, G. Stephan, Dr. h.c. J. Stingl,
G. Verheugen*

Contents

II. Individual Employment of Telecommunication

III. Social Consequences of Telecommunication

Liste der Referenten und Diskussionsteilnehmer
Index of Authors and Discussion Participants

Dr. J. G. B l u m l e r
Centre for Television Research
University of Leeds
Leeds LS 9 JT /England

C. D e t j e n
Bundesverband Deutscher
Zeitungsverleger e. V.
Riemenschneiderstr. 10
5300 Bonn-Bad Godesberg

E. B r e i t
Deutsche Postgewerkschaft
Rhonestr. 2
6000 Frankfurt (M) 71

Dipl.-Ing. R. D i n g e l d e y
Fernmeldetechnisches Zentralamt
Am Kavalleriesand 3
6100 Darmstadt

Dr. K. B r e p o h l
Institut der deutschen Wirtschaft
Oberländer Ufer 84-88
5000 Köln 51

Dipl.-Ing. D. E l i a s
Bundesministerium für das
Post- und Fernmeldewesen
Adenauer Allee 81
5300 Bonn 1

Dr. Ch. N. B r o w n s t e i n
Division of Applied Research, ASRA
National Science Foundation
1800 G Street, N. W.
Washington, D. C. 20550 / USA

Dr. M. C. J. E l t o n
School of the Arts
New York University
144 Bleecker Street
New York, N. Y. 10012 / USA

Dr. F. W. B u r k h a r d t
Inca-Fiej research association
Washingtonplatz 1
6100 Darmstadt

Dr. O. E r n s t
Axel Springer Verlag AG
Marktforschung und -planung
Kaiser-Wilhelm-Str. 6
2000 Hamburg 36

W. E r n s t
Infratest Forschung GmbH
Landsberger Str. 338
8000 München 21

A. J a u m a n n
Bayer. Staatsministerium für
Wirtschaft und Verkehr
Prinzregentenstr. 28
8000 München 22

Dr. P. G l o t z
Senat für Wissenschaft und Forschung
Bredtschneiderstr. 5
1000 Berlin 19

Prof. Dr. -Ing. W. K a i s e r
Institut für Nachrichtenübertragung
Universität Stuttgart
Breitscheidstr. 2
7000 Stuttgart 1

Dipl. -Ing. H. G r o s s e r
TeKaDe - Felten & Guilleaume
Fernmeldeanlagen GmbH
Thurn- und Taxis-Str. 10
8500 Nürnberg

Dr. M. K a w a h a t a
Visual Information System
Development Association
Sanko Bldg. 4-10-5
Ginza, Chuo-Ku
Tokyo 104 / Japan

Dr. -Ing. F. R. G ü n t s c h
Bundesministerium für Forschung
und Technologie
Postfach 20 07 06
5300 Bonn 2

S. K o m a t s u z a k i
Research Institute of Telecommunications and Economics
1-6-19, Azabudai, Minato-ku
Tokyo / Japan

Dr. V. H a u f f MdB
Bundesministerium für
Forschung und Technologie
Heinemannstr. 2
5300 Bonn-Bad Godesberg

Dr. R. K r e i l e MdB
Widenmayerstr. 34
8000 München 22

Prof. Dr. J. H a u s c h i l d t
Institut für Betriebswirtschaftslehre
Christian-Albrechts-Universität
zu Kiel
Olshausenstr. 40-60
2300 Kiel 1

Prof. Dr. W. R. L a n g e n b u c h e r
Institut für Kommunikationswissenschaft
Geschw. -Scholl-Platz 1
8000 München 22

Dr. G. H e l l b a r d t
IBM Deutschland GmbH
Pascalstr. 100
7000 Stuttgart 80

Prof. Dr. P. L e r c h e
Institut für Politik und
Öffentliches Recht
Ludwigstr. 28 Rgb.
8000 München 22

H. N i x d o r f
Nixdorf Computer AG
Fürstenallee
4790 Paderborn

Dr. H. O h n s o r g e
Heinrich-Hertz-Institut für Nachrichtentechnik Berlin GmbH
Einsteinufer 37
1000 Berlin 10

Prof. Dr. H. R a u p a c h
Groffstr. 20
8000 München 19

Dipl. -Phys. D. v. S a n d e n
Siemens AG
Hofmannstr. 51
8000 München 70

Prälat W. S c h ä t z l e r
Zentralstelle für Medien
der Deutschen Bischofskonferenz
Kaiserstr. 163
5300 Bonn

A. S c h a r f
Bayerischer Rundfunk
Rundfunkplatz 1
8000 München 2

G. S c h e l o s k e
Organisierte Textverarbeitung
Burgkmairstr. 15
8000 München 21

Dr. Chr. Schwarz-Schilling MdB
Bundeshaus
Deutscher Bundestag
5300 Bonn

Prof. Dr. -Ing. K. S t e i n b u c h
Institut für Nachrichtenverarbeitung
Universität Karlsruhe
Kaiserstr. 12
7500 Karlsruhe

G. S t e p h a n
DGB-Bundesvorstand
Hans-Böckler-Str. 39
4000 Düsseldorf

T. S t e w a r t
Butler Cox & Partners Ltd.
Morley House, 26-30
Holborn Viaduct
London EC1A 2 BP / England

Dr. h. c. J. S t i n g l
Bundesanstalt für Arbeit
Regensburger Str. 104
8500 Nürnberg

D. S t o l t e
Zweites Deutsches Fernsehen
Essenheimer Landstraße
6500 Mainz-Lerchenberg

Dipl. -Phys. U. T h o m a s
Bundesministerium für
Forschung und Techologie
Heinemann-Str. 2
5300 Bonn-Bad Godesberg

F. W e i s e
Deutsche Angestellten-Gewerkschaft
Karl-Muck-Platz 1
2000 Hamburg 36

Dipl.-Ing. J. Frhr. von W r a n g e l
AEG-Telefunken
Nachrichten- u. Verkehrstechnik AG
Lyoner Str. 26
600C Frankfurt (M)-71

Dr. F. W e l t z
Soziologische Beratung
Gundelindenstr. 6
8000 München 40

G. V e r h e u g e n MdB
Freie Demokratische Partei
Thomas-Dehler-Haus
Baunscheidstr. 15
5300 Bonn

Prof. Dr. E. W i t t e
Institut für Organisation
Universität München
Ludwigstr. 28 Rgb.
8000 München 22

Dr.-Ing. G. Z e i d l e r
Standard Elektrik Lorenz AG
Hellmuth-Hirth-Str. 42
7000 Stuttgart 40

Technische Kommunikation für den Menschen

V. Hauff
Bonn
Bundesminister für Forschung und Technologie

Wenn man auf die öffentliche Diskussion der letzten Wochen zurück-
blickt, hat es den Anschein, als ob die Kommunikationsdiskussion
allmählich an einem neuen Punkt angekommen ist.Sie ist bei manchen immer noch verbunden mit der visionären Vorstellung des Übertritts in
ein Schlaraffenland technisch vermittelter Kommunikation. Die Schlagworte heißen dabei: Kabelfernsehen, Satellitenfernsehen, Pay-TV,
Bildtelefon, Breitbanddialog, interaktiver Rückkanal, elektronische
Redaktion,Faksimilezeitung, Videotext oder Bildschirmtext.

Inzwischen treten aber die wirklichen Fragen immer stärker ins Bewußtsein. Eine wachsende Zahl von Menschen fragt sich selbst und
die anderen: Was steht eigentlich hinter diesen Begriffen? Was kommt
da auf mich zu? Wer entscheidet über diese Entwicklungen? Was muß
ich dafür an Geld und sozialen Kosten bezahlen? Aber auch: Wie beeinflußt dies alles meine Familie, meine Arbeit, meine Freizeit,
mein weiteres Leben? Und nicht zuletzt: Kann ich bei den Entscheidungen, die zu diesen Entwicklungen führen, mitreden oder sogar mit-
bestimmen?

Ein Großteil der neuen Diskussionswelle im Kommunikationsbereich allerdings schwappt bisher über den Bürger hinweg, ohne daß er recht
weiß, wohin sie ihn treiben wird.

Ich habe den Eindruck, die "professionelle" Diskussion präsentiert
dem Bürger weithin nur alte Themen neu verpackt, zwar mit etwas mehr
besorgten Untertönen. Aber zum Beispiel bei den Rundfunkmedien wird
bei genauem Zusehen doch ein altes Thema nur neuverpackt herausge-
stellt: Endlich privatwirtschaftliche Lösungen neben das öffentlich-
rechtliche Rundfunksystem setzen, um den neuen technischen Möglichkeiten "Freiheit" zu verschaffen. Sollen aber - so muß man fragen -
technische Möglichkeiten die bestimmenden Elemente für eine Struk-
turveränderung der Medienlandschaft mit ihrer publizistischen Gewaltenteilung in der Bundesrepublik Deutschland sein?

Welche Vielfalt statt nur Vielzahl wird eigentlich dem Bürger versprochen von denen, die allein die technischen Möglichkeiten zur Richtschnur der Medienstruktur machen? Wie erfüllen sie eigentlich ihre Bringschuld gegenüber dem Bürger, mögliche Zukünfte einsichtig und damit der Auswahl zugänglich zu machen? Welche Zukunft versprechen sie eigentlich mit ihren schönen Schlagworten, wenn sie dies mischen mit berechtigter Medienkritik am öffentlich-rechtlichen Rundfunksystem, wie dem kaum überschaubaren Parteieinfluß oder mangelnder Mitwirkung der anderen gesellschaftlichen Gruppen an den Programmen?

Man hat den Eindruck, es geht oft nur darum, das öffentlich-rechtliche Rundfunksystem erst einmal zu "kippen". Und da frage ich mich: Wer steckt eigentlich hinter all den vielen Vorschlägen? Wessen Interessen sollen da durchgesetzt werden?

Ich stimme dem medienpolitischen Sprecher der Opposition im Deutschen Bundestag zu, wenn er zu neuen Medien sagt: "Kabelkommunikation kann das gesamte Informations- und Kommunikationsverhalten in vielen Bereichen unserer Gesellschaft revolutionieren."

Nur wer daraus den Schluß zieht: "Wer heute Kabelkommunikation aus durchsichtigen und kurzsichtigen Gründen blockiert, blockiert den mündigen Bürger und beeinträchtigt das verfassungsmäßig verbriefte Recht des Bürgers auf umfassende Information", der blendet die wirkliche Verantwortung des Politikers in der heutigen Kommunikationsdiskussion einfach aus: Zum einen die dann unausweichlich kommende strukturelle Veränderung unserer Medienlandschaft - auch das Verhältnis der Druck-Medien zum Fernsehen - und zum zweiten - was ich für genauso wichtig halte - die berechtigte Sorge der Menschen vor einer Technikentwicklung mit enormen Auswirkungen auf die sozialen Strukturen und soziales Zusammenleben in dieser Gesellschaft und übersieht auch, warum im Grundgesetz nach den Erfahrungen von Weimar die öffentliche Verantwortung für die Medienorganisation so stark dezentralisiert wurde.

Mir fällt in dieser Diskussion auf, daß die Funktionsfähigkeit unserer publizistischen Gewaltenteilung bei den Massenkommunikationsmitteln etwas zu unbedacht aufs Spiel gesetzt wird. Die Schelte auf das öffentlich-rechtliche Rundfunksystem verdeckt den Blick auf die Zusammenhänge.

Das führt zugleich zu der zweiten Beobachtung: Die "professionelle"
öffentliche Diskussion ist in der Gefahr, sich an den eigenen
Schlagworten über die neuen technischen Möglichkeiten zu berauschen;
sogar Interessenten sind dabei, technische Möglichkeiten mit kauf-
kräftiger Nachfrage zu verwechseln. Verdrängt wird in dieser Diskussion zu schnell der - durch den Wettbewerb von wirtschaftlich un-
gleich starken Verlagen und Medienkonzernen ausgelöste - kontinuierliche Konzentrationsprozeß bei den Druckmedien in den letzten 30
Jahren. Durch diesen Prozeß ist im Druckmedienbereich ein Stück Meinungsvielfalt verlorengegangen, und allein aus einer wirtschaftlichen
Beurteilung heraus wird heute sogar - wie ich meine, berechtigt -
von einigen Verlegern die Gefahr gesehen, daß neue technische Möglichkeiten wie lokale Programme über Breitbandkabel und kommerzielle
Programme über Fernsehrundfunksatelliten den Konzentrationsprozeß
im Druckmedienbereich noch weiter führen. Auch die heute wirtschaftlich starken nationalen Medienkonzerne blieben dann davon nicht ver-
schont. Ein abhängiges "medienpolitisches Entwicklungsland" könnten
wir schnell werden, wenn wir uns die demokratische und wirtschaftliche Entscheidung über unsere Medienentwicklung durch den Selbstlauf
der Technik wegnehmen lassen.

Es muß nachdenklich stimmen, was der Chefredakteur des Mannheimer
Morgens, **Hans-Joachim** Deckert, anläßlich des Hearing zu dem Kabel-
Pilot-Projekt in Mannheim-Ludwigshafen gesagt hat: Sein Zeitungsverlag sei gezwungen, sich sozusagen artfremder Techniken zu bedienen.
Tue er es nicht, so werden ihn die öffentlich-rechtlichen Funkhäuser
und die Multimedia-Konzerne von zwei Seiten her unter Druck setzen.
Aber auch die Großverlagshäuser fühlen sich betroffen, wenn beispielsweise die Einführung des Satellitenfernsehens durch multinatio-
nale Gesellschaften zu einer Umverteilung des Werbekuchens führt.

Denn dieser Kuchen läßt sich eben nur einmal aufteilen. Was bleibt
davon übrig für das vielfältige öffentlich-rechtliche Rundfunksystem,
von dem wir zu leicht vergessen, daß es zu mehr als einem Drittel
auch durch Werbung finanziert ist; was bleibt für die relativ interessante Landschaft der großen Publikumszeitschriften mit ihrer
erfreulichen Konkurrenz um Inhalte, nicht nur um Zahlen? Verleger
sagen dazu: Es ist zu befürchten, daß uns das Satelliten-Fernsehen
auf dem Weg zu einer langsamen Niveauerhöhung in allen Medien wieder auf den Stand der frühen 60er Jahre zurückwirft.

Die Bundesregierung hat bei der in ihrem Zuständigkeitsbereich liegenden Entscheidung über das technische Projekt eines gemeinsamen
mit Frankreich zu entwickelnden Fernseh-Direkt-Satelliten dementsprechend gehandelt. Sie hat nämlich dafür Sorge getragen, daß die
deutsche Medienstruktur nicht durch die staatliche Förderung einer
industriellen Schlüsseltechnologie präjudiziert und kein Zugzwang
aus der Technik gesetzt wird. Sie hat deshalb den Partner gebeten,
die mit der gemeinsamen Anstrengung vielleicht bald erreichte Sende-
möglichkeit nicht für Fernsehveranstaltungen zu vergeben, welche
sich aus dem Werbekuchen unseres Landes finanzieren, bevor nicht -
wie früher einmal bei der Problematik der kommerziellen Sender auf
hoher See - eine ausführliche Diskussion zwischen und in den Staaten stattgefunden hat.

Wir sehen, die Diskussion um die Entwicklung der technischen Kommunikation ist keine Diskussion nur um technische Fragen. Es geht um
mehr. Es geht um unser Pressewesen, Rundfunkwesen und unsere demokratische Strukturen, um die Familien. Wir alle müssen ein "Hinein-
taumeln" in eine ungewisse Medienzukunft vermeiden und Schritt um
Schritt das Neue angehen oder es ggf. auch unterlassen. Unterlassen
heißt deswegen noch nicht "behindern", aber z. B. unterlassen von
staatlichen Subventionen.

Die Technikentwicklung fordert zunächst eine viel breitere öffentliche Diskussion. Nun mag gesagt werden, dies ist doch gar nicht möglich, dies sei utopisch. Ich möchte entgegenhalten, daß bei einigem
Nachdenken über die Entwicklung neuer Medien in der Vergangenheit
deutlich wird, daß die Technik zwar neue Voraussetzungen schaffen
kann, aber keineswegs bestimmt, wie sich eine Gesellschaft der Technik bedient. Die Art, wie Fernsehen heute in der Bundesrepublik gemacht wird, hängt eben mit der Weitsicht der Gründer der Deutschen
Rundfunkanstalten und mit dem Verständnis des Bundesverfassungsgerichtes für diesen Faktor der öffentlichen Meinungsbildung zusammen.
Weitsicht und Verständnis für die inhaltlichen Aufgaben und Auswirkungen neuer Medien in der Gesellschaft von Morgen: Mir scheint,
darauf kommt es heute an, wenn die Technik nützen und nicht schaden
soll.

Ich möchte hier Helmut Schmidt zitieren, der vor kurzem in Ulm gesagt hat: "Die Medienwirkungsforschung ist unzureichend. Soweit sie
stattfindet, ist sie unkoordiniert und unsystematisch. Sie arbeitet

mit sehr beschränkten Fragestellungen, zunächst von den Fliegenbein-
zählern, von der Meinungsforschung ausgehend", und er fuhr fort:
"Wir sollen schnell Entscheidungen treffen, Satelliten hier, Verkabelung dort, aber ich kann den technischen Fortschritt, der möglich
ist und der vielleicht sogar Geld spart, nicht isoliert betrachten.
Notwendig ist, die Entwicklung der technischen Möglichkeiten in Beziehung zu setzen zu der Entwicklung des Menschen, der Gesellschaft,
der Umwelt."

Die Entwicklungsmöglichkeiten der Technik und ihre autonome Umsetzung sind nicht gleichbedeutend mit sozialem Fortschritt.

Bei aller Beschränktheit und Unvollkommenheit der uns vorliegenden
Erkenntnisse beispielsweise der Medienwirkungsforschung bitte ich
alle gesellschaftlichen Gruppen um eine etwas nachdenklichere -
manchmal auch ehrlichere Diskussion über diese Entwicklung. Es ist
zu einfach, wenn da gesagt wird, die Bundesregierung wolle die Technik aufhalten oder "blockieren", oder sie trage dazu bei, die Wettbewerbsfähigkeit unserer Industrie aufs Spiel zu setzen.

Wenn wir diese Sorgen der Menschen, daß das technisch Machbare das
Menschliche und bewährte gesellschaftliche Strukturen überrollen
könnte und die warnenden Stimmen der Kirchen, Gewerkschaften, Leh-
rer und Eltern ernst nehmen, dann müssen sich Wissenschaft, Publizistik, Politik und Wirtschaft zuerst darauf verständigen, einmal offen und ehrlich miteinander zu diskutieren. Denn wir stehen bei all
diesen Fragen vor einem großen Dilemma.

Nach über 25 Jahren Fernsehen in der Bundesrepublik gibt es erst
relativ bescheidene Ansätze einer Medienwirkungsforschung. Selbst
die vorliegenden Ergebnisse sind noch nicht von der öffentlichen
Diskussion verarbeitet.

Die technischen Fragen sind lösbar, beispielsweise in der Satelliten-
technik. Über die sozialen Folgen und Wirkungen, denen die Menschen
bei einem vermehrten Angebot an neuen Medien ausgesetzt sind, gibt
es sehr wenig an gesichertem Wissen. Deswegen werde ich mit dem Prä-
siedenten der großen Wissenschaftsorganisation in der Bundesrepublik
das Gespräch suchen, wie wir diesen unbefriedigenden Zustand überwinden können.

Die breite Anwendung neuer Medien im privaten Bereich ist begleitet
von der großen Sorge vieler Menschen vor einer weiteren Zerstörung
des sozialen Zusammenlebens in den Familien. Wir wissen, daß schon
heute Fernsehen in vielen Familien zum Abbau der sozialen Kontakte
untereinander führt. Der Durchschnittsfernsehkonsum hat die beachtliche Zeit von über zwei Stunden pro Tag (in den USA 4 Stunden) erreicht.

Alle die einfachen Formeln im Medienbereich sind zu einfach, sind
den Problemen nicht angemessen. Weder geht es um den Vorrang des
Marktes für alles noch um die Frage: Darf der Staat über die neuen
Medien bestimmen? Die Diskussion muß breiter angelegt sein als auf
die "Regulierung eines Engpasses". Es geht vielmehr um die Frage,
wie wir den Auftrag unserer Verfassung aus Artikel 5 Grundgesetz
unter sich sehr rasch verändernden Randbedingungen verstehen und
verwirklichen und um die Frage, ob die politischen Parteien die
Kraft haben, zu dieser Frage eine übereinstimmende Auffassung zu er-
arbeiten.

Die Bundesregierung hat zu den neuen Medien am 26. September 1979
einen Kabinettsbeschluß gefaßt. Er ruft zu mehr Nachdenklichkeit auf
und sagt, daß eine abschließende Entscheidung jetzt nicht möglich
sei. Deswegen komme es darauf an, sicherzustellen, daß "die Entwicklung und Anwendung neuer Kommunikationstechniken nicht zu Zugzwängen,
zur faktischen, rechtlichen oder politischen Präjudizierung medienpolitischer Grundentscheidungen führen darf".

Wir werden - darauf haben wir uns in diesem Beschluß verpflichtet -
die Fragen prüfen, welchen Einfluß neue Medien einschließlich Satellitenfernsehen haben:
- auf die Struktur der demokratischen Gesellschaft und der politischen Demokratie

- auf das Leben in den Familien

- auf die gegenwärtige Verfassunglage, und welche rechtlichen Möglichkeiten - bis hin zu einer Grundgesetzänderung - zur Bewahrung
  einer humanen demokratischen Gesellschaft gegen schädliche Einflüsse ergriffen werden können

- auf die internationale Rechtslage

- auf den Umfang der finanziellen Aufwendungen für die Pilot-Projekte

- auf die rechtlichen Begriffsbestimmungen der elektronischen Textkommunikation.

Wir gehen davon aus, daß die Eingliederung der neuen Medien in das Mediensystem der Bundesrepublik nur auf der Grundlage einheitlicher Konzeptionen getroffen werden kann, die <u>gemeinsam</u> von Bund und Ländern zu entwickeln sind.

Die Diskussion um die langfristigen politischen Weichenstellungen im Kommunikationsbereich sind von der Bundesregierung schon sehr frühzeitig aufgenommen worden und haben im Frühjahr 1974 zur Einsetzung der Kommission für den Ausbau des technischen Kommunikationssystems (KtK) geführt. Diese Kommission hat dann 1976 in ihrem Telekommunikationsbericht ihr Beratungsergebnis vorgelegt. Die Kommission hat in den Problemfeldern des Errichtens, des Ausbaus und des Betreibens der Netze sowie der Nutzung der technischen Kommunikationssysteme mit ihren Vorschlägen vor allem das erste Problemfeld angesprochen. Ich möchte die Schwerpunkte ihrer Empfehlungen in drei Punkten zusammenfassen:

1. Das Fernsprechnetz ist vorrangig auszubauen. Es ist noch für einige Zeit als die bedeutendste Form der <u>individuellen</u> technisch vermittelten Kommunikation anzusehen, bei der mit vertretbarem Aufwand und akzeptablen Kosten individuelle Freiheit zu aktiver sozialer Kommunikation führt.

   Das Bildfernsprechen ist wegen der hohen finanziellen Investition und wegen der ungeklärten Bedarfsfrage praktisch zurückzustellen.

2. Als neue Dienste sollte das Bürofernschreiben und das Fernkopieren eingeführt werden. Die <u>geschäftliche</u> Kommunikation sollte damit vorangetrieben werden.

3. Bezüglich der <u>Massenkommunikation</u> wurden Pilotprojekte vorgeschlagen, um zu testen, welche Bedürfnisse bzw. welcher Bedarf zusätzlicher Dienste auf neu zu errichtenden Breitbandverteilnetzen bestehen.

Die Bundesregierung hat diese Empfehlungen sehr begrüßt und, was die ersten beiden Punkte angeht, auch sehr zügig mit der Umsetzung in ihren Bereichen begonnen. Auch im Münchner Kreis sollte man sich manchmal an den von gesellschaftlicher Verantwortung geprägten Realismus dieser Vorschläge erinnern, auch wenn in dem kurzen Zeitraum zwischen 1976 und heute wir mit der Entwicklung der beiden Basistechnologien "Mikroelektronik" und "Optische Nachrichtentechnik" sehr viel weiter gekommen sind, als bei vorsichtiger Einschätzung zum damaligen Zeitpunkt erwartet werden konnte. Für alle Anwendungen, für die im Bereich der Technischen Kommunikation und darüber hinaus bei den Informationstechniken insgesamt ein Bedarf vermutet werden kann, zeichnen sich die entsprechenden technischen Lösungen heute zumindest ab.

Kommunikation und Information sowie deren technische Vermittlung sind verstärkt wichtige Mittel der Produktivitätserhöhung, der Rationalisierung in Wirtschaft und Verwaltung. Sie verändern die Qualität der Arbeitsplätze, Inhalt und Formen der Arbeitsabläufe. Sie führen zu neuen Qualifikationen wie zu Dequalifikationen. Neue Kommunikation und Information in diesem Bereich führen bei ingesamt strukturellen Änderungen in der Wirtschaft, bei hoher Arbeitslosigkeit, wie wir sie haben, von daher bei den Menschen eher zur Abwehr einer verstärkten technischen Kommunikation als zur freudigen Aufnahme.

Die KtK, deren Vorsitzender ja auch Ihr Vorsitzender ist, hat sehr wohl verstanden, daß komplexe Kommunikationssysteme nicht ohne Einbeziehung der Menschen vernünftig gestaltet werden können, und deshalb mit Recht vorgeschlagen, für den schwierigen Bereich des Kabelfernsehens Pilotprojekte durchzuführen. In diesem Zusammenhang führt die Kommission zunächst aus: "Da die Errichtung eines bundesweiten Breitbandverteilnetzes wegen des Fehlens eines ausgeprägten und drängenden Bedarfs heute noch nicht empfohlen werden kann, und da neue Inhalte - auch solche, die nicht Rundfunk sind - erst der Entwicklung bedürfen." Und zieht daraus die Konsequenz: "Die Kommission erkennt (...), daß kein Andrang auf knappe Übertragungskapazitäten zu erwarten ist, sondern umgekehrt eine Nichtausnutzung technischer Möglichkeiten zu erwarten ist. Die Pilotprojekte sollen also einerseits die Akzeptanz und das Nutzungsverhalten der Teilnehmer testen; andererseits jedoch auch neuartige Nutzungsinhalte erschließen."

Ich möchte an dieser Stelle noch einmal darlegen, von welchen kommunikationspolitischen Zielen wir uns leiten lassen müssen, um von daher die Anforderungen an die neuen Medien definieren und beurteilen zu können.

Neue Medien müssen sich in vier Dimensionen bewähren:

1. Neue Medien sind anzustreben, wenn sie einen Beitrag zum Abbau sozialer Isolierung leisten. Man darf über dem Schlagwort der "Informationsüberflutung" nicht übersehen, daß es Bevölkerungsgruppen gibt, die verhältnismäßig isoliert sind und nur in geringerem Umfang an allgemeiner Kommunikation teilhaben. Die Verstädterung und auch die das Gespräch zwischen Menschen nicht sehr förderlichen Trabantenstädte und Hochhauskolonien haben diese soziale Isolierung mit hervorgerufen. Davon betroffen sind ein beachtlicher Teil der älteren Menschen, ein großer Teil der über 4 Millionen ausländischer Mitbürger und eine größere Zahl sozialer Randgruppen, also solcher Gruppen, deren soziale Integration bislang nicht voll geglückt ist. Fraglich scheint mir, ob dieses Ziel durch mehr allgemeine Massenkommunikation zu erreichen ist. Mehr Massenmedien nützen wahrscheinlich nichts. Im Gegenteil: Nach allen vorliegenden Befunden kommen neue Medien und mehr Massenkommunikation nahezu nur solchen Gruppen zugute, deren Kommunikationsniveau bereits jetzt weit über dem Durchschnitt liegt. Mit anderen Worten: Die Distanz zwischen den verschiedenen Bevölkerungsschichten wird nicht geringer, sondern vergrößert.

2. Neue Medien sollten die Verantwortung des einzelnen für seinen Nächsten in der Gesellschaft nicht behindern. Bloße Massenkommunikation stärkt jedoch die Anonymität des Lebens der einzelnen und ist insbesondere dann von besonderer Bedeutung, wenn sie durch übertriebene Werbung eine reine Konsumhaltung stabilisiert.

3. Neue Medien sollten das Zusammenleben und das Gespräch in der Familie nicht behindern. Wenn jedes Familienmitglied zu Hause vor einem anderen Fernsehgerät jeweils seinen augenblicklichen Neigungen folgt, so dürfte dies kaum zu jener menschlichen Wärme führen, die eine wachsende Zahl von Menschen in unserem modernen Leben vermißt.

4. Neue Medien sollten eine Verbesserung der Kommunikation zwischen
   Administration, Bürger und Verwaltung leisten. Vielleicht ist es
   möglich, durch neue Kommunikationssysteme Verwaltungsleistungen
   wieder näher an den Bürger heranzubringen, ihm dabei Hilfestel-
   lung zu geben, sich im mehr oder weniger komplizierten Vorschrif-
   ten- und Formularkram der öffentlichen Verwaltung zurecht zu finden und seine Rechte zu wahren. Solche Projekte fördern wir bereits.

Allen diesen Zielsetzungen ist eine Forderung eingeschlossen, und
zwar der nach aktiver Beteiligung der Menschen an Kommunikationssystemen. Das gilt für mich ebenfalls für den Bereich der Arbeitswelt.

Unter aktiver Beteiligung des Menschen am Kommunikationssystem verstehe ich dabei nicht ein Kabelfernsehsystem mit Rückkanal, in der
die Suggestivwerbung für ein Markenartikelprodukt, beispielsweise
ein Waschmittel, durch die Aktivität des Knopfdruckes im nächsten
Warenhaus zu einer Auftragsorderung führt und das Waschmittel dann
am nächsten Tag frei Haus geliefert wird.

Dieses Beispiel aus den USA fördert im Gegenteil die soziale Isolierung, der sonst so gelobte interaktive Rückkanal bedeutet hier nur
noch mehr Eindringen in die Privatsphäre, erhöht das Ausgeliefert-
sein des einzelnen an Suggestion und Verführung.

Wir sollten bei den Pilotprojekten zum "Kabelfernsehen", wie sie von
der Kommission für den technischen Ausbau der Kommunikation vorgeschlagen worden sind, nicht nur über eine Erweiterung von Fernsehen
reden. Tatsache ist, daß über Kabelfernsehnetze zwar auch Fernsehprogramme transportiert werden können, sich die Nutzung der Netze
aber dadurch nicht erschöpft.

Es mag Leute geben, die den einzigen Sinn solcher Projekte darin erkennen, mehr als bisher und in kommerzialisierter Form Fernsehen in
die Haushalte zu bringen. Ich will an dieser Stelle deutlich sagen,
daß ich - auch als Vater von zwei Kindern - ein Gegner von immer
mehr Fernsehkonsum bin und in diesem Zusammenhang ganz besonders vor
einer Kommerzialisierung und Verflachung des Fernsehangebots warnen
möchte. Wir haben eine Bild-Zeitung und brauchen nicht noch einen
entsprechenden Bildschirm. Es muß in den Pilotprojekten untersucht

werden, ob ein vermehrtes Programmangebot zu erhöhtem Fernsehkonsum
insbesondere auch bei Kindern führt und inwieweit sich hier negative
Wirkungen auf das Zusammenleben in den Familien ergeben und ob 20
oder 30 Fernsehkanäle tatsächlich eine größere Programmvielfalt und
nicht nur eine Vervielfältigung bringen. Alle würden darum ringen,
die beschränkte "Freizeit" der Menschen zu besetzen, mit Einschaltquoten als einzigen Maßstab ihres Erfolgs. Im Mai 1978 hat der Bundeskanzler ein Signal gesetzt für die Notwendigkeit öffentlicher
Diskussion über die Zerstörung der personalen Kommunikation durch
zuviel Fernsehkonsum, insbesondere über die Gefährdung der Kinder,
wenn der Fernseher in die Rolle des Babysitters gerät. Es ist ein
gutes Zeichen, daß auch andere darin folgen.

Im Zusammenhang mit der Ausgestaltung der Pilotprojekte für das Kabelfernsehen sind für mich prinzipiell zwei Fragen zu klären:

1. Die Frage der Präjudizierung einer neuen Medienstruktur. Die
   Pilotprojekte dürfen nicht schon durch ihre Art und ihren Umfang
   den Einstieg bedeuten in eine bestimmte Ausrichtung auf eine neue
   Medienstruktur.

2. Die Frage der Finanzierung.
   Die bisher genannte Größernordnung für die Kosten der vier Pilotprojekte zwischen 1,2 und 2,7 Mrd. lassen Zweifel aufkommen daran,
   daß diese Projekte nur Testcharakter haben. Sicher, die Entscheidung darüber liegt bei den Ländern. Um jedoch unnötige Zweifel zu
   beseitigen: Der Bund wird mit großer Wahrscheinlichkeit für die
   Programme und für Geräteausstattung keine Mittel zur Verfügung
   stellen. Die Pilotprojekte werden nur dann realistische Ergebnisse liefern können, wenn auch die Finanzierung durch den Teilnehmer gebührend berücksichtigt wird, zumal die Bereitschaft der
   Teilnehmer zur Akzeptanz in Abhängigkeit von der Höhe der jeweiligen Gebühr zu sehen ist. Ich zweifle, ob für die Pilotprojekte
   solche überdimensionalen Aufwendungen im Sinne sozialwissenschaft-
   lich korrekter Auswertung erforderlich sind. Mein Vorschlag an
   die Länder ist, die Frage der Finanzierung bei der Erarbeitung
   der Vorschläge zur Durchführung der Pilotprojekte zu behandeln
   und nicht zu vertagen; sonst könnten falsche Hoffnungen entstehen.

In Japan hat man übrigens gezeigt, daß Haushaltszahlen von weit unter 1000 Haushalten eine relativ gute sozialwissenschaftliche Be-
gleitforschung sichern können. Wir sollten bei den bisher projekt-
tierten Pilotprojekten sehr genau prüfen, ob unter den Gesichtspunkten der Präjudizierung der Medienlandschaft und der Finanzierung,
Art und Umfang der Pilotprojekte nicht zu überdenken sind.

Die Bundesregierung hat mit der Entscheidung, die Verkabelung von
11 großen Städten zurückzustellen, deutlich gemacht, daß die Pilotprojekte dazu dienen sollen, Entscheidungen im politischen Bereich
vorzubereiten und nicht zu präjudizieren; und ich glaube, dies ist
auch mittlerweile verstanden worden.

Nun ist ja gerade diese Entscheidung hier und da als negativ für den
industriellen Fortschritt in der Bundesrepublik und für die Beschäftigungssituation in der kommunikationstechnischen Industrie kritisiert worden. Und wer über das Thema "Technische Kommunikation für
den Menschen" nachdenkt, ohne daran zu denken, daß die Arbeitsplätze
von morgen gesichert sein müssen, übersieht sicher einen wichtigen
Punkt.

Ich glaube, die Antwort darauf ist im Zusammenhang mit den wesentlichen Infrastrukturmaßnahmen zu sehen, die im Bereich der Technischen
Kommunikation z. Zt. eingeleitet werden bzw. in den nächsten Jahren
eingeleitet werden können; das sind vier Dinge:

1. Die Nutzung des vorhandenen analogen Fernmeldenetzes mit einer
   Vielzahl neuer Dienstleistungen wie Bildschirmtext und Faksimile-
   übertragung.

2. Die Digitalisierung des Fernsprechnetzes.

3. Die Errichtung eines am Bedarf orientierten, ausbaufähigen Mobil-
   funknetzes.

4. Der Beginn des Aufbaus eines Breitbandnetzes.

In dem von der Bundesregierung beschlossenen Programm "Technische
Kommunikation", das vom Postministerium und vom Forschungsministerium
gemeinsam finanziert und durchgeführt wird, sind eine Fülle von For-

schungsmaßnahmen definiert worden, die die Voraussetzungen für diese Infrastrukturmaßnahmen erbringen sollen.

Nach dem derzeitigen Stand der Technik könnte in den nächsten Jahren das Schwergewicht der Arbeiten zur Verbesserung der fernmeldetechnischen Infrastruktur bei der Digitalisierung des vorhandenen Fernmeldenetzes unter Einbeziehung des Mobilfunks liegen. Gerade für die geschäftliche Kommunikation ergäben sich hier Vorteile, aber auch ein Dienst wie Bildschirmtext würde eine wesentliche Qualitätssteigerung erfahren. Ein derartiges Netz würde sich also volkswirtschaftlich bezahlt machen und darüber hinaus unserer Industrie die Möglichkeit geben, modernste Systeme auch auf dem Weltmarkt anbieten zu können.

Demgegenüber wäre eine Entscheidung heute über den schrittweisen Aufbau eines Breitbandnetzes m. E. vergleichsweise voreilig und vielleicht auch volkswirtschaftlich eher problematisch. Technologisch gesehen befinden wir uns gerade an der Schwelle, an der wir, zumindest im Ortsbereich, vermittelnde Breitbandnetze mit optischen Übertragungsstrecken aufbauen können, die neben Kabelfernsehanwendungen auch zur Individual- und Geschäftskommunikation genutzt werden können. Derartige Netze hätten auch den Vorteil, daß die Bildqualität mittelfristig wesentlich gesteigert werden könnte, was der entsprechenden Industrie neue Impulse gäbe.

Um noch einmal auf den Zeitrahmen für den Aufbau eines Breitbandnetzes zurückzukommen,
gegen frühzeitige Investitionen in diesem Bereich spricht dreierlei:

1. Die optischen Breitband-Übertragungssysteme werden erst in einigen Jahren auch wirtschaftlich eine Alternative zu konventionellen Übertragungssystemen darstellen.

2. Die Ergebnisse der Kabelfernsehpilotprojekte sollten hinsichtlich der Akzeptanz neuer Dienste und ihrer sozialen Folgen erst abgewartet werden.

3. Neue technische Entwicklungen auf dem audiovisuellen Sektor können die Wirtschaftlichkeit von Breitbandnetzen beeinflussen.

Mein Plädoyer für die Weiterentwicklung der vorhandenen Netze und eine vorsichtige Haltung gegenüber einem vorzeitigen Einstieg in Breitbandnetze steht nicht im Widerspruch zu einer Modernisierung der kommunikationstechnischen Industrie. Niemand kann an Systementwicklungen interessiert sein, für die weder im Inland noch im Ausland jetzt oder in der unmittelbaren Zukunft eine einigermaßen gesicherte Nachfrage besteht. Wettbewerbspolitisch wäre das ein Unsinn. Auf der anderen Seite würde eine konzentrierte Anstrengung zur Verbesserung der technischen Kommunikation zunächst für den geschäftlichen Bereich, später auch für den privaten, durch den Aufbau eines digitalen Fernsprechnetzes die Industrie auslasten. Zusätzlich würden digitale Teilnehmeranschlüsse wesentliche Impulse für den Endgerätesektor geben.

Lassen Sie mich kurz zusammenfassen.

1. Wir brauchen eine wesentlich intensivere Diskussion zu Fragen der Zukunft unseres Kommunikationssystems. Wir brauchen vor allem eine offene Diskussion.

2. Nicht alles, was heute technisch machbar ist, muß unbedingt gesellschaftlich wünschbar sein.

3. Die publizistische Gewaltenteilung von Presse und Rundfunk hat sich bewährt und muß erhalten bleiben.

4. Neue Medien können die demokratischen Strukturen grundlegend ändern und Gefahren für das soziale Zusammenleben bewirken. Wir müssen daher neben den wirtschaftlichen Interessen die Wirkung auf den Menschen, die Gesellschaft und die Umwelt mit berücksichtigen.

5. Wir brauchen ein verstärkte Anstrengung im Bereich der Medienwirkungsforschung.

Über diese fünf Punkte müssen wir uns verständigen. Dazu brauchen wir den breiten Dialog, der die Öffentlichkeit nicht scheut. Einen Dialog, in dem die Bürger und ihre Interessen nicht vor der Tür bleiben, wenn sich die Mächtigen verständigen. Information und Kommunikation werden im Guten wie im Schlechten die Welt von morgen prägen, dessen sollten wir uns alle bewußt sein.

Ergebnis der ersten Diskussionsrunde

„Menschengerechte Technik der Telekommunikation"

R. Dingeldey
Darmstadt

In den drei Referaten der ersten Sitzung des Kongresses wurden nach einer
systematischen Gliederung der aktuellen und absehbaren Telekommunikationsformen und ihrer Anforderungen an den Teilnehmer die beiden grundsätzlichen
Wege aufgezeichnet, die beschritten werden müssen, um die modernen Telekommunikationssysteme menschengerecht zu gestalten, nämlich einmal die
Gestaltung des technischen Systems selbst, zum anderen die Harmonisierung
der Arbeitsorganisation mit dem System.

In der Diskussion wurde noch herausgearbeitet, daß ein Teil der höheren
Intelligenz, mit der die Terminals und die Zentralen moderner Telekommunikationssysteme ausgestattet sind, dazu genutzt werden muß, den Umgang
mit dem System für den Benutzer zu vereinfachen, z. B. durch Bedienerführung.
Diese Forderung mit niedrigem Aufwand zu erfüllen, ist schwierig. Ebensoviel
Sorgfalt muß auf die Arbeitsorganisation verwandt werden, die sich nicht nur
dem technischen System, sondern auch den veränderlichen Forderungen der
Menschen im Hinblick auf die Arbeitsbedingungen anpassen muß. Hierbei
spielt die Frage der Zentralisierung oder Dezentralisierung der Schreibdienste
eine besondere Rolle; die Entwicklung scheint wieder vom zentralen Schreibdienst zum Einzelarbeitsplatz mit mehreren Funktionen zu führen.

Telekommunikationsformen und ihre Anforderungen an den Teilnehmer

W. Kaiser
Stuttgart

1. Einleitung

Menschliches Zusammenleben ohne Kommunikation ist nicht denkbar.
So stellt auch die Telekommunikation, d. h. die Kommunikation mit
nachrichtentechnischen Mitteln über größere Entfernungen hinweg,
ein Grundbedürfnis der menschlichen Gesellschaft dar. Aber auch
für das Wirtschaftsleben und das öffentliche Leben ist in unserer
arbeitsteiligen Welt die Telekommunikation unverzichtbar geworden.

Wir alle kennen die traditionellen Formen der Telekommunikation und
der Printkommunikation, die zusammen den Bereich der technischen
Kommunikation bilden. In Bild 1 wird diese Gliederung näher erläutert und eine Einteilung in Massenkommunikation ("Einer zu vielen")
und Individualkommunikation ("Jeder mit jedem") vorgenommen. Über
die bekannten Formen der Individual-Telekommunikation (im wesentlichen Fernsprechen und Fernschreiben) und der Massen-Telekommuni-
kation (Hörfunk, Fernsehen) hinaus besteht - allerdings zunächst
in geringerem Umfang - das Bedürfnis nach neuen, anders gearteten
Telekommunikationsmöglichkeiten.

Technische Kommunikation		
Telekommunikation		Print-kommunikation
Fernsprechen Fernschreiben Datenkommunikation Mobilfunk	Rundfunk (Hörfunk und Fernsehen)	Presse (Zeitung, Zeitschrift, Buch usw.)
Individualkommunikation	Massenkommunikation	

Bild 1. Zur Klärung der Begriffe Telekommunikation und
Printkommunikation

Bild 2 gibt einen Überblick über die bisherige geschichtliche Entwicklung der Telekommunikation und einen (selbstverständlich speku-
lativen) Ausblick auf den Zeitraum bis zum Jahr 2000. Telegraphie
und Telephonie sind zwei Formen der Telekommunikation, die uns nun
schon mehr als 100 Jahre begleiten. Abgesehen von der stetigen Weiterentwicklung dieser Technik gab es für viele Jahrzehnte keine neu-
en Formen der Telekommunikation. In den zwanziger Jahren unseres
Jahrhunderts kam dann der Hörfunk hinzu und danach die Telexwähl-
technik. Aber erst nach dem zweiten Weltkrieg begann mit steilem
Anstieg die Ausdehnung der bisherigen traditionellen Fernmeldedienste auf neue Formen der Telekommunikation, z. B. den Mobilfunk, das
Fernsehen, die verbesserten Verfahren der Faksimiletechnik, das
Fernwirken und die Datenübertragung. Seit Mitte der sechziger Jahre
findet das Farbfernsehen eine immer größere Verbreitung. Dazuhin
haben wir neuerdings den Funkruf (Eurosignal) und die Fernsprech-
konferenz, die sich seit ihrer Einführung in den Jahren 1975/76
steigender Beliebtheit erfreut. Seit 1. Januar 1979 ist das Fernkopieren in Form des Telefax-Dienstes als öffentlicher Fernmeldedienst eingeführt.

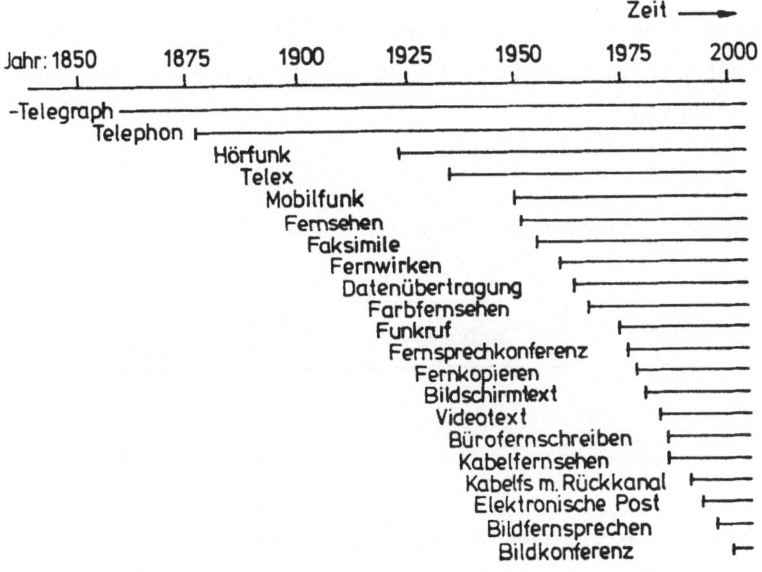

Bild 2. Entwicklung der Telekommunikation

Darüber hinaus zeichnen sich bereits weitere neue Formen der Telekommunikation ab: Bildschirmtext, Videotext, Bürofernschreiben (Teletex), Kabelfernsehen (ohne und mit Rückkanal), Verfahren der elektronischen Briefübermittlung und schließlich - vielleicht um die
Jahrhundertwende - Bildfernsprechen und die Bildkonferenz.

2. Der Begriff "Telekommunikationsform"

Alle diese neuen Formen der Telekommunikation sind erst durch die
großen technologischen Fortschritte in der Übertragungs-, Vermitt-
lungs- und Endgerätetechnik möglich geworden. Eine wesentliche Voraussetzung für deren Erfolg ist aber die menschengerechte, benutzerfreundliche Gestaltung und Handhabung.

Der Begriff Telekommunikationsform umfaßt neben dem als Telekommuni-
kationsdienst von den Fernmeldeverwaltungen angebotenen nachrichtentechnischen System die vom Teilnehmer zu erbringenden Leistungen,
wozu die Generierung der jeweiligen Nachricht am Sendeort, ihre Verarbeitung am Empfangsort und die Bedienung des Endgeräts gehören
(Bild 3). Beim Fernsprechen als einer Form der Individualkommunikation ist dieser vom Teilnehmer zu leistende Beitrag besonders gering,
und viele der auf diesem Gebiet durchgeführten Neuerungen dienten
dem Zweck, noch einfacher, besser und damit menschengerechter tele-
phonieren zu können.

Massenkommunikation (Zentrale zu Vielen):

Verteilnetz	End- gerät	Teilnehmer- leistung

Individualkommunikation (Jeder zu jedem):

Teilnehmer- leistung	End- gerät	Vermittlungsnetz	End- gerät	Teilnehmer- leistung

Bild 3. Zum Begriff Telekommunikationsform

Eine noch geringere Aktivität seitens des Teilnehmers wird beim
Empfang von Rundfunksendungen (Hörfunk, Fernsehen) gefordert: Einschalten und Zuhören oder Zusehen genügt zur mehr oder weniger bewußten Aufnahme des Informationsstroms. Allerdings läßt die einseitig gerichtete Verteilung von Signalen einen Nachrichtenaustausch,
wie er - zumindest im engeren Sinne - zum Begriff Kommunikation gehört, nicht zu. Anstatt eines aufwendigen Vermittlungsnetzes, wie
es für die Individualkommunikation erforderlich ist, genügt allerdings ein Netz mit der wesentlich einfacheren Struktur eines Ver-
teilnetzes.

In Bild 4 sind beispielhaft die vom Teilnehmer zu erbringenden Leistungen für bestehende und neue Formen der Telekommunikation dargestellt. Selbstverständlich gibt es dabei viele Varianten und auch
Kombinationen.

Seit mehr als 100 Jahren stellt die Sprach-Telekommunikation in
Form des Fernsprechens die bedeutendste Art der Individual-Telekommunikation dar. Ihre Entwicklung zu einem weltweiten System mit
heute etwa 450 Millionen Teilnehmern beruht vor allem auf der Tatsache, daß das Fernsprechen die personale Kommunikation in Form des
Gesprächs - zumindest akustisch - weitgehend nachbilden kann. Um
den Kommunikationsprozeß durchführen zu können, wird vom Teilnehmer
neben der unproblematischen Bedienung des Fernsprechapparates lediglich noch Zuhören und Sprechen verlangt.

Die Entwicklungsgeschichte der Telegraphie verdeutlicht, wie wichtig
es für die rasche Verbreitung einer Telekommunikationsform ist, die
vom Teilnehmer zu erbringende Leistung so niedrig wie möglich zu
halten. Obwohl wesentliche Grundbegriffe und deren technische Verwirklichung, wie z. B. Zeichen, Code, serielle Übertragung, Zeit-
multiplex usw. bereits in der ersten Hälfte des letzten Jahrhunderts
zur Verfügung standen, blieb die Nutzung der Telegraphie speziell
geschulten Personen vorbehalten. Diese mußten entweder das Morse-
alphabet beherrschen oder eine Tastatur im vorgeschriebenen Syn-
chronrhythmus bedienen können. Eine entscheidende Verbesserung
brachte um das Jahr 1922 die Entwicklung eines Fernschreibapparates,
des sog. Springschreibers, der die einzelnen Zeichen nach dem Start-
Stop-Prinzip aussandte und damit so einfach zu bedienen war, daß
er in die Hand von Teilnehmern gegeben werden konnte, die mit einer
Tastatur umzugehen wußten. Zusammen mit der Einführung von automa-
tischen Wählsystemen entwickelte sich daraus die heutige Fern-

Form der Telekommunikation	Teilnehmerleistung
Massenkommunikation:	
Hörfunk	Auswählen — Hören
Fernsehen	Auswählen — Sehen
Videotext, Kabeltext	Auswählen — Lesen (Bildschirm)
Individualkommunikation:	
Fernsprechen	Anwählen – Sprechen — Hören
Datenkommunikation (Sichtgerät)	Anwählen – Eintasten(α/v) — Lesen (Bildschirm)
Fernschreiben, Bürofernschreiben	Anwählen – Eintasten(α/v) — Lesen (Papier)
Bildschirmtext	Anwählen – Eintasten(v) — Lesen (Bildschirm)
Fernkopieren (Faksimile)	Anwählen – Einlegen — Lesen (Papier)
Fernzeichnen	Anwählen – Zeichnen — Betrachten
Bildfernsprechen	Anwählen – $\left\{ \begin{array}{l} \text{Sprechen} \\ \text{Aufnehmen} \end{array} \right\}$ — $\left\{ \begin{array}{l} \text{Hören} \\ \text{Sehen} \end{array} \right\}$

<u>Bild 4.</u> Einige Telekommunikationsformen mit den vom Teilnehmer zu erbringenden Leistungen

schreib- oder Telextechnik, die weltweit von annähernd 1 Million Teilnehmern genutzt wird /1/.

Geringe Anforderungen an die vom Teilnehmer zu erbringende Leistung stellt das Fernkopieren dar, da im Gegensatz zur codierten Übertragung keine Tastatur betätigt, sondern das Schriftstück lediglich in den Fernkopierer eingelegt werden muß (Bild 4). Wegen der punktweisen Abtastung dauert die Übertragung allerdings wesentlich länger als bei der codierten Übertragung. Der vor kurzem eröffnete Telefax-Dienst überträgt eine Seite DIN A 4 in drei Minuten.

Die in Bild 4 weiter aufgeführten Formen der Daten- und Textkommunikation werden im nächsten Kapitel besprochen. Obwohl die vom Teilnehmer geforderten Grundtätigkeiten bei mehreren dieser Telekommunikationsformen ähnlich oder gar identisch sind, bestehen bei detaillierter Betrachtung häufig große Unterschiede bei den Anforderungen an das Können und Wissen des Teilnehmers.

3. Daten- und Textkommunikation

Die Arbeit der Kommission für den Ausbau des technischen Kommunikationssystems (KtK) hat gezeigt /2,3/, daß in den kommenden Jahren wesentliche Innovationen auf dem Gebiet der Daten- und Textkommunikation zu erwarten sind. Datennetze nach dem Durchschalte- und nach dem Paketvermittlungsprinzip werden jedem autorisierten Teilnehmer Zugang zu geographisch beliebig verteilten Datenbanken bieten. Damit werden immer mehr Menschen mit den Problemen der Mensch-Maschine-Schnittstelle konfrontiert und damit von einer Standardisierung der Schnittstellen, Prozeduren, Formate, Sprachen etc. profitieren. Wichtig für den Teilnehmer ist eine zweckmäßige Bedienerführung und die Gewährleistung des Datenschutzes. Bild 5 gibt eine Übersicht der verschiedenen Formen der Daten-, Text- und Festbildkommunikation und verdeutlicht die Kommunikationsbeziehungen.

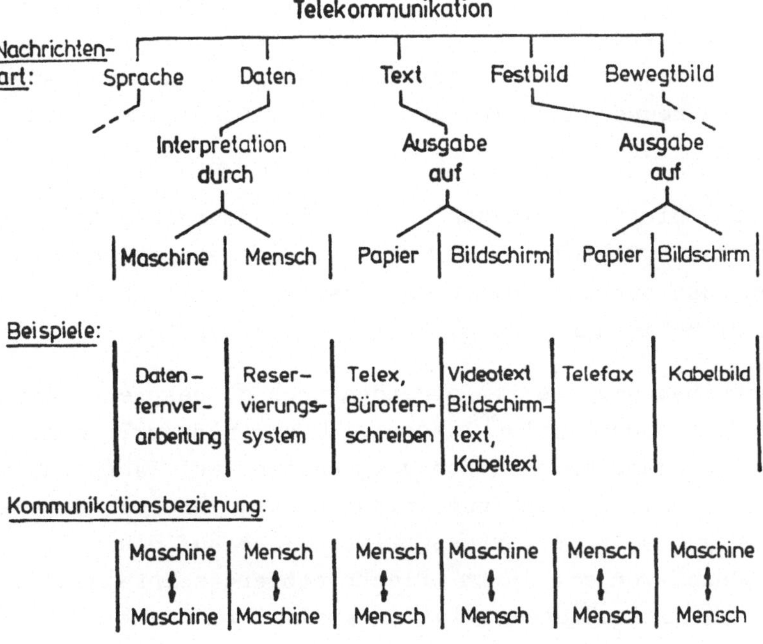

Bild 5. Gliederung der verschiedenen Formen der Telekommunikation

Die bestehenden Netze bilden die Basis für viele neue Dienste. Das
Bürofernschreiben (international: Teletex) stellt eine Form der
Textkommunikation dar, bei der Texte in codierter Form, Zeichen für
Zeichen, übertragen werden. Im Unterschied zum heutigen Telexdienst
erlaubt dieser neue Dienst eine sehr viel höhere Übertragungsgeschwindigkeit und die Nutzung des gesamten Zeichenvorrats einer
Schreibmaschine einschließlich der Groß- und Kleinschreibung. Damit
wird es möglich, derartige Geräte dezentral in Büros an Stelle der
heute üblichen Büroschreibmaschinen einzusetzen. Jedermann, der an
den Umgang mit einer elektrischen Schreibmaschine gewöhnt ist, wird
auch in der Lage sein, diese neue Telekommunikationsform zu nutzen.

Durch vielfältige Speichereinrichtungen und mikroprozessorgesteuerte
Funktionseinheiten soll nicht nur die Textübertragung, sondern auch
die Textbe- und -verarbeitung verbessert und erleichtert werden, so
daß das Korrigieren und Redigieren von Texten sowie das Einfügen
ganzer Textbausteine möglich wird. Die notwendige Standardisierung
dieses Verfahrens wird momentan sowohl auf internationaler Ebene als
auch in mehreren Arbeitskreisen der Deutschen Bundespost vorangetrieben, so daß erste Versuchsgeräte bereits zur Hannover-Messe 1980
gezeigt werden können und eine generelle Einführung etwa im Jahr 1981
möglich erscheint.

Durch die kombinierte Anwendung von Bürofernschreiben und Fernkopieren läßt sich ein System zur elektronischen Übermittlung von Briefen
realisieren, das aus Kostengründen allerdings zunächst auf die Kommunikation zwischen Büros beschränkt bleiben dürfte.

Bürofernschreiben und die im folgenden noch zu besprechenden neuen
Formen der Telekommunikation lassen sich nur verwirklichen, weil
die Halbleitertechnologie in den vergangenen zwei Jahrzehnten eine
ungewöhnlich steile Entwicklung erfahren hat. Bereits heute ist die
Miniaturisierung so weit fortgeschritten, daß auf einem Silizium-
plättchen (Chip) von ca. 25 mm^2 Fläche mehrere zehntausend Transistorfunktionen in Großintegration angeordnet werden können (Bild 6).
Momentan erhöht sich diese Zahl jährlich etwa um den Faktor 2.
Gleichzeitig können von Jahr zu Jahr feinere Strukturen erzeugt
werden, so daß man aus heutiger Sicht bereits in der ersten Hälfte
der achtziger Jahre integrierte Schaltkreise mit etwa 1 Million
Transistorfunktionen je Chip haben wird. Die weitere Entwicklung
ist schwer vorhersehbar. Zwar erscheint eine noch höhere Integration
technisch machbar. Problematischer ist jedoch die wirtschaftliche

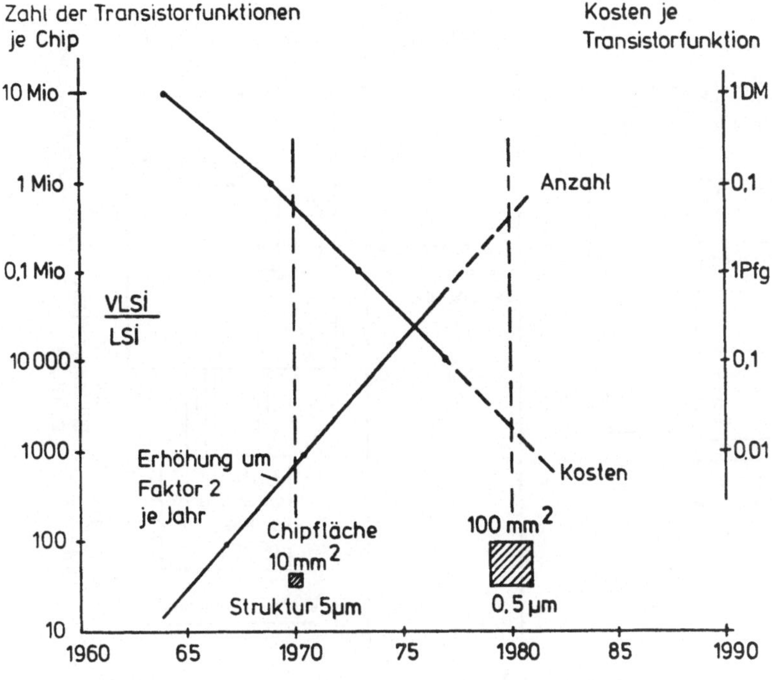

Bild 6. Entwicklung der Mikroelektronik

Seite. Der erforderliche Investitionsaufwand ist beträchtlich und lohnt nur, wenn ausreichend große Stückzahlen erwartet werden können. Jedoch bereits der heutige Entwicklungsstand und die damit verbundene Verbilligung der Transistorfunktionen hat den Siegeszug der Mikroelektronik in viele Bereiche unseres heutigen Lebens ermöglicht. Integrierte Schaltkreise und Mikroprozessoren führen die verschiedensten Funktionen aus und ersetzen dadurch in vielen Fällen die bisher verwendete Mechanik. Dieser technologische Strukturwandel wird andauern und dazu führen, daß die Möglichkeiten der Nachrichtenverarbeitung, insbesondere der Daten- und Textverarbeitung, praktisch jedermann in Form von dezentraler, am Arbeitsplatz vorhandener technischer Intelligenz zur Verfügung stehen werden. Damit können u. a. auch die steigenden Anforderungen, die von den Endgeräten an das Können der Bedienungsperson gestellt werden, gemildert werden.

Bild 7 zeigt die mögliche Ausstattung eines Büros von morgen, in dem neben dem Fernsprechapparat gleichzeitig ein Fernkopierer und eine Bürofernschreibmaschine zur elektronischen Briefübermittlung und ein Bildschirmtextempfänger zum Informationsabruf eingesetzt

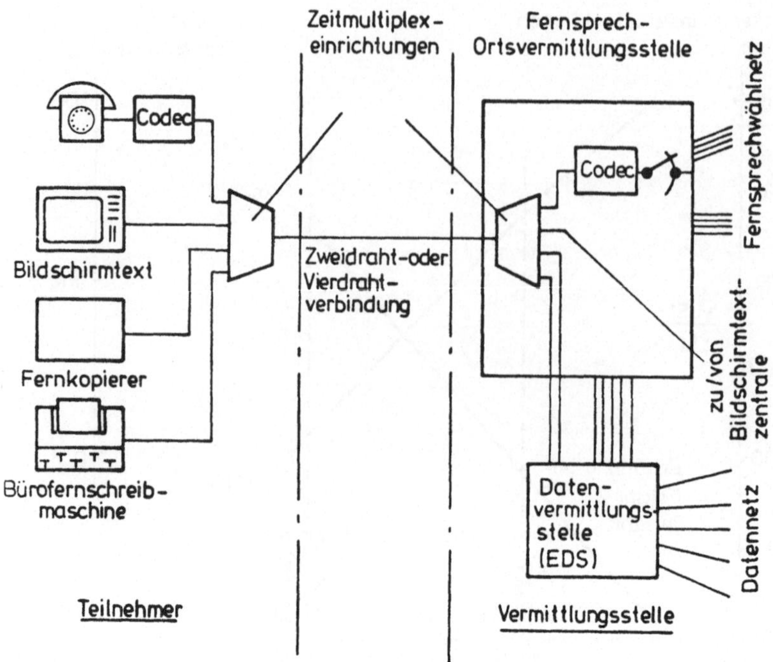

Bild 7. Bürokommunikation bei einem diensteintegrierten
digitalen Teilnehmeranschluß

werden. Durch die Möglichkeiten der modernen, digitalen Übertra-
gungs- und Multiplextechnik ist es möglich, alle vier Dienste mit
einer einzigen Anschlußleitung in Anspruch zu nehmen. Auf diese
Weise können derartige Einrichtungen bereits heute erprobt werden,
ohne daß zusätzliche Anschlußleitungen, die ohnehin sehr schlecht
ausgenutzt sind, verwendet werden müssen /4-6/.

Die Textkommunikation ist nicht auf die Wiedergabe der Nachricht
auf Papier beschränkt. Die flüchtige Wiedergabe von Texten auf dem
Bildschirm eines durch zusätzliche Bausteine erweiterten Fernsehempfängers stellt in vielen Fällen eine vorteilhafte und dazuhin
preiswerte Nutzungsform dar, die erst durch die großen Fortschritte
auf dem Gebiet der Mikroelektronik möglich wurde. Die Verfahren
Videotext, Bildschirmtext und Kabeltext machen davon Gebrauch. Darüber hinaus gibt es noch zusätzliche Varianten mit Rückkanal, die
zusammen mit den entsprechenden Verfahren der Festbildübertragung
in Bild 8 zusammengestellt sind.

Art der Übertragung	In bestehenden Netzen		In zukünftigen Breitbandkabelnetzen		
	Fernseh-verteilnetz (Signal eingelagert in Fernseh-signal)	Fernsprech-netz	ohne Rückkanal	mit Rückkanal	mit Rückkanal und zentraler Vermittlung
Text-übertragung	Videotext	Bildschirm-text	Kabeltext	Kabeltext-Abruf	Individual-Kabeltext
Festbild-übertragung	Video-Einzelbild	Fernsprech-Einzelbild	Kabelbild	Kabelbild-Abruf	Individual-Kabelbild

Bild 8. Telekommunikationsformen, die mit erweiterten Fernsehempfängern möglich sind

Bei VIDEOTEXT werden die Textsignale in den für den Zuschauer unsichtbaren Leerzeilen eines Fernsehsignals, sozusagen im Huckepackverfahren, übertragen.

Im Gegensatz dazu verwendet man für BILDSCHIRMTEXT das Fernsprechwählnetz, das bekanntlich eine Übertragung in beiden Richtungen erlaubt und daher dem Teilnehmer über die Betätigung der Fernbedienungstastatur des Fernsehempfängers im interaktiven Dialog mit der Informationsbank eine gezielte Auswahl einzelner Textseiten aus einem nahezu unbegrenzten Textvolumen ermöglicht. Die Deutsche Bundespost plant, 1980 einen größeren Feldversuch mit BILDSCHIRMTEXT sowohl in Düsseldorf-Neuss als auch in Berlin für je etwa 2000 Privat- und 1000 Geschäftsteilnehmer durchzuführen, und wird, sofern der Versuch ein positives Ergebnis zeigt, etwa im Jahr 1982 einen allgemein zugänglichen BILDSCHIRMTEXT-Dienst einführen.

Mit BILDSCHIRMTEXT verfügt der Teilnehmer in der Zukunft über ein integriertes Informations- und Kommunikationsterminal, das er in vielfältiger Weise nutzen kann, so z. B. zum Abruf von Informationen, für programmierten Unterricht, für den Dialog mit dem Computer, aber auch für die Weitergabe von Textmitteilungen an andere oder auch einfach zur Unterhaltung (z. B. Computerspiele). Hier erkennt man erneut die innovative Kraft, die die Mikroelektronik auf die Gestaltung neuer Dienste ausübt: Noch vor wenigen Jahren waren die zur Realisierung von BILDSCHIRMTEXT notwendigen Schaltkreise so volumi-

nös und teuer, daß an eine allgemeine Einführung nicht gedacht werden konnte. Heute können diese Schaltungen in hochintegrierter
Schaltkreistechnik bereits in das Fernsehgerät miteingebaut werden,
und man kann erwarten, daß in einigen Jahren derartige Zusatzfunk-
tionen und das damit verbundene beachtliche Maß an Verarbeitungs-
intelligenz bereits zur Normalausrüstung eines Heimfernsehempfängers
gehören werden.

Das Prinzip der Telekommunikationsform KABELTEXT ist in Bild 9 dargestellt /7, 8/. Zur Übertragung der Textsignale werden ein oder mehrere
der nicht zur Fernsehverteilung eingesetzten Kanäle in einem Breit-
bandverteilnetz verwendet. Ein derartiger Fernsehkanal mit einer
nutzbaren Bandbreite von 5 MHz gestattet die Textübermittlung mit
einer Geschwindigkeit von etwa 800 Textseiten je Sekunde und damit
sehr viel schneller als bei VIDEOTEXT und BILDSCHIRMTEXT. Dies bedeutet, daß pro Sekunde etwa der Inhalt einer Tageszeitung mit 32
Seiten Umfang übertragen werden kann.

Bei diesen neuen Formen der bildschirmgebundenen Textkommunikation
wird vom Teilnehmer der Umgang mit einer Tastatur und das Lesen vom
Bildschirm gefordert. Es ist sicherlich zu früh, bereits heute ein
abschließendes Urteil über die Attraktivität dieser neuen Form der
Textwiedergabe abzugeben. Hier müssen zunächst die Feldversuche ab-
gewartet werden. Aber positiv kann vermerkt werden, daß diese "neuen
Medien" von vielen Besuchern der Funkausstellung im August 1979 in
Berlin bereits wie selbstverständlich angenommen worden sind.

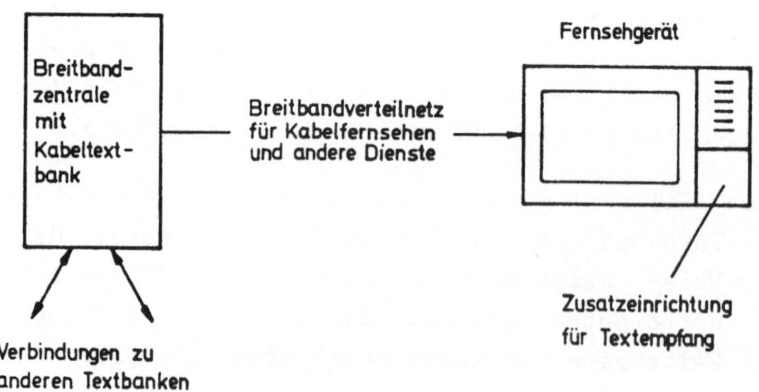

Bild 9. KABELTEXT (Prinzip)

Die flüchtige Wiedergabe von Texten auf dem Bildschirm eines Fernsehempfängers oder Sichtgeräts bringt eine Reihe von Vorteilen, aber
auch Nachteile mit sich. Vorteilhaft ist zweifelsohne die immateri-
elle, im Hinblick auf Energie- und Rohstoffverbrauch anspruchslose
Art der Textdarstellung, die eine große Vielfalt von Zeichen- und
Bildelementen zuläßt. Günstig ist auch, daß bestimmte Informationen
mit geeigneter EDV-Unterstützung durch den Teilnehmer schnell ausgewählt werden können, so daß die gezielte Suche nach Informationen
besonders wirkungsvoll erfolgen kann. Besonders wichtig ist schließlich, daß die Texte, anders als beim Bedrucken von Papier, unmittelbar nach der Eingabe in die Datenbank verfügbar sind und damit hohe
Aktualität gewährleisten. Nachteilig empfunden werden bei der bildschirmorientierten Textkommunikation wohl der relativ kleine Textausschnitt, die verminderte Lesbarkeit der Zeichen und ein gering-
fügiges Flimmern des Bildes. Weiterhin darf die Tatsache nicht übersehen werden, daß der Fernsehempfänger als Endgerät relativ groß,
schwer und weitgehend ortsgebunden ist und nicht, wie beispielsweise
ein Taschenbuch oder eine Zeitung, in der Hand gehalten werden kann.

Die sich abzeichnenden technologischen Weiterentwicklungen werden
jedoch die Realisierung von Bildschirmen ermöglichen, bei denen das
genannte Flimmern vollständig entfällt und die Schriftzeichen mit
genügend guter Auflösung wiedergegeben werden. Auch der relativ
kleine Textausschnitt wird kaum mehr nachteilig empfunden, wenn man
diesen Ausschnitt wie ein Fenster schnell über ein großes Textvolumen hinwegschieben und damit das gewohnte "Überfliegen" von Texten
nachbilden kann. Voraussetzung hierfür ist allerdings eine hohe
Übertragungsgeschwindigkeit, um den Inhalt des Textspeichers im
Fernsehgerät schnell verändern zu können.

So steht zu erwarten, daß es in Zukunft neben dem materiellen Trans-
port von auf Papier gedruckten Informationen mehr und mehr auch den
immateriellen, elektronischen Vertriebsweg geben wird.

4. Mensch-Maschine-Kommunikation

Bei BILDSCHIRMTEXT und verschiedenen Arten der Datenkommunikation
geht es nicht nur um das Auswählen einzelner Textseiten durch eine
numerische bzw. alpha-numerische Tastatur, sondern auch und vor
allem um den interaktiven Dialog mit der Rechner- bzw. Textzentrale.
Sollen derartige Systeme vom Teilnehmer als einfach zu bedienen und

benutzerfreundlich empfunden werden, so ist neben einer zweckmäßigen
ergonomischen Gestaltung der Endgeräte auch eine an den Menschen
angepaßte Dialogprozedur mit passender Antwortzeit und ausreichender
Bedienerführung notwendig. Hier werden die Feldversuche Aufschluß
darüber geben können, wie schnell ungeübte Personen den Umgang mit
diesen neuen Formen der Mensch-Maschine-Kommunikation erlernen können. Hier ist wohl noch viel Pionierarbeit zu leisten, um das Verhalten der Teilnehmer zu erforschen und die Darstellungsformen an
die Fähigkeiten und Bedürfnisse des Menschen als Kommunikationspart-
ner möglichst gut anzupassen. Was bisher nur wenigen, geschulten
Personen vorbehalten war, nämlich direkt mit Maschinen, wie z. B.
Rechnern und Speichern, zu kommunizieren, könnte in Zukunft für
einen Großteil der Bevölkerung zum Alltäglichen werden.

Der Heimfernsehempfänger entwickelt sich immer mehr zu einem viel-
seitig genutzten, preiswerten Gerät zur Bild- und Textdarstellung,
das weit mehr kann als nur die Wiedergabe von Fernsehsendungen.
Bild 10 zeigt das Blockschaltbild eines derartigen "intelligenten"

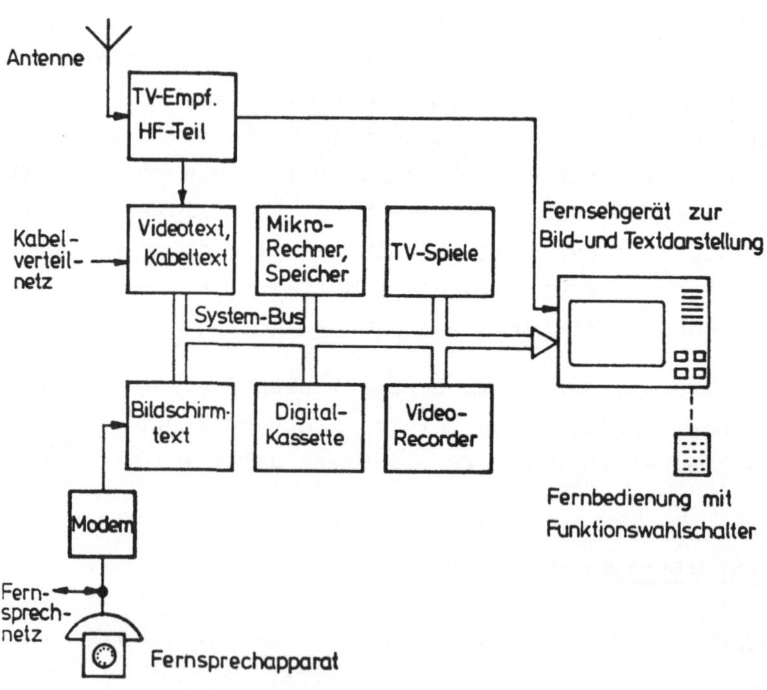

Bild 10. "Intelligentes" Heimterminal

Heimterminals, das neben den verschiedenen Formen des Bild- und
Textempfangs auch noch als Heimcomputer eingesetzt werden kann.

Nachrichtentechnik und Datenverarbeitung wachsen immer enger zur
Informationstechnik zusammen. So wird man im sog. Büro der Zukunft
sowohl Datenverarbeitungsfunktionen ausführen als auch über die
verschiedenen Formen der Bürokommunikation vielfältige Verbindungen
zu weiter abgelegenen Büros herstellen müssen. In der Übertragungs-
und Vermittlungstechnik stehen wir heute am Übergang zur digitalen
Technik, bei der die Nachrichtensignale nicht mehr in analoger Form
sondern zeitgestaffelt als eine Folge codierter Abtastwerte (und
daher besonders störsicher) übermittelt werden. Diese Technik wird
bereits bei der in Bild 7 gezeigten Mehrfachausnutzung der Teil-
nehmeranschlußleitung eingesetzt. Bei der für die Zukunft erwarteten,
größeren Verbreitung der Digitaltechnik könnte allmählich ein digi-
tales Fernmeldenetz entstehen, bei dem die einzelnen Dienste technisch und hinsichtlich ihrer Nutzung voll integriert sind, eine
Entwicklungsrichtung, die sich bereits heute bei den Nebenstellenanlagen deutlich abzeichnet.

Die Bürokommunikation wird sich durch den Einsatz dezentraler "Intelligenz" weiterentwickeln und die in Bild 7 dargestellten Einzelge-
räte werden aus heutiger Sicht zu einem integrierten System führen,
bei dem man durch zweckmäßige Bedienerführung erreichen kann, daß
das Büropersonal den gestellten Anforderungen gewachsen ist.

Die Kommunikation zwischen Mensch und Maschine findet heute nahezu
ausschließlich in der Form statt, daß die Eingabe der Informationen
mittels numerischer oder alpha-numerischer Tastatur erfolgt, während
in der Richtung von der Maschine zum Menschen die Informationen auf
einem Drucker oder einem Sichtgerät ausgegeben werden. Bild 11 gibt
eine systematische Übersicht über die verschiedenen Verfahren der
Mensch-Maschine-Kommunikation und die dabei vom Menschen verlangten
Tätigkeiten.

Dieses Bild zeigt auch, daß im Prinzip weitere Möglichkeiten für
die Ein- und Ausgabe bestehen. So würde die Eingabe an der Schnitt-
stelle zwischen Mensch und Maschine in vielen Fällen einfacher und
zweckmäßiger gestaltet werden können, wenn der Benutzer in der normalen Umgangssprache seine Befehle und Wünsche äußern könnte. Leider
ist trotz aller Erfolge in den letzten Jahren die Forschung auf dem
Gebiet der Spracherkennung noch nicht so weit vorgedrungen, daß die

Tätigkeit des Menschen	Richtung und Verfahren	Nachrichten-wandler
Eingabe:	**Mensch ⟶ Maschine**	
Tasten	Text- und Dateneingabe mittels Tastatur	mechano –
Sprechen	Spracherkennung	akusto –
Drucken, Zeichnen	Zeichen- und Mustererkennung	opto –
		– elektrisch
		elektro –
Ausgabe:	**Maschine ⟶ Mensch**	
Sehen, Lesen	Ausgabe mittels Drucker oder Sichtgerät	– mechanisch oder -optisch
Hören	Sprachausgabe, synthetische Sprache	– akustisch
Fühlen	Orientierungshilfe für Blinde	– mechanisch

Bild 11. Mensch-Maschine-Kommunikation

Spracheingabe mit vertretbarem Aufwand und unabhängig von sprecher-spezifischen Merkmalen mit der erforderlichen Zuverlässigkeit ein-geführt werden könnte. Sehr viel günstiger ist die Lage bei der Sprachausgabe, wo mehrere Verfahren der Sprachsynthese in den letz-ten Jahren erprobt und vorgestellt wurden, die eine gut verständ-liche Sprachqualität erlauben.

Die automatische Erkennung stilisierter Schriften hat bereits einen hohen Stand erreicht und wird heute zum Lesen von Belegen und For-mularen eingesetzt. Der Aufwand ist allerdings noch so groß, daß sich derartige Lesegeräte für den Privathaushalt nicht eignen. Be-achtliche Schwierigkeiten ergeben sich jedoch, wenn Handschriften gelesen werden sollen.

5. Schluß

In den bestehenden Netzen können eine Vielfalt neuer Formen der
Telekommunikation, insbesondere der Daten- und Textkommunikation,
verwirklicht werden. Für die Akzeptanz dieser neuen Formen ist es
wichtig, die an den Teilnehmer gestellten Anforderungen zu kennen
und daraus resultierend benutzerfreundliche, einfache und menschengerechte Lösungen zu finden. Nur so kann die bei der Einführung
neuer Telekommunikationsformen stets auftretende Hürde genügend
niedrig gehalten werden. Dies gilt vor allem für die Einführung
interaktiver Kommunikationsformen, bei denen der Teilnehmer durch
eine zweckmäßige Bedienerführung an die Dialogformen herangeführt
werden muß.

Im Laufe der Zeit werden neben den Formen der Textkommunikation
auch solche für die Übermittlung und bildschirmgebundene Darstellung von Festbildern an Bedeutung gewinnen. Die Bewegtbildkommuni-
kation in Form des Bildfernsprechens wird aus Kostengründen allerdings zunächst nicht eingeführt werden können. Sie stellt auch ganz
anders geartete Anforderungen an den Teilnehmer.

Im Mittelpunkt all dieser Betrachtungen muß der Mensch stehen, und
wichtiger als die Faszination durch die Technik ist die Erkennung
und Befriedigung seiner Kommunikationsbedürfnisse und damit ein Beitrag zur Verwirklichung seiner Persönlichkeit. Es steht jedoch außer
Frage, daß die telekommunikative Welt von morgen farbiger, vielfältiger und stärker auf die individuellen Wünsche ausgerichtet sein
kann und wird.

Schrifttum

1. Kaiser, W.: Telegrafen- und Datenübertragungstechnik. NTG-Fach-
berichte 60, 73-114 (1977)

2. KtK: Telekommunikationsbericht mit acht Anlagebänden. Bonn:
Verlag Dr. Hans Heger 1976

3. Kaiser, W.: Zukünftige Telekommunikation in der Bundesrepublik
Deutschland - Ergebnisse der KtK-Beratungen. Nachrichtentechn. Z.
29, 190-210 (1976)

4. Kaiser, W.: Strategies for the introduction of new services into
existing local networks. IEEE Zurich Seminar 1978 and IEEE Communications Magazine 17, 4-12 (July 1979)

5. Hagmeyer, H.T.: Die Übertragung von Impulsen im Fernsprechan-
schlußnetz bei einem digitalen Teilnehmeranschluß. NTG-Fach-
berichte 64, 74-80 (1978)

6. Kaiser, W.: Zukünftige Formen und Wege der Informationsübermitt-
lung in: Informationsverarbeitung und Kommunikation. München:
Oldenbourg 1979

7. Kaiser/Lange/Langenbucher/Lerche/Witte: Kabelkommunikation und
Informationsvielfalt. München: Oldenbourg 1978

8. Kaiser, W.: Kabeltext und Kabeltextabruf in: Elektronische Textkommunikation. Heidelberg: Verlag Springer 1978

Benutzerfreundliche Telekommunikationsgeräte und Prozeduren

D. v. Sanden
München

Der Titel dieses Referats enthält das Wort benutzerfreundlich. Was
heißt dies? (Bild 1). Ich meine mit benutzerfreundlich etwas, dessen Gebrauch dem Benutzer F r e u d e bereitet. (Ohne diese positiv emotionelle Komponente würde man nur von benutzergerecht sprechen.)

Bild 1

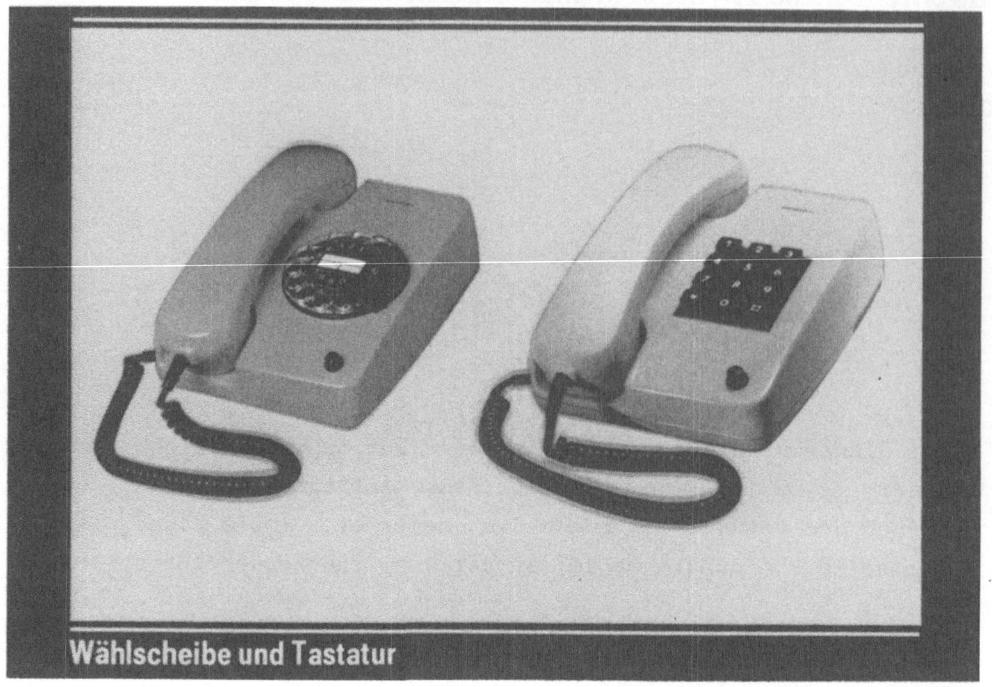

Bild 2

Sehen wir uns Beispiele an: Wenn jemand voller Stolz Ihnen die
Fernbedienungseinrichtung seines Fernsehgerätes vorführt, so demon-
striert er Benutzerfreude; daß es ausgesprochen benutzerfreundliche
Automobile gibt, die zum Fahren verführen, weiß jeder von uns; der
Übergang (Bild 2) von der Wählscheibe zur Tastatur beim Telefon ist
ein inzwischen jeder Hausfrau bekanntes klassisches Beispiel.

I.   Mensch/Mensch-Dialog-Kommunikation

Die wichtigste Telekommunikationsform ist wohl die, die uns über
Entfernungen einen Mensch-zu-Mensch-Dialog ermöglicht. Was ist hier
ideal benutzerfreundlich? Doch wohl dies: Ich sage dem Telekommunikationssystem "Verbinden Sie mich bitte mit meinem Freund Max". Das
System sucht meinen Freund Max und verbindet mich mit ihm. In einer
optisch/akustischen raumgerechten Darstellung erscheint er mir dann
so, als ob er mir im üblichen Gesprächsabstand gegenübersäße. Wir
sprechen miteinander und zeigen auf Gegenstände und Dokumente. Wenn

ich ihm einen Zettel hinüberschieben will, tue ich den Zettel in das
Telekommunikationssystem und er bekommt dessen bild- und farbgerechte
Wiedergabe in Sekundenschnelle in die Hand. - Daß eine derartige
Farbbild- und Stereo-Dialog-Telekommunikation schon heute technisch
möglich ist, steht außer Zweifel; ihr Allgemeineinsatz ist allerdings
noch nicht bezahlbar.

Die drei wesentlichen Elemente der Benutzerfreundlichkeit einer Mensch-
zu-Mensch-Dialog-Kommunikation über ein Telekommunikations-System
sind (Bild 3):

1. Die Verbindung muß hergestellt werden, und zwar schnell und auf
    eine für den Benutzer einfache Weise.

2. Der Tele-Dialog soll sich einem direkten Mensch-zu-Mensch-Dialog
    so ähnlich wie möglich abspielen.

3. Die Kosten müssen für den Benutzer erschwinglich sein.

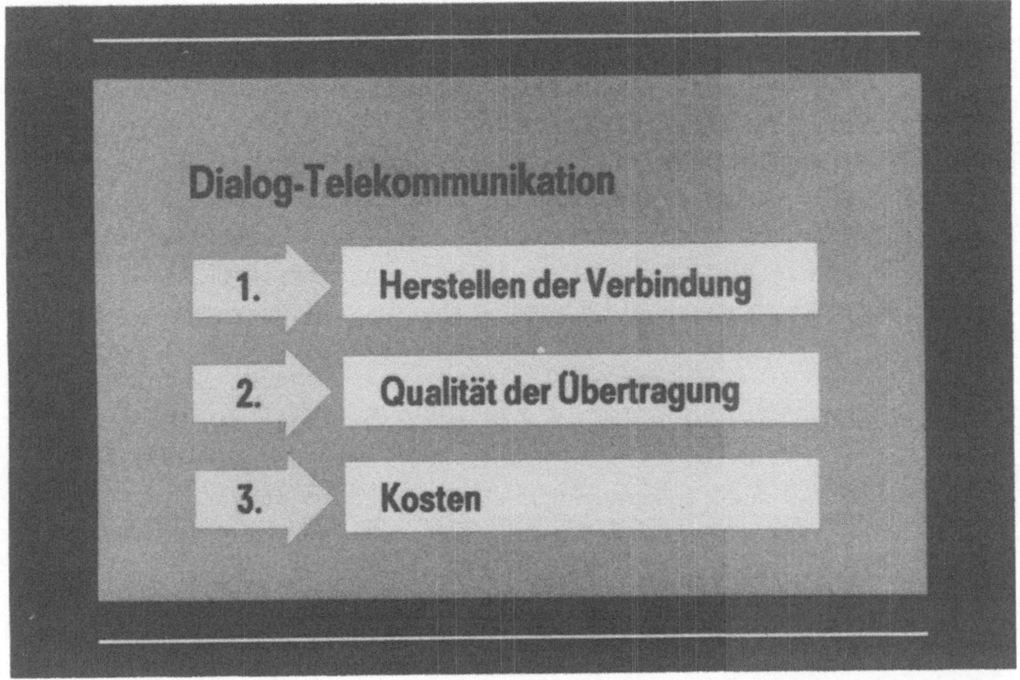

Bild 3

Relative Kosten*) für Ferngespräche

		1960	1980**)
München—Hamburg	Tag	75 min	18 min
	Nacht	14 min	5 min
München—New York	Tag	1070 min	113 min
	Nacht	1070 min	94 min

*) Durchschnitts-Lohnarbeitszeit für 3 Gesprächsminuten
**) Basis: Geplante Gebühren-Änderung 1980

Bild 4

Fangen wir bei den Kosten an. Die technologischen Fortschritte der
Übertragungstechnik haben die Kosten für Fernverbindungen in den zu-
rückliegenden Jahren drastisch senken können. Diese Tabelle (Bild 4)
zeigt, welche Zeit ein "durchschnittlicher Lohnarbeiter" jeweils arbeiten mußte oder heute muß, um ein 3-Minuten-Telefongespräch zwischen
München und Hamburg oder München und New York bezahlen zu können.

Zum Punkt Übertragungsqualität, zur Natürlichkeit des Dialogs: Wir
alle haben miterlebt, wie eindrucksvoll Seekabel- und Satelliten-
Verbindungen uns jeden Überseepartner nahegebracht haben. Die glo-
balen Entfernungen sind heute für Sprache (und Text) zufriedenstellend überbrückt. Nun geht es an die Erweiterung des Telefonie-Nur-
Sprach-Dialogs durch eingeblendete Text- und Festbildübermittlung
und schließlich durch Ergänzung mit Live-Bildern. Neue Übertragungs-
verfahren (Digitaltechnik) und Technologie-Fortschritte bei den Terminals werden uns in den 80er Jahren dem vorhin erwähnten Ideal-Tele-
Dialog wesentlich näherbringen. - Die beschränkte Zeit erlaubt mir
heute kein näheres Eingehen hierauf.

Kommen wir zum ersten Element der Benutzerfreundlichkeit, der möglichst einfachen <u>Verbindungsherstellung</u>. Wenn man hier den vorhin erwähnten Idealfall, bei dem man dem System in Worten sagt, wen man sprechen möchte, damit vergleicht, daß man etwa in mehreren Versuchen Ziffernfolgen wiederholt zu wählen hat, ehe man seinen Partner am Apparat hat, so sieht man, daß hier viel zu tun ist.

Hierbei gibt es zwei große Schritte zu mehr Benutzerfreundlichkeit (Bild 5). Die Teilnehmer-Selbstwahl bringt dem Benutzer die Möglichkeit, seinen Gesprächspartner schnell und direkt zu erreichen. Der Benutzer fühlt sich freier; denn er verfügt selbst über seine Zeiteinteilung; er hängt nicht von einem Operator-Rückruf ab, der zur unbestimmten Zeit kommt.

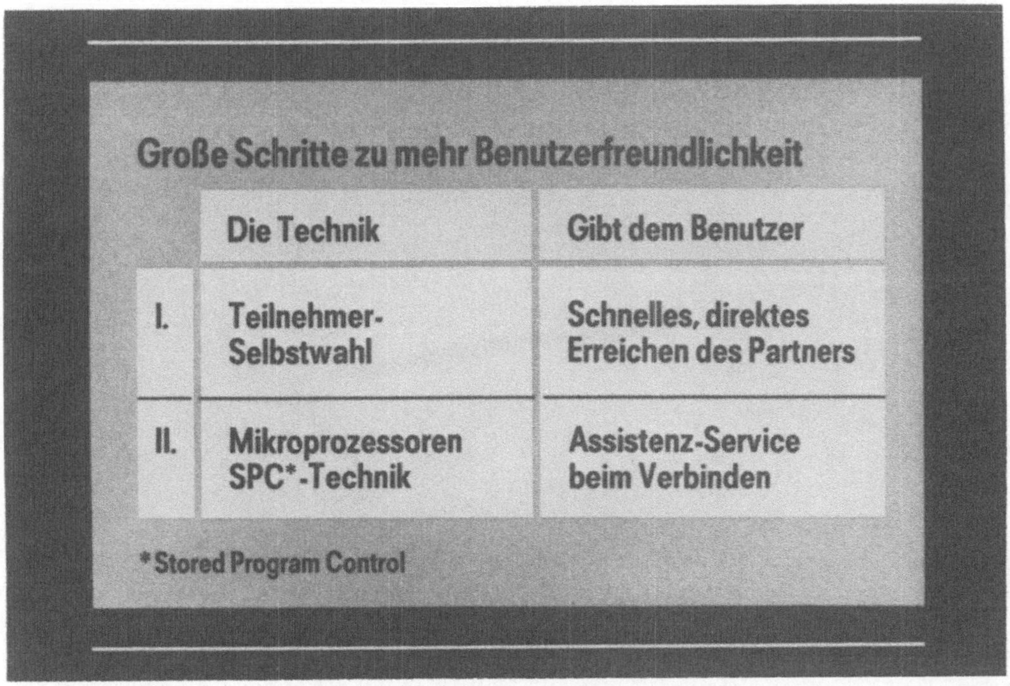

Bild 5

Vieles, was dem Benutzer ein menschlicher Operator, ein Assistent, bieten könnte, bietet ihm die einfache Teilnehmer-Selbstwahl jedoch nicht. Die Bemühungen zielen deshalb darauf hin, dem Benutzer durch

Einsatz der modernen Technologie, wie wir sie aus Taschenrechnern und größeren Computern kennen, einen Assistenz-Service zu bieten, der ihm den Aufbau der Verbindungen erleichtert.

Hierzu zwei Beispiele. Hier (Bild 6a) sehen Sie ein übliches Telefonregister, in dem die Telefonnummern unserer Partner niedergeschrieben sind. Um den Partner anzurufen, müssen wir ihn in diesem Register suchen und dann seine herausgelesene Telefonnummer über die Tastatur eingeben. Im Namentaster (Bild 6b) haben wir die unserer Zeit angemessene Verbesserung: Das Telefonregister ist elektronisch in dem Gerät gespeichert; der Druck auf eine Taste mit dem Namen unseres Partners löst automatisch die Anwahl dieses Partners aus. Ein wichtiger Punkt hierbei: Das Gerät ist so benutzerfreundlich konstruiert, daß es auch einem vielbeschäftigten Chef Freude macht, den Speicher auf andere Namen umzuprogrammieren.

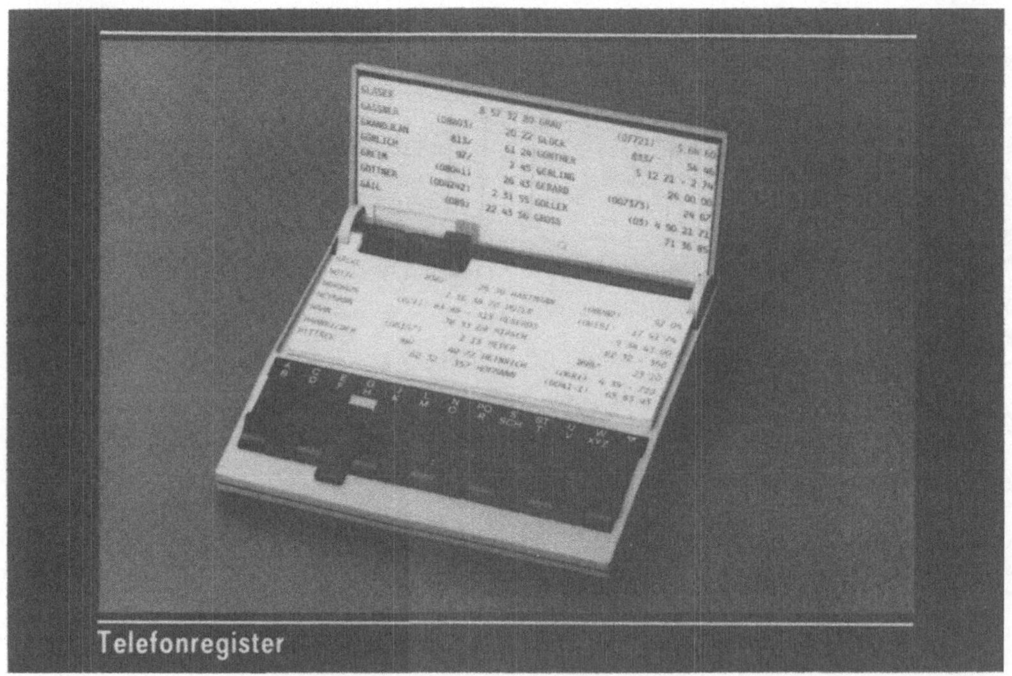

Bild 6a

Bild 6b

Wenn der angerufene Partner besetzt ist, kann einem dieser Namentaster allein nicht viel weiterhelfen, wenngleich er das wiederholte
Anrufen wesentlich erleichtert. In diesen Fällen hilft einem - und
dies ist das zweite Beispiel - der Assistenz-Service, der von programm-gesteuerten[1] Vermittlungsanlagen geboten werden kann. Sie sehen
hier (Bild 7a) die Telefonstation einer programm-gesteuerten Vermitt-
lungsanlage EMS. Wenn der Benutzer seinen gewünschten Partner besetzt
vorfindet, braucht er nur die oberste rechte Taste zu drücken und den
Handapparat wieder aufzulegen. Durch das Drücken dieser Taste aktiviert er in dem Vermittlungssystem EMS ein bestimmtes Programm. Das
System überwacht nun laufend den gewünschten Partner; sobald dieser
frei geworden ist, ruft es den das Gespräch wünschenden Partner. Sobald dann dieser abhebt, stellt das System die Verbindung her. - Das
System erfüllt also mit diesem Programm einen Service, wie er sonst
nur von einer Assistentin (bzw. Sekretärin) ausgeführt werden könnte.

---

[1] Stored Program Control (SPC)

Bild 7a

Derartige programm-gesteuerte Vermittlungssysteme bieten vom Prinzip
her ein enorm reiches Spektrum an Assistenz-Service-Möglichkeiten.[1]
Es wird sich erst im Laufe der Zeit herausstellen, welche als besonders benutzerfreundlich empfunden werden. Bei der hier abgebildeten
Telefonstation kann der Benutzer mit den auf der rechten Seite ange-
ordneten Programmtasten noch drei weitere Service-Programme aktivie-
ren.

II. Benutzer/System-Kommunikation

Meine Damen und Herren, hier sind wir an einem wichtigen Punkt angekommen. Wenn der Benutzer dem System sagen will "Bitte rufen Sie
mich zurück, sobald der gewünschte Partner frei geworden ist", sagt
er dieses nicht in Worten, sondern drückt die Taste mit dem Rückruf-

---

[1] Bei entsprechend aufwendiger Ausstattung der Vermittlungsknoten
des gesamten Telekommunikationsnetzes ist auch ein Suchen des Partners im Netz möglich.

Symbol, hier die oberste Programmtaste. Das heißt, die Kommunikation
zwischen ihm, dem Benutzer, und der in dem System eingebauten quasi
"elektronischen Assistentin" spielt sich auf eine uns nicht geläufige
Weise ab. Wir sind gewohnt, mit Worten auszudrücken, was wir wollen.
Wir erwarten, umgekehrt auch von unseren Partnern mit Worten informiert zu werden.

Bei der Kommunikation zwischen uns und technischen Systemen, mit
denen wir zusammenzuarbeiten haben, lassen die heute verfügbaren
technologischen Mittel derartige Sprachkommunikationen ökonomisch
nicht zu. Eine Sprachausgabe von den Systemen z u m Benutzer ist
zwar relativ leicht durchzuführen; wir kennen dies beispielsweise
aus den Ansagen in Telefonnetzen der USA. Die Informationsübermitt-
lung v o m Benutzer zum System hin durch gesprochene Sprache verbietet sich der Kompliziertheit wegen bisher für den Allgemeinge-
brauch.

Diese Tabelle (Bild 8) zeigt an einigen Beispielen, wie sich die
Kommunikation zwischen Benutzer und System abspielt. Sobald wir einen

Benutzer/System-Kommunikation

System	Benutzer ▶ System	System ▶ Benutzer
Aufzug	Tasten	Leuchtzeichen
Automobil	Griffe, Tasten	Zeiger, Leuchtzeichen
Telefon (einfach)	Auflage-Schalter Wähltasten	Ruf-Wecker Hörzeichen
Telefon (comfort)	Auflage-Schalter Wähltasten Bedientasten	Ruf-Wecker Hörzeichen Leuchtzeichen

Bild 8

Aufzug anfordern oder betreten, treten wir mit dem System Aufzug in
eine Kommunikation ein. Mit Tastendruck sagen wir dem System, was es
tun soll. Mit Leuchtzeichen gibt uns das System zu erkennen, daß es
unseren Wunsch aufgenommen hat. Schließlich meldet der Aufzug mit
einem Leuchtzeichen, daß er im gewünschten Stockwerk angekommen ist.
- Beim Automobil teilen wir dem System Automobil durch Griffe und
Tasten mit, was es für uns tun soll. Das System gibt seinerseits uns
durch Zeiger oder Leuchtzeichen Informationen.

Beim einfachen Telefon betätigen wir zunächst durch Abnehmen des Hand-
apparates einen Schalter und teilen dadurch dem System Telefonnetz
mit, daß wir eine Verbindung wünschen. Das System meldet uns durch
ein Hörzeichen, daß es zur Aufnahme des Verbindungswunsches bereit
ist. Dann geben wir mit den Wähltasten das Verbindungsziel ein, usw.
Jeder von uns kennt diesen Kommunikationsvorgang. - Bei komfortableren
Telefoneinrichtungen, wie wir sie aus unseren Büros kennen, betätigen
wir darüberhinaus bestimmte Bedientasten. Und das System gibt uns
mit Leuchtzeichen Signale über den Bedienungszustand.

Wir erkennen unmittelbar, daß mit diesen einfachen Kommunikations-
mitteln, nämlich Tasten und Griffen, sowie Hörzeichen und Leuchtzeichen, der Umfang der zwischen Benutzer und System möglichen Kommunikation stark eingeschränkt bleiben muß.

Für den produkt-entwickelnden Ingenieur tut sich deshalb hier ein
Dilemma auf. Auf der einen Seite ermöglicht ihm die heutige Technologie ein sehr breites Spektrum an Service-Leistungen, die er gerne
dem Telekommunikationsbenutzer anbieten möchte. Auf der anderen Seite jedoch sind wegen der Unmöglichkeit der direkten Sprachkommunikation in Umgangssprache die Kommunikationsmöglichkeiten zwischen dem
Benutzer und dem System stark eingeschränkt. Von dem möglichen Lei-
stungsspektrum läßt sich deshalb nur ein Bruchteil in der Praxis ein-
setzen. Jedes darüber hinausgehende Mehr empfindet ein Benutzer wegen
der ihn irritierenden Kompliziertheit als ausgesprochen benutzerun-
freundlich.

Dieser Situation entsprechend sind beispielsweise für einen Normalbenutzer an der Telefonanlage EMS nur vier Programmtasten vorgesehen.
Sie werden flexibel je nach Benutzerwunsch mit verschiedenartigen
Programmen belegt. In diesem Beispiel (Bild 7b) weicht die Belegung
der Programmtasten vom vorhin gezeigten Beispiel ab.

Bild 7b

Meine Damen und Herren, auf der Suche nach mehr Benutzerfreundlich-keit für den Telefon-Benutzer sind wir hier auf ein recht allgemeines Problem gestoßen. Wenn es sich nicht um einen Mensch/Mensch-Dialog handelt, sondern um den Dialog eines Menschen mit einer elektroni-schen Informationszentrale, dann stellt sich das Problem der Mensch/ System-Kommunikation nicht nur für den Verbindungsaufbau, sondern für den eigentlichen Kommunikationsvorgang selbst. Wie wichtig diese Thematik ist, erhellt daraus, daß mit Projekten wie Bildschirmtext, Zweiwegkabelfernsehen, Ferneinkauf, usw. überall eine Entwicklungs-richtung eingeschlagen wird, die zu einer Direktkommunikation zwischen einem Normalbenutzer und einem System, nämlich einer elektronischen Informationszentrale, führen soll.

Daß überall intensiv daran gearbeitet wird, eine Direkt-Spracheingabe von Menschen in das System zu ermöglichen, erklärt sich hiernach von selbst. Bis dorthin ist es jedoch noch ein langer Weg. Somit stellt sich die Frage: Was ist an nächsten Schritten zu tun?

Bild 9

Wenn ein Benutzer besonders geschult ist und laufend in Übung bleibt,
kann er selbstverständlich auch auf anspruchsvollere Weise als nur
mit einfachen Tasten mit dem System verkehren. Auf diesem Bild
(Bild 9) sehen Sie einen charakteristischen Kommunikationsprozeß:
Zwischen den ungeübten Partner, hier den Herrn mit dem Papier in
der Hand, und das System wird ein geübter Benutzer als "Übersetzer"
eingeschaltet, hier die Dame, die das Datenterminal bedient. Die geübte, trainierte Benutzerin verkehrt mit Hilfe einer vollen Text-
Tastatur und einem Bildschirm mit dem System. Diese Art von über-
setzenden Benutzerplätzen kennen wir alle aus den verschiedenen
Schaltern, sei es in der Bank, sei es bei Reisebüros, bei Luftver-
kehrsgesellschaften usw. Wenn wir aber etwa selbst von zu Hause aus
mit einer Informations-Zentrale in Verkehr kommen wollen, können wir
uns weder einen trainierten Benutzer als Zwischenschaltung leisten,
noch ist anzunehmen, daß wir ohne weiteres die Leistung einer Daten-
terminal-Bedienerin ohne Schulung und laufende Übung erbringen können.

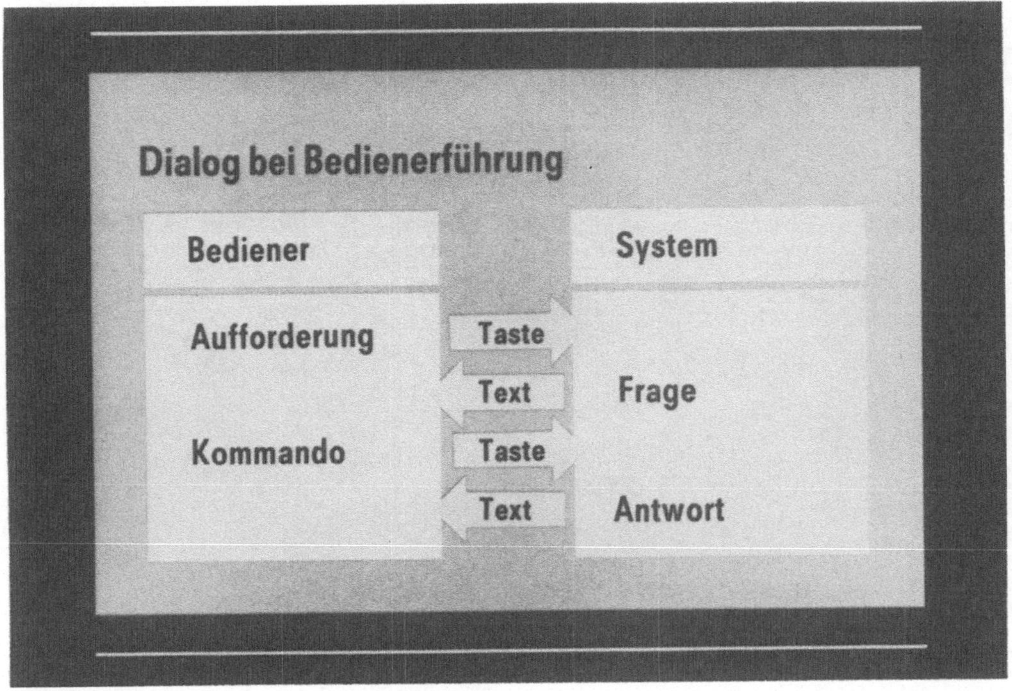

Bild 10

Ein wichtiges Prinzip, das bei ungeübten Benutzern sicherlich ein gutes Stück Weg weiterhelfen wird, ist die Prozedur der Bediener-führung (Bild 10). Man nutzt hier die Tatsache aus, daß das System sich dem Benutzer gegenüber relativ komfortabel in Sprache ausdrücken kann, sei es über einen Display mit optischer Textanzeige oder über eine akustische Sprachausgabe. Das System kann so den Benutzer durch verbale Ausdrücke zu etwas auffordern oder dem Benutzer Fragen stellen. Wesentlich ist, daß die vom Benutzer dem System als Antwort auf Fragen oder als Aufforderung zu gebenden Informationen e i n f a c h dargestellt werden müssen. Am besten geschieht dies durch Eingabe-Tasten, mit denen der Benutzer ja, nein oder wenige andere leicht zu merkende Informationen eingeben kann.

Die Kunst, ein Bedienerführungsprogramm zu entwerfen, besteht darin, durch ein Frage- und Aufforderungsprogramm den Bediener aus dem System heraus so zu leiten, daß er erstens Benutzerfreude an dem Dialog-Spiel empfindet und zweitens mit seinen nur einfachen Eingabemitteln ant-worten kann.

Bild 11

Auf diesem Gebiet haben wir noch viel Neuland vor uns. Das ist aus
der Situation heraus leicht verständlich; denn der Direktkontakt
zwischen unprofessionellen Normalbenutzern und elektronischen Informationssystemen ist ja heute erst an der Schwelle der Einführung.
In diesem Bild (Bild 11) sehen Sie eine Telefonstation, wie wir sie
zur Zeit für Versuche mit derartigen Bedienerführungs-Prozeduren be-
nutzen. Wir hatten sie auf der internationalen Ausstellung TELECOM
'79 im September dieses Jahres in Genf ausgestellt.

III. Text-Kommunikation

Meine Damen und Herren, nun noch ein schneller Blick zur Text-Tele-
kommunikation, dem Austausch von geschriebenen Texten von Mensch zu
Mensch, wie dies heute meist separiert von der Sprachkommunikation
geschieht.

Bild 12

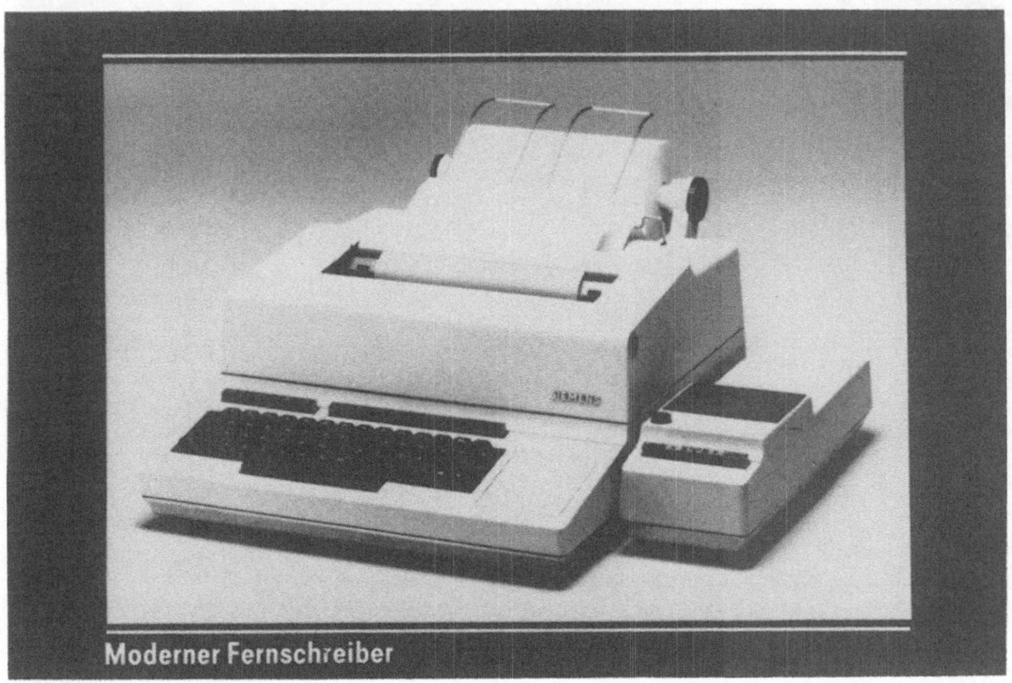

Bild 13

Der frühere Fernschreiber war relativ laut und stand vom Büro abgesetzt in einer Fernschreibstelle (Bild 12). Heute ist der Fernschreiber mit Elektronik flüsterleise geworden; er wandert dank seiner ausgesprochenen Benutzerfreundlichkeit in die Büros (Bild 13).

Die nächste Stufe soll ein öffentlicher Service sein, der Direkt-Kommunikation ermöglicht zwischen funktionserweiterten Fernschreibmaschinen, die Groß/Klein-Buchstaben sowie alle Zeichen einer modernen Schreibmaschine besitzen und einer Speicherschreibmaschine ähnlich sind. Dieses Projekt läuft unter dem Namen TELETEX oder Bürofernschreiben.

Dem Übermitteln von bereits beschriebenem Papier dient der Fernkopierer. Auf diesem Bild (Bild 14) sehen Sie vorn einen Fernkopierer, der für den Empfang nicht bedient sein muß, also eingehende Kopien beispielsweise auch nachts aufnehmen kann, so wie wir das als benutzerfreundlich vom Fernschreiben her gewohnt sind.

Bild 14

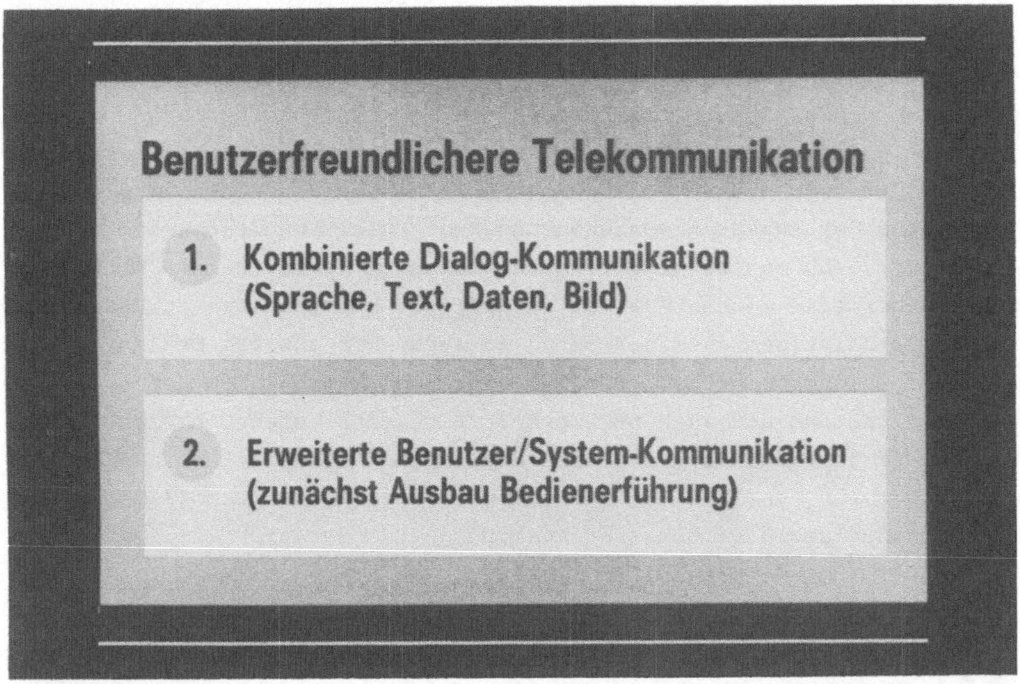

Bild 15

IV. Schlußbemerkungen

Meine Damen und Herren, ich komme zum Schluß. Zunächst soll dies
Bild (Bild 15) noch einmal zusammenfassen. Erstens: Wir wollen die
Dialog-Telekommunikation aus der Telefonie heraus erweitern zu kombi-
nierten Sprach-, Text- und Bilddialogen. Zweitens: Sowohl der er-
strebte Direkt-Dialog zwischen Normalbenutzer und elektronischer
Informationszentrale, wie die Bemühungen um elektronischen Assistenz-
Service zur Verbindungsherstellung verlangen erweiterte Kommunikation
zwischen Benutzern und technischen Systemen. In der ersten Phase
sind Methoden der Bedienerführung mit Einfacheingaben durch die Benutzer auszubauen. Später erst werden Spracheingaben in die Systeme
allgemeiner möglich sein.

Schließlich muß ich den Veranstaltern dieses Symposiums beichten,
daß ich ein schlechtes Gewissen habe. Ich hatte nämlich, als ich
zusagte, dieses Referat zu übernehmen, angekündigt, bereits Quanti-

tatives zu berichten über das, was wir mit bestimmten Geräten und Prozeduren durchführen. Es handelt sich um die <u>Akzeptanz</u> von bestimmten Leistungen von computer-gesteuerten Vermittlungssystemen und von Textkommunikations-Einrichtungen. Eine kritische Betrachtung der bis heute vorliegenden Ergebnisse zeigte uns jedoch, daß diese Ergebnisse leider noch nicht klar aussagefähig sind. Wir sehen, daß auf diesem Feld der Akzeptanz-Untersuchung noch viel Grundsatzarbeit zu leisten ist, ehe man zu signifikanten Aussagen kommen kann. Was man zweckmäßigerweise messen muß und worauf die Meßergebnisse zu beziehen sind, um statistisch aussagekräftig zu sein, war uns bei Beginn der laufenden Feldversuche noch nicht hinreichend klar. - Ich hoffe, bei den Veranstaltern und auch bei Ihnen, meine sehr verehrten Damen und Herren, auf Verständnis: Wenn man Neuland betritt, läßt sich nicht voraussagen, ob man in einer vorgegebenen relativ knappen Zeitspanne bereits vorzeigbare Ergebnisse erreichen wird oder nicht.

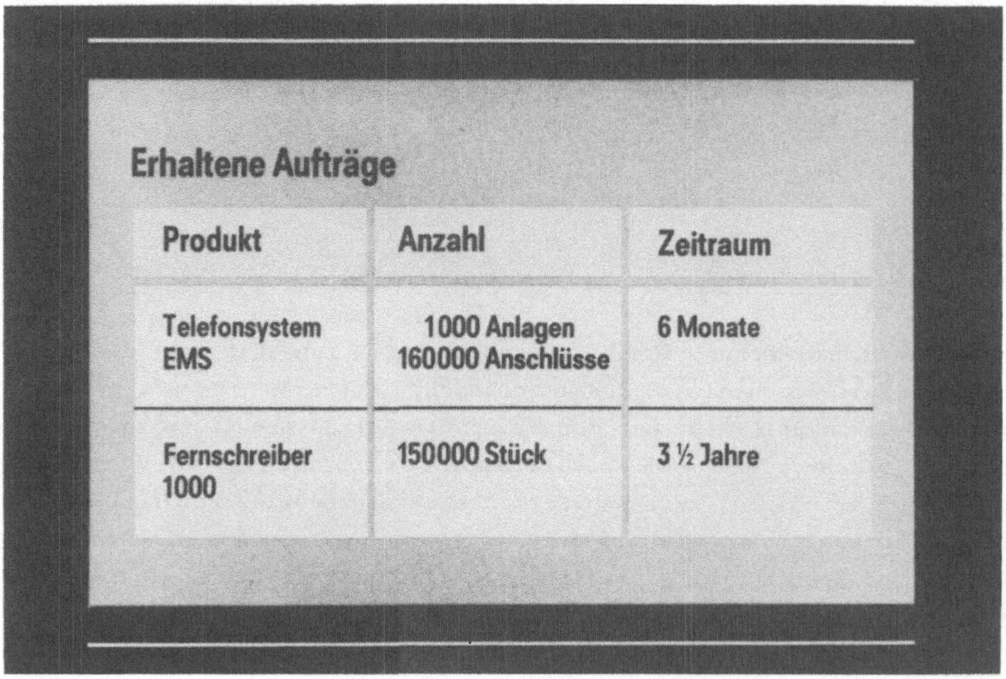

Produkt	Anzahl	Zeitraum
Telefonsystem EMS	1000 Anlagen 160000 Anschlüsse	6 Monate
Fernschreiber 1000	150000 Stück	3 ½ Jahre

Bild 16

In einem güter-produzierenden Unternehmen gibt es dennoch immer ein quantitatives Maß für die Benutzerfreundlichkeit seiner Produkte: Den Erfolg am Markt. Diese Tabelle (Bild 16) zeigt zwei Beispiele.

Menschengerechte Arbeitsgestaltung in der Textverarbeitung

F. Weltz
München

Die Textverarbeitung, oder genauer gesagt die organisierte Textverarbeitung ist in den letzten Jahren zum <u>Modethema</u> geworden. Auf Kongressen, in Publikationen sind wir mit einer Flut von Äußerungen zu diesem Thema konfrontiert worden. Woher kommt dieses plötzliche Interesse?

Ein <u>Schreibdienstberater</u>, mit dem ich mich darüber vor einiger Zeit unterhielt, sagte dazu, das ist doch einleuchtend, die Textverarbeitung ist ein Alibi und deswegen reden alle darüber. Ein Alibi für die Rationalisierung der Verwaltung und ein <u>Alibi</u> für die Humanisierung der Arbeit. Die Konzentration auf die Textverarbeitung - unter dem einen oder dem anderen Aspekt - ermöglicht es, andere zentralere und konfliktgeladenere Bereiche auszusparen. Man setzt eben dort an, wo es am wenigsten weh tut.

Ich möchte mich jetzt hier nicht damit auseinandersetzen, wieviel Wahres an dieser etwas zynischen Feststellung ist. In jedem Fall aber stellt die organisierte Textverarbeitung ein für den Prozess der Verwaltungsrationalisierung sicherlich wichtigen und symptomatischen Bereich dar.

Lassen sie uns zunächst einmal kurz rekapitulieren, was mit der Einführung von organisierter Textverarbeitung in einer Verwaltung <u>passiert</u>: Zum einen bedeutet organisierte Textverarbeitung eine organisatorische Neuordnung:

<u>Zentralisierung</u>, d.h. die disziplinarische und vielfach auch räumliche Zusammenfassung von bislang "dezentral", d.h. den einzelnen Fachbereichen zugeordneten Arbeitsplätzen,

und <u>Entmischung</u>, d.h. strikte Trennung von schreibenden und anderen Tätigkeiten.

Zum anderen bedeutet organisierte Textverarbeitung verstärkten Einsatz maschineller und verfahrensmäßiger <u>Hilfsmittel</u>, um menschliche Arbeit effektiver zu gestalten: d.h. also den Einsatz von Schreibautomaten, programmierter Textverarbeitung und anderer neuer Technologien.

Damit sind in der organisierten Textverarbeitung die <u>zwei Grundthemen</u> der Verwaltungsrationalisierung angeschlagen: <u>neue Formen der Arbeitsteilung</u> und <u>zunehmende Maschinisierung</u>. Dies, zusammen mit der großen Zahl der in diesem Bereich beschäftigten Menschen - Schätzungen belaufen sich je nach Definition von eineinhalb bis zweieinhalb Millionen - machen die Auseinandersetzung mit der Textverarbeitung so wichtig.

Die Einführung der organisierten Textverarbeitung in den Verwaltungen war mit viel <u>Kritik</u> von der einen mit viel <u>Hoffnungen</u> und Vorschußlorbeeren von der anderen Seite begleitet. Während die einen eine Verarmung und Entleerung der Arbeitsinhalte befürchteten, sehen die anderen die Chance der Freisetzung des Menschens von monotonen und repetitiven Arbeiten.

In einer relativ breit <u>angelegten Untersuchung</u> im Rahmen des Programmes "Humanisierung des Arbeitslebens" der Bundesregierung versuchten wir, d.h. die Sozialwissenschaftliche Projektgruppe München dieser Frage auf den Grund zu gehen. Wir besuchten 50 Verwaltungen, führten dabei 80 Gruppendiskussionen und ca. 800 Interviews mit Sekretärinnen, Schreibdienstleiterinnen und Diktanten durch. Die Untersuchung fand in den Jahren 77/78 statt. Ein abschließender Untersuchungsbericht liegt vor. [1]

<u>Zentrale Befunde</u> dieser Untersuchung, die für unsere Fragestellung hier von Bedeutung sind, waren:

1. In vielen Schreibdiensten hat in der Tat im Zuge der Einführung der organisierten Textverarbeitung, bzw. der Zentralisierung eine <u>Leistungsintensivierung</u>, eine <u>Bedeutungsentleerung</u> der Arbeit

1 "Menschengerechte Arbeitsgestaltung in der Textverarbeitung" Fachinformationszentrum, Kernforschungszentrum 7514 Eggenstein-Leopoldshafen 2

und zweifellos auch eine <u>Beanspruchungserhöhung</u> stattgefunden, die
von den befragten Schreibkräften recht negativ bewertet wurde.

2. Dieser Effekt tritt aber nicht in allen Schreibdiensten auf, im
   Gegenteil wir fanden neben Schreibdiensten, in denen die Arbeitssituation äußerst negativ bewertet wurde, auch solche, in denen
   die Schreibkräfte mit ihrer Arbeitssituation <u>recht zufrieden</u> waren.

3. In ähnlicher Weise stießen wir auf eine sehr unterschiedliche Bewertung der Arbeit an den <u>neuen Technologien</u>.

4. Schließlich wurde auch deutlich, daß auch an herkömmlichen Einzel-
   plätzen, d.h. an Arbeitsplätzen <u>von Sekretärinnen</u> und dezentral zu-
   geordneten <u>Einzelschreibkräften</u> erhebliche Belastungen und negative Effekte auftraten, die von den betroffenen Arbeitskräften
   recht ungünstig bewertet wurden.

Welche <u>Folgerungen</u> können wir daraus ziehen:

Die <u>Gegenüberstellung von dezentralen und zentralen Arbeitsplätzen</u>,
d.h. die ganze Kontroverse um die "Zentralisierung" erweist sich unter dem Aspekt der Sicherung befriedigender Arbeitsbedingungen in
dem Bereich der Textverarbeitung als irreführend.

Ganz banal ausgedrückt: es kommt nicht darauf an, ob wir "zentrali-
sieren" oder nicht, ob wir Schreibautomaten einführen oder nicht,
sondern es kommt darauf an, wie wir die Arbeit an den neuen Technologien und wie wir die Arbeit in den neuen organisatorischen Strukturen gestalten. Es kommt auf die Einzelheiten der Arbeitsorganisation an.

Lassen sie mich dies am <u>Beispiel</u> zentralisierter Schreibdienste ver-
deutlichen:

In vielen <u>zentralisierten Schreibdiensten</u>, so ergaben unsere Recher-
chen ist der Bezug zum Inhalt der Arbeit verlorengegangen; sie wird
als eintönig, demotivierend und dequalifizierend erlebt. Das gilt
vor allem dort, wo nach tayloristischen Prinzipien organisiert wurde: konsequente Trennung von schreibenden und verwaltenden oder

sachbearbeitenden Tätigkeiten, Beschränkung auf möglichst gleichar-
tige Schreibarbeiten, Arbeitsverteilung nach dem Prinzip "Jede schreibt
für jeden", Quantifizierung der Schreibleistung.

Vor allem in Schreibdiensten, in denen durch Leistungserfassung und
Sollvorgaben bzw. Prämiensysteme versucht wird, eine Steigerung des
Arbeitspensums zu erreichen, herrscht bei den Schreibkräften ein be-
trächtliches Gefühl des Arbeitsdrucks, des Gehetztseins. Das vorgege-
bene Pensum erzeugt einen Dauerstreß, ein ständiges Gefühl der Un-
sicherheit. Die Beziehungen zu den Diktanten sind unbefriedigend, wo
der Kontakt zwischen Schreibkräften und Diktanten abgeschnitten ist
und somit eine Anonymisierung und Verarmung der Kooperationsbeziehung
eintritt.

Die mit der Zentralisierung verbundene funktionale und räumliche
Trennung von sachbearbeitenden und schreibenden Tätigkeiten wird
vielfach als Diskriminierung erfahren. Es ergibt sich der Eindruck,
daß die Arbeit im Schreibdienst als unqualifiziert betrachtet wird
und man für die anspruchsvolleren Tätigkeiten nicht mehr als geeignet angesehen wird. Tatsächlich war in vielen der besuchten Verwaltungen eine gewisse Ghettoisierung des Schreibdienstes erkennbar,d.h.
eine Abkapselung von der übrigen Verwaltung, durch die der soziale
Status und die langfristigen beruflichen Entwicklungsmöglichkeiten
der Schreibkräfte verschlechtert wurden.

Auf der anderen Seite fanden wir Schreibdienste, in denen die Arbeit
durchaus als befriedigend und interessant erfahren wurde, vor allem
dort, wo kleinere Arbeitsgruppen unter dem Schutz einer Schreibdienst-
leiterin, die ihre Belange nachdrücklich nach außen vertrat, weitgehend selbständig einen abgeschlossenen Aufgabenbereich erledigen und
dabei sich die Arbeit selbst einteilen konnten.

In beiden Fällen, den negativen, wie den positiven Beispielen wurde
nicht mehr an herkömmlichen Einzelarbeitsplätzen, sondern in Gruppen
gearbeitet. In einem Fall aber hätte sich die Kollektivsituation im
Schreibdienst in eine Verstärkung des Druckes und einer demotivieren-
den Sinnentleerung der Arbeit ausgewirkt - im anderen Fall dagegen in
einer Anreicherung.

Wir versuchten nun, jene **Kriterien** herauszuarbeiten, die für die positive Bewertung der Arbeitssituation ausschlaggebend waren:

Folgende sechs Gestaltungsdimensionen erwiesen sich dabei als besonders wichtig:

1. Bedeutungsgehalt der Arbeit, d.h. die Arbeit kann als sinnvoller
   und qualifizierter Beitrag zur Gesamtleistung der Verwaltung erfahren werden;

2. Selbstbestimmung, d.h. die Arbeit ist nicht durch die Maschinen
   oder Kontrolle des Vorgesetzten völlig fremdbestimmt; es ist ein
   bestimmter "Schutz" gegen Eingriffe von oben und außen gegeben;

3. befriedigende soziale Kontakte, d.h. vor allem Arbeitsabläufe, die
   Kooperation notwendig machen;

4. ein faires Arbeitspensum, d.h. durch das abgeforderte Arbeitsvolumen ist weder eine Über- noch eine Unterforderung gegeben, sondern dieses ist auch langfristig ohne gesundheitliche Schädigung
   leistbar;

5. langfristige Entwicklungsperspektiven, d.h. die gegenwärtige Tätigkeit bietet Chancen zum Weiterlernen, zur Weiterentwicklung,
   u.U. auch zum Aufstieg, und vor allem besteht auch unter langfristigen Aspekten Beschäftigungssicherheit.

6. Als selbstverständliche, wenn auch in der Praxis oft vernachlässigte Voraussetzungen müssen hierzu noch eine gute äußere Gestaltung
   des Arbeitsplatzes (Licht, Lärm, Klima etc.) und eine adäquate Entlohnung gezählt werden.

Für die Praxis ist nun die entscheidende Frage, wie wir sicherstellen
können, daß diese positiven Arbeitsbedingungen hergestellt und negative Belastungsaspekte vermieden werden.

Wir sind der Meinung, daß dies nur durch verbindlich definierte Mindestbedingungen sichergestellt werden kann. Wir haben in unserem Gutachten den Versuch gemacht, einen Satz solcher Mindestbedingungen für
die Einführung organisierter Textverarbeitung zu skizzieren, der sich
auf die Gestaltung der äußeren Arbeitsbedingungen, des Arbeitspensums,
der Arbeitsbeziehungen, des Arbeitsinhalts und der Beschäftigungssituation erstreckt.

Abschließend ist nun noch die Frage zu stellen: Erübrigt sich diese Auseinandersetzung mit den Kooperationsformen und der Arbeitsgestaltung im Schreibbereich nicht angesichts der rasanten technologischen Entwicklung, die den Charakter der Arbeit in diesem Bereich in den nächsten Jahren tiefgreifend verändern wird? Lohnt es sich angesichts all der Maschinen, von denen wir hören, was für wunderbare Sachen sie können, überhaupt noch, darüber nachzudenken, wie Menschen miteinander kooperieren? Kommt es vielmehr nicht nur darauf an, sich zu überlegen, was mit den Menschen, die durch diese Maschinen freigesetzt werden, dann später passieren soll, bzw. wie diese Maschinen am effizientesten zu bedienen sein werden?

Wir möchten hier zur Vorsicht mahnen:

- Einmal wird es noch einige Zeit dauern, bis all diese neuen Technologien wirklich durchgängig Verbreitung gefunden haben. Seit etwa zehn Jahren wird der große Durchbruch der Verbreitung von Textverarbeitungssystemen prognostiziert, aber noch immer ist die Zahl der eingesetzten Systeme im Vergleich zu der Zahl der ganz normalen Schreibmaschinen verschwindend gering.

- Auch wenn die neuen Technologien in breitem Maße Einsatz gefunden haben, wird weiterhin in den Büros geschrieben werden, d.h. es werden Texte eingegeben. Die Automatisierung der Textverarbeitung wird ja vor allem das Routineschriftgut betreffen. Das individuelle Schriftgut wird weiterhin im eigentlichen Sinne "geschrieben" werden müssen, wenn auch bestimmte Teilfunktionen, z.B. die Ausführung der Korrekturen, "maschinisiert" werden. Auch in Zukunft wird es Schreibkräfte und Sekretärinnen geben, die mit Maschinen schreiben. Was dieses "Maschineschreiben" bedeuten wird, in welchem Tätigkeits- und Bedeutungszusammenhang es eingebettet sein wird, kann nun sehr unterschiedlich aussehen, je nach der Form der Arbeitsorganisation, die für diesen Bereich gefunden wird.

- Dies zeigt sich schon heute deutlich an den Erfahrungen, die mit der Arbeit an Schreibautomaten und Textsystemen gemacht wurden. Auch hier ergaben ja unsere Befragungen ein breites Spektrum der Bewertungen: von sehr positiven Schilderungen der neuen Arbeitsformen bis zu äußerst kritischen Reaktionen. Und wieder konnten wir - wie bei dem Schreibdienst - diese Unterschiede in den Bewertungen auf unterschiedliche Formen der Arbeitsorganisation zurückverfolgen.

- Übereinstimmend allerdings wurde eines deutlich: Die Arbeit mit den
neuen Technologien führt zu einer Leistungsintensivierung, zu einer
Erhöhung der erforderlichen Konzentration und wird so insgesamt als
beanspruchender erfahren.

- Dies verweist wieder auf die Bedeutung der erwähnten Mindestbedingungen, etwa in Form zeitlicher Beschränkung der Arbeit an den Textsystemen.

- Daraus aber läßt sich auch die Bedeutung der heutigen Form von Arbeitsgestaltung für das Büro von Morgen ableiten:
Wenn wir heute durch Taylorisierung und Dequalifizierung die Textverarbeitung in Verruf bringen, schmälern wir auch die Chancen, daß
qualifizierte Arbeitskräfte bereit sind, in diesem Bereich zu arbeiten und beeinträchtigen damit zugleich die Möglichkeiten, in Zukunft
intellegente und humane Formen der Arbeitsgestaltung zu verwirklichen.
<u>Wie wir heute das Büro gestalten, bestimmt wie das Büro von Morgen
aussehen wird</u>. Und dies verweist wieder auf die Entwicklung und Anwendung arbeitsorganisatorischer Konzepte, die sicherstellen, daß
die neuen Technologien sich auch zum Nutzen der an ihnen arbeitenden Menschen auswirken.

Ergebnis der zweiten Diskussionsrunde

„Menschengerechte Technik der Telekommunikation"

U. Thomas
Bonn

1. In dieser Gruppe wurde über Bildschirmarbeitsplätze in
Zeitungsredaktionen und Industrielaboratorien diskutiert.
Zur Einordnung: Die Zahl von Bildschirmarbeitsplätzen
nimmt voraussichtlich rasch zu. Hauptanwendungsgebiete
dieser Form der Mensch-Maschine-Kommunikation finden sich
in Zukunft vor allem
   - in der Textverarbeitung im Büro
   - in Redaktionen und Druckereien
   - beim rechnergestützten Entwickeln und Konstruieren in
     der Industrie.
Wesentliche Aufgaben die dabei gelöst werden müssen, sind
   - menschengerechte Lösungen unter Einbeziehung arbeits-
     wissenschaftlicher Erkenntnisse zu finden
   - rechtzeitig durch Bildung in der Schule und Fortbildung
     am Arbeitsplatz darauf vorzubereiten
   - komplexe Mensch-Maschine-Systemlösungen beherrschen zu
     lernen.

2. Die Referenten zeigten an Hand von Beispielen und Untersu-
chungsergebnissen, daß Redakteure und qualifizierte Ingenieure den Bildschirmarbeitsplatz akzeptieren.
In der Diskussion wurde als wesentliche Voraussetzung dafür
herausgearbeitet, daß die Betroffenen bei der Einführung
eines bildschirmorientierten Systems sich beteiligt fühlen.
Das ist bei dem Beispiel des Laboratoriums eines Computer-
herstellers in besonderer Weise gegeben, weil die Beschäftigten
mit der Entwicklung des Werkzeugs bereits vertraut sind. Hier

wurde der Bildschirm am Arbeitsplatz als Erleichterung empfunden, um kreative Arbeit leisten zu können. Die wesentliche Frage war vor allem die Güte der Serviceleistung (kurze Anschaltdauer, ergonomisch richtige Lösung). Bei den Redakteuren war die Aufnahme zunächst kritischer. Befürchtet wurden beispielsweise Kreativitätsverluste und technische Anforderungen. Daneben gibt es unausgesprochene Vorbehalte (z.B. Letztverantwortung des Redakteurs für Orthografie oder Möglichkeiten des Systems zur Leistungsmessung). Aber auch hier wurde der Bildschirmarbeitsplatz weitgehend akzeptiert. Eine Lücke zeigte sich in dieser Diskussionsrunde hinsichtlich der Problematik von stärker routineorientierten Bildschirmarbeitsplätzen, wie beispielsweise in der Textverarbeitung im Büro. Die Möglichkeiten zur Beseitigung technisch-organisatorischer Mängel heutiger Bildschirmarbeitsplätze wurden nur am Rande besprochen.

Der Bildschirm in der Zeitungsredaktion. Ein internationaler Erfahrungsbericht

F. W. Burkhardt
Darmstadt

1. Einführung

Lassen Sie mich - um meiner Aussage einen Hintergrund zu geben -
Ihnen in zwei Sätzen sagen, wer wir sind.

IFRA ist ein internationales, rein privatwirtschaftliches
Institut mit gegenwärtig nahezu 500 Mitgliedsfirmen, zum
weitaus größten Teil europäische Zeitungsverlage. Wir be-
treiben angewandte Forschung auf allen Gebieten der Zeitungs-
technik und informieren unsere Mitglieder über Entwicklung
und Anwendungsmöglichkeiten dieser Technik durch mehrsprachige
Veröffentlichungen, durch Informationsveranstaltungen und
durch individuelle Beratung.

So haben wir unter anderem in den letzten beiden Jahren
mehr als 500 europäische Zeitungsredakteure in intensiven
hands-on workshops mit der Arbeit an modernen Redaktionssystemen vertraut gemacht und die Vor- und Nachteile mit
ihnen diskutiert.

Darüberhinaus stehen wir in enger Verbindung mit vielen
Zeitungshäusern in Europa und vor allem in den USA, wo
schon seit mehr als 5 Jahren elektronische Redaktionssysteme zur täglichen Praxis in den Zeitungshäusern
gehören.

Das erste IFRA-Symposium mit dem Titel "Editorial Use of
Electronics" fand im März 1974 in Paris statt.

Was ich Ihnen heute vortrage, ist eine - notwendigerweise
gedrängte - Quintessenz all dieser Erfahrungen.

2. Die "klassische" Rolle der Redaktion

Die Zeitungsredaktion beschafft und bearbeitet Information.
Ausgangspunkt der redaktionellen Arbeit ist die unbearbeitete
Information, Endpunkt das satzfertige Manuskript. Alle Arbeits-
abläufe schlagen sich in der konventionellen Redaktion auf
Papier nieder.

3. Die Rolle des Computers

Die elektronische Speicherung von Information im Computer
hat hier neue Wege geöffnet. Allerdings mußte erst ein
"Interface" zwischen dem Computer und dem Menschen geschaffen
werden: Das Bildschirmgerät (Video Display Terminal - VDT).
Das Bildschirmgerät ermöglicht es dem Menschen, elektronisch
gespeicherte Information zu lesen (auf dem Bildschirm) und
sie zu verändern (mit der Tastatur).

4. Verschiedene Aufgaben des Bildschirmgerätes

Betrachtet man die Einsatzmöglichkeiten eines Bildschirmgerätes in der Zeitungsredaktion nach funktionalen Gesichtspunkten, so kann man vier verschiedene Einsatzarten unterscheiden:

a) Der Einsatz eines online Bildschirmgerätes, um vorhandene
   Manuskripte abzuschreiben und dadurch die Information in
   einen elektronischen Speicher einzugeben. Hier ersetzt das
   VDT irgend ein vorher verwendetes Eingabegerät, z.B. den
   Lochstreifenperforator.

   (Diese Einsatzweise ist eigentlich keine redaktionelle
   Funktion, sondern gehört in den Bereich der Produktion.
   Sie wird in den Zeitungen in unterschiedlichem Umfang
   erhalten bleiben, je nach dem Anfall sogenannter "Fremd-
   manuskripte".)

b) Das <u>kreative Schreiben</u> von Artikeln am Bildschirmgerät,
oft mit dem technisierten Wortungetüm "redaktionelle
Direkteingabe" umschrieben. Hier ersetzt das VDT die
Schreibmaschine, wenn nicht sogar die Handschrift.

(Dies ist die am heißesten umkämpfte Anwendungsart,
gleichzeitig auch die für den Redakteur und den
Verlag interessanteste. Sie ist - noch - nicht in
allen Ländern Europas möglich, mangels entsprechender positiver Übereinkünfte der Tarifpartner.)

c) Das <u>Redigieren</u> im engeren Sinn, also Streichen,
Verändern, Einfügen. Hier ersetzt das Bildschirmgerät
Papier, Bleistift, Schere, Kleistertopf.

(Man braucht leistungsfähige Redigierfunktionen aber
nicht nur für die Bearbeitung von Fremdtexten, sondern
auch für das kreative Schreiben eigener Texte, was man
bei der Beurteilung vereinfachter sogenannter "Reporter-
terminals" bedenken sollte.)

d) Der Einsatz des Bildschirms zum Zusammenfügen -
dem "<u>Umbrechen</u>" - von Seiten sei hier der Vollständig-
keit halber erwähnt, obwohl er noch nicht allzuweit
verbreitet und zur Zeit vorwiegend im Produktions-
bereich angesiedelt ist.

(Zweifellos wird der Bildschirm aber eines Tages
auch für diese Aufgabe direkt in der Redaktion
eingesetzt werden.)

5. <u>Gegenwärtiger Stand der Einführung</u>

In Europa wurden im Frühjahr dieses Jahres nach einer von
IFRA durchgeführten Erhebung 758 Bildschirme für redaktionelle
Aufgaben eingesetzt, also entweder für kreatives Schreiben
oder für Redigieren. Bloße Eingabe über Bildschirm wurde nicht
berücksichtigt.

Die Aufteilung nach Ländern ergibt folgendes Bild:

B R D	250
Schweiz	23
Finnland	153
Schweden	16
Norwegen	3
Dänemark	34
Großbritannien	30
Frankreich	21
Holland	226
Luxemburg	2
	758

In den rund 1700 Zeitungsbetrieben der USA - das sind etwa
genau so viele wie in Europa - wurden Ende des letzten Jahres
9500 Bildschirmgeräte in Redaktionen eingesetzt.

Zum besseren Verständnis: es gibt Redaktionssysteme in
Größenordnungen zwischen einem halben Dutzend und mehreren
Hundert Terminals.

Die weitere Entwicklung in Europa hängt weitgehend von der
Haltung der Gewerkschaften ab. In Holland schätzt man, daß
in etwas 5 Jahren <u>alle Tageszeitungen</u> mit Redaktionssystemen
arbeiten werden.

6. Vorteile der Einführung für den Betrieb

Ein Redaktionssystem, wenn es richtig geplant und eingeführt
wird, bietet für die Zeitungsunternehmen recht bedeutsame
Vorteile:

- Einsparung des Arbeitsvorganges "Erfassung" in allen Fällen,
  wo direkt am VDT geschrieben wird (Eigenbeiträge) oder wo
  die Information schon in digitaler Form eingeht (Agentur-
  dienste).

- Erhöhung der Aktualität in allen Bereichen.

- Bessere Eingliederung eventueller Außenredaktionen, dadurch
  bessere und aktuellere Lokalausgaben.

- Straffung des redaktionellen Ablaufs

- und viele andere.

7. Gewisse Vorbehalte bei den Redakteuren

In vielen Fällen, vor allem in Europa, findet man bei den
Redakteuren eine eher zögernde Haltung gegenüber dem Bildschirmgerät und eine Reihe von - zum Teil sicher verständlichen -
Vorbehalten. Man sollte sie nicht einfach beiseite schieben,
sondern zu verstehen versuchen. Die meisten lassen sich
durch bessere Information weitgehend überwinden.

Nach unserer Erfahrung liegen die Vorbehalte vor allem auf
den folgenden Gebieten:

a) Verlust der Kreativität

Man befürchtet, daß einem vor dem Bildschirm "nichts mehr
einfällt".

(Dies mag für eine gewisse Übergangszeit zutreffen, solange
man mit dem neuen Arbeitsmittel noch nicht völlig vertraut
ist. Nach Abschluß der Gewöhnungsphase - normalerweise
nach einigen Wochen ständiger Nutzung - ist von einer
geringeren Kreativität keine Rede mehr, eher vielleicht
umgekehrt, da der Bildschirm durch die unbegrenzte Ver-
änderbarkeit der Information dem kreativen Prozeß keine
Schranken setzt.)

b) <u>Der Redakteur wird zum Techniker</u>

Man befürchtet, daß die - vermeintliche - zusätzliche
Übernahme der satztechnischen Ausführung, die bisher
von dafür ausgebildeten Setzern durchgeführt wurde,
nun den Redakteur von seiner eigentlichen Aufgabe
abhält.

(Es ist nicht zu leugnen, daß der Umgang mit einem
Redaktionssystem eine gewisse Beherrschung der technischen Abläufe voraussetzt. Bei einem guten System
ist das nicht viel komplizierter als die Bedienung
einer Schreibmaschine. Auch das elektronische "Handling"
der Texte wird sehr bald zur Routine. Die satztechnischen
Aufgaben sollten nicht aufwendiger sein als die bisher
notwendigen satztechnischen Anmerkungen auf dem Manuskript.
Hier unterscheiden sich gute und weniger gute Systeme.
Vielleicht war die Befürchtung einmal durchaus berechtigt.
Bei einem guten, modernen System ist sie es nicht mehr.)

c) <u>Verlust von Texten bei Systemausfall</u>

Man befürchtet, daß bei Stromausfall, bei Systemstörungen
oder sogar durch Bedienungsfehler ein Teil der im System
befindlichen Texte unwiederbringlich verloren gehen könnte.

(Eine durchaus ernstzunehmende Befürchtung. Es hat Fälle
gegeben, wo genau das passiert ist; für einen Redakteur
ein sehr beunruhigender Gedanke! Besonders in der Anfangs-
zeit nach Einführung eines Systems wird man viele Texte
sicherheitshalber ausdrucken und in der Schreibtisch-
schublade aufheben. Mit steigendem Zutrauen zu dem System
legt sich das. Tatsächlich sind solche Ausfälle selten,
und man kann dem Verlust von Texten durch entsprechende
Vorkehrungen in hardware und software vorbeugen.)

d) <u>Scheu vor letzter Verantwortung für den Text</u>

Da es bei direkter Eingabe kein Manuskript mehr gibt,
mit dem man vergleichen kann, und da die Fotosetzmaschine
meist fehlerfrei arbeitet, verliert das Korrekturlesen
seinen bisherigen Stellenwert. In vielen Fällen hat man es
sogar ganz abgeschafft. Damit fällt dem Redakteur die volle
Verantwortung auch für die orthografische und grammatika-
lische Richtigkeit seines Textes zu.

(Diese Frage hängt eng mit der Organisation des redaktionellen
Ablaufs zusammen. In den angelsächsischen Ländern, wo der
Text ohnehin mehrere Stationen durchläuft und wo der "Sub-
Editor" auch bisher schon die volle Verantwortung getragen
hat, scheint der Wegfall der Korrektur weniger ein Problem
zu sein. Wo, wie in Deutschland, oft nur ein Mann den Text
recherchiert, schreibt, redigiert und zum Satz freigibt,
kann darin schon eher eine Quelle für Fehler und damit eine
psychologische und zeitliche Belastung liegen. Man sollte
das Problem von Fall zu Fall studieren und die Vor- und
Nachteile sorgfältig gegeneinander abwägen.)

e) <u>Leistungsmessung durch das System</u>

Es wäre ohne weiteres möglich, ein Redaktions- oder auch
Produktionssystem zu einer quantitativen Erfassung der
Leistung des einzelnen Redakteurs zu verwenden. Dies wird
in einigen Fällen, zum Beispiel im deutschen Tarifvertrag,
ausdrücklich untersagt.

(Man könnte, wenn auch mit etwas größerem Aufwand, eine
solche Leistungsmessung auch ohne ein Redaktionssystem
durchführen. Es schafft insoweit keine grundlegend neue
Situation. Wieweit so etwas aber überhaupt aussagefähig
und sinnvoll wäre, möchte ich in Frage stellen.
Redaktionelle Leistung ist sicher keine quantifizierbare
Größe.)

8. <u>Gesundheit und Sicherheit am VDT-Arbeitsplatz</u>

Dieses Thema wird seit der Einführung des Bildschirmterminals
zum Teil sehr heftig diskutiert, jedoch meist ohne ausreichend
breite sachlich-wissenschaftliche Basis. Das hat IFRA veranlaßt,
ein breitangelegtes <u>Forschungsprojekt</u> mit namhaften Arbeits-
wissenschaftlern von der Loughborough University und der
Technischen Universität Berlin durchzuführen.

Das Ergebnis wurde als "VDT-Manual" soeben in englischer Sprache
veröffentlicht und wird Anfang 1980 in deutscher und französi-
scher Sprache vorliegen.

Der fast 300 Seiten starke Bericht behandelt die Themen

- Ergonomische Probleme und Lösungen
- Arbeitsplatzgestaltung
- Arbeitsschutz
- Aufgabenorganisation

Es ist nicht möglich, hier einen umfassenden Überblick über das
Forschungsprojekt zu geben. Da diese Arbeit aber so direkten
Bezug zum Thema dieses Kongresses hat, möchte ich wenigstens
einige der wichtigsten Erkenntnisse hier kurz ansprechen -
mit der ausdrücklichen Einschränkung, daß sie ihre volle Aussagekraft natürlich erst im Gesamtzusammenhang der Ergebnisse erhalten.

a) Ein Bildschirmgerät mit einer Anodenspannung von weniger als
   20 kV erzeugt <u>keine Röntgenstrahlung</u>, die meßbar über der
   normalerweise vorhandenen Hintergrundstrahlung von 0,01 bis
   0,03 mR/h liegt.

b) Die <u>optischen Eigenschaften</u> von VDTs sind noch nicht in
   allen Fällen ausreichend. Der Bericht gibt konkrete Empfehlungen für den Konstrukteur von Bildschirmgeräten.

c) Auch geübte Schreibkräfte brauchen den <u>Blickkontakt zur</u> <u>Tastatur</u> eines Bildschirmgerätes öfter als bisher angenommen wurde. Das unterstreicht die Bedeutung so grundlegender Fragen wie Tastenanordnung, Beschriftung, Reflektanz, Farbe. Auch dafür werden konkrete Empfehlungen gegeben.

d) Besonders wenn das Bildschirmgerät nicht nur gelegentlich, sondern ständig genutzt wird - z.B. vom Nachrichtenredakteur - ist es wichtig, den <u>anthropometrischen Gesichtspunkten</u> ausreichende Beachtung zu schenken. Tischhöhe, Sitzhöhe, Rückenstützen, um nur einige zu nennen, sind von großer Bedeutung.

e) Es hat sich gezeigt, daß <u>Klagen</u> über Haltungsschäden und über visuelle Ermüdung an VDT-Arbeitsplätzen stark korrelieren und außerdem auch mit Klagen über Kopfschmerzen eng verbunden sind. Die Häufigkeit solcher Klagen ist bei abwechslungsreicher Tätigkeit, z.B. bei Redakteuren, wesentlich geringer (39%) als bei monotoner Arbeit, z.B. bei Eingabekräften (80%).

f) Neben den optischen Eigenschaften des Bildschirmgerätes selbst spielt vor allem die <u>Raumbeleuchtung</u> eine wichtige Rolle. Sie muß so gewählt werden, daß Blendungseffekte weitgehend ausgeschaltet sind. Das gilt vor allem für direkte Spiegelung von Beleuchtungskörpern, Fenstern etc.

g) Die verbreitetsten Beschwerden im Gefolge einer Überanstrengung der Augen - Brennen der Augen, Ermüdung, Kopfschmerzen - sind <u>reversibel</u> und geben sich nach entsprechenden Ruhepausen. Eine Gefahr irreversibler Schädigung läßt sich auf der Basis gegenwärtiger medizinischer Erkenntnis nicht bestätigen.

Zusammenfassend kann man hierzu sagen:
Den ergonomischen und gesundheitlichen Aspekten an Bildschirmarbeitsplätzen kommt große Bedeutung zu. Man kann vieles tun, um die Probleme zu minimieren oder ganz zu vermeiden. Das fängt bei der Konstruktion des Bildschirmgerätes an und führt über Arbeitsplatzgestaltung und Raumausstattung bis zu psychologischen Überlegungen bei der Aufgabengestaltung. Sie sind bei Journalisten und Redakteuren anders zu sehen als bei einförmigen, weniger krea-

tiven und angespannten Arbeitssituationen. Auch wenn objektiv
kein Anlaß zur Besorgnis gegeben ist, sollte man vorhandene
Befürchtungen ernst nehmen und anhand von - jetzt vorhandenen -
sachlichen Argumenten diskutieren.

9. Akzeptieren Redakteure den Bildschirm?

Wir haben festgestellt, daß ein Redaktionssystem für das
Unternehmen "Zeitungsverlag" vorteilhaft ist. Wir haben untersucht, welche Gründe - subjektive und objektive - es geben mag,
warum der Redakteur dem Bildschirm oft zunächst skeptisch
gegenübersteht. Wir haben gesehen, daß die Arbeit am Bildschirm
für den Redakteur nicht gesundheitsschädlich oder belastend zu
sein braucht. Aber wir haben noch nicht die Frage beantwortet,
ob der Redakteur die Bildschirmarbeit wirklich akzeptiert oder
nur nolens volens in Kauf nimmt.

Diese Frage ist nicht leicht zu beantworten. Sie hängt von sehr
vielen unterschiedlichen Faktoren ab, wie:

- ob der Redakteur schon vor der Einführung des Bildschirms
  an einer Schreibmaschine gearbeitet hat und deshalb an die
  Tastatur gewöhnt ist.

- ob das eingeführte System der Arbeitsweise des Redakteurs
  entgegenkommt oder die Arbeit unnötig erschwert.

- ob die neue Technik insgesamt - das Bildschirmgerät ist ja
  nur ein Teil davon - die redaktionelle Arbeit erleichtert
  und gleichzeitig die Aktualität und Qualität der Zeitung
  verbessert oder nicht.

- ob die Einführung des Systems richtig vorbereitet wurde,
  mit umfassender und offener Information aller Beteiligter
  und einer Mitwirkungsmöglichkeit für die Redakteure.

- ob die Ausbildung am System ausreichend und psychologisch
  geschickt war.

- ob ausreichend Bildschirme zur Verfügung stehen oder ob es
  zu unangenehmen Engpässen und Wartezeiten kommt.

- ob die soziale Frage im technischen Bereich menschlich
  zufriedenstellend gelöst wurde.

Wenn an dieser Stelle eine Pauschalantwort erlaubt ist:
Sofern die vorstehenden Fragen zufriedenstellend gelöst
sind, <u>nehmen die Redakteure den Bildschirm gerne an</u>.

Um aber nicht nur auf Pauschalantworten angewiesen zu sein,
hat man in den USA wissenschaftlich fundierte Erhebungen an-
gestellt. Eine davon - unserer Meinung nach die aussagefähigste
- wurde von der School of Journalism der University of Missouri
in Columbia veranstaltet. Hier zunächst die wichtigsten
Bedingungen:

Die Erhebung wurde im Jahre 1978 bei 145 Redakteuren von
42 Zeitungen durchgeführt. Sie verglich Zeitaufwand und
Genauigkeit beim Redigieren am Bildschirm mit dem Redigieren
auf konventionelle Art. Die ausgewählten Zeitungen gehören
den unterschiedlichsten geographischen Gebieten und Auflagen-
gruppen an. Vorbedingung war, daß sie seit mindestens zwei
Jahren mit dem Redaktionssystem arbeiteten.

Aus den vielen interessanten Ergebnissen der Studie kann
ich hier nur eine Auswahl geben:

Frage: Dauert nach Ihrer Meinung Redigieren
                am Bildschirm länger oder weniger lang
                als auf Papier?

Antworten: 50%   dauert weniger lang
                29%   dauert länger
                Rest   unentschieden

Frage: Redigieren Sie am Bildschirm sorgfältiger
                oder weniger sorgfältig als vorher?

Antworten: 46%   sorgfältiger
                10%   weniger sorgfältig
                Rest   unentschieden

Frage: Wie lange hat es gedauert, bis Ihnen die Arbeit
              am Bildschirm leicht von der Hand ging?

Antworten: 47%   weniger als 1 Woche
              25%   1 - 2 Wochen
              13%   2 - 3 Wochen
              Rest   länger

Frage: Welche Altersgruppe in Ihrer Zeitung hat das
              elektronische Redigieren am schnellsten gelernt?

Antworten: 22%   unter 25 Jahren
              25%   über 25 Jahren
              47%   das Alter spielt keine Rolle

Frage: Wenn Sie acht Stunden am Bildschirmgerät redigieren
              oder acht Stunden auf herkömmliche Art, ermüdet
              Sie das unterschiedlich?

Antworten: 32%   Bildschirm ermüdet mehr
              31%   Papier ermüdet mehr
              Rest   unentschieden

Frage: Wenn Sie heute die Wahl hätten, würden Sie lieber
              auf dem Bildschirm oder auf Papier redigieren?

Antworten: 88%   auf dem Bildschirm
              12%   auf dem Papier

10. Zusammenfassung

Lassen Sie mich die nach meiner Meinung fünf wesentlichsten
Gesichtspunkte summarisch an den Schluß stellen:

Erstens

Mindestens genau so wichtig wie das Bildschirmgerät ist das
dahinter stehende Redaktionssystem. Ein gutes System erleichtert dem Redakteur die Arbeit anstatt ihn zusätzlich zu be-
lasten.

<u>Zweitens</u>

Wenn die Begleitumstände richtig angefaßt wurden,
akzeptieren die Redakteure die Arbeit am Bildschirm
und ziehen sie der bisherigen Arbeitsweise vor.

<u>Drittens</u>

Die Arbeit des Redakteurs am Bildschirm ist kreativ
und findet in einer stimulierten, angespannten Atmosphäre
statt. Sie läßt sich mit der sonst meist üblichen Routine-
arbeit, z.B. online Datenerfassung, kaum vergleichen.

<u>Viertens</u>

Das Eindringen des Bildschirms in die Redaktion ist die
Folge einer tiefgreifenden Wandlung in der Technik der
Informationsverarbeitung: Von der Verarbeitung auf dem
Zwischenträger Papier zur materielosen, elektronischen
Verarbeitung, mit weiterführender Entwicklung zur Datenbank-
technologie, zur Telekommunikation und schließlich zu den
elektronischen Medien.

<u>Fünftens</u>

Die wesentliche berufliche Aufgabe des Journalisten und
Redakteurs, das verantwortungsbewußte, einfallsreiche
Beschaffen und Aufbereiten aktueller Information, bleibt
durch diesen Wandel in der Technik unberührt.

Die Entwicklung von Bildschirmarbeitsplätzen in einem Industrielaboratorium

K. E. Michel und G. Hellbardt
Stuttgart

Einleitung

Am Beispiel des Einsatzes von Datensichtgeräten bei der Entwicklung
und Konstruktion von Datenverarbeitungsanlagen und Programmen läßt
sich konkret und eindrucksvoll zeigen, wie im Wechselspiel zwischen
Anforderungen der Anwendung und technischer Fortentwicklung der Datenverarbeitung Datensichtgeräte zu integrierten Bestandteilen von modernen Arbeitsplätzen der Naturwissenschaftler, Ingenieure, Programmierer
und Techniker geworden sind.

Heute ist der Bildschirm am Arbeitsplatz für alle Mitarbeiter des Laboratoriums fast unterschiedslos der Regelfall, und daher muß auch die
Gestaltung des Arbeitsplatzes darauf besondere Rücksicht nehmen. Arbeitsorganisation und Personalstruktur des Laboratoriums haben sich
ebenfalls verändert. Über die Ursachen und den Ablauf der Entwicklung
bis zum heutigen Stand soll hier berichtet werden.

Aufgaben des Labors

Die Aufgabe des IBM Laboratoriums Böblingen ist es, Datenverarbeitungsanlagen mittlerer Mächtigkeit, Betriebssysteme und Ein-/Ausgabegeräte
zu planen, bis zur Fertigungsreife zu entwickeln, zu testen, für die
Fertigung freizugeben und in Vertrieb und Wartung einzuführen. Die dabei entstehenden Produkte werden weltweit gefertigt, vertrieben und gewartet. Das Entwicklungslabor bleibt für sie technisch zuständig, bis
sie nicht mehr verwendet werden. Es wird in seiner Tätigkeit unterstützt
von weltweit verteilten Schwesterlaboratorien sowie den Stäben des Ent-
wicklungsbereiches und anderer Unternehmensbereiche.

Dabei treten zahlreiche Vorgänge auf, die durch die technisch kompli-
zierte und anspruchsvolle Materie, durch die Vielfalt organisatorischer
Zusammenhänge und die Menge der relevanten und vielfach zu kommunizie-

renden Daten sehr früh die Verwendung der Datenverarbeitung als Hilfsmittel der Planung und Steuerung, Entwicklung und Konstruktion, der Dokumentation und der Datenkommunikation nahelegten.

Einige Beispiele beleuchten die technische Entwicklung auf unserem
Arbeitsgebiet und das damit verbundene Anwachsen der Komplexität der
zu entwickelnden Produkte:

Die Technologie der frühen 60er Jahre hatte 1 Transistor pro Chip, heute enthält ein einziges Chip rund 10^3 Logikschaltkreise oder 10^5 bit
Speicherraum. Die Anzahl der Schaltkreise je Zentraleinheit eines Rech-
ners mittlerer Leistungsfähigkeit hat sich zwischen 1964 und 1979 von
größenordnungsmäßig 10^3 auf 10^4 verzehnfacht.

Auf eindrucksvolle Weise ist die Funktionsmächtigkeit und damit auch
die Größe der Betriebssysteme gestiegen. Ein typisches, weitverbreite-
tes Produkt ist in den vergangenen 15 Jahren von 10^4 auf 10^7 Programm-
zeilen angewachsen.

Damit bilden heute Hardware ebenso wie Software alleine durch die Zahl
ihrer Komponenten Einheiten, die ohne Computerunterstützung von Entwicklung und Konstruktion nicht mehr zu bewältigen sind. Da diese große
Zahl der Komponenten außerdem im fertigen Produkt auf vielfältige, ge-
ordnete und zweckdienliche Weise zusammenwirken muß, sind diese Produkte
ungeheuer komplex. Ohne maschinelle Hilfsmittel sind sie vom Menschen
auch intellektuell nicht mehr überblickbar.

Die Entwicklung der Datenverarbeitungsanwendung zur integrierten On-Line-Dialogverarbeitung

Erste Anwendungen der DV im Entwicklungslabor betrafen vor allem die
Unterstützung der Konstruktion. Während in den frühen 60er Jahren noch
Reißbrett und Rechenschieber charakteristisch waren und rein manuelle
Entwurfsbearbeitung vorherrschten, wurden bald Methoden zur maschinel-
len Entwurfsverarbeitung entwickelt.

In dieser Phase wurde der manuelle Entwurf durch Ablochen von Zeich-
nungskoordinaten o. ä. maschinell bearbeitbar und dokumentierbar gemacht. Daraus ergibt sich sofort auch die Möglichkeit, diese Konstruk-

tionsdaten in maschinell lesbarer Form an die Fabriken zu übermitteln
und dort zur Fertigungssteuerung und Prozeßsteuerung einzusetzen. Ebenso entwickelten sich erste Werkzeuge zur Automatisierung des Entwurfs
in Form von Programmen für die Bestimmung kreuzungsfreier Verdrahtungen
von gedruckten Schaltkarten und von Plazierungsalgorithmen für deren
Bestückung. Diese Phase war ausschließlich durch Batch-Verarbeitung
gekennzeichnet.

Mit zunehmender Komplexität der Produkte, steigendem Integrationsgrad
der Halbleitertechnologie, größerem Umfang der Programmprodukte, steigendem Aufwand für Tests und für Produktdokumentation nahm auch die
Notwendigkeit zu, DV als Hilfsmittel von Entwicklung und Konstruktion
umfassend einzusetzen. Seit einigen Jahren ist die maschinelle Erstellung und Verarbeitung des Entwurfs von den ersten Entwicklungsarbeiten
bis zu den Stücklisten und Prozeßsteuerungsdaten Grundvoraussetzung
für die Produktentwicklung in unserem Laboratorium. Die Arbeit am Bildschirm wurde für jeden Ingenieur, Konstrukteur, Programmierer, Planer
und Verwalter zur Selbstverständlichkeit.

Zwei Beispiele sollen die Unterstützung des Entwicklungsprozesses durch
interaktive Datenverarbeitung beleuchten: der Ablauf der Schaltkreis-
entwicklung und die Verwendung virtueller Maschinen bei der Entwicklung
von Betriebssystemkomponenten.

Für einen modernen logischen Baustein in sog. LSI-Technik (Large Scale
Integration) wurden aus über 7000 Komponenten 704 logische Schaltkreise
gebildet, die alle in einem Silizium-Scheibchen von 4.6 mm Kantenlänge
enthalten sind.

Für die Entwicklung der Schaltkreise ist die Computerberechnung vollständig an die Stelle des versuchsweisen Schaltungsaufbaus getreten,
weil dessen Genauigkeit unzureichend und Kosten- und Zeitaufwand viel
zu hoch wäre.

Bei der Anordnung der Komponenten auf der zur Verfügung stehenden Si-
liziumfläche, der Festlegung der geometrischen Abmessungen unter Beachtung aller Fertigungstoleranzen des entsprechenden Halbleiterprozesses
spielt der Computer im Dialogbetrieb besonders deutlich eine ausschlag-
gebende Rolle. Die geometrischen Strukturen werden am Bildschirm festgelegt, Rastermaße werden automatisch zugrundegelegt. Besonders das im

manuellen Prozeß zeitraubende, fehlerträchtige und abstumpfende hundertfache Duplizieren gleicher Strukturen wird vollständig, präzis und schnell von der Maschine ausgeführt. Der Konstrukteur kann sich auf die logischen, physikalischen und technischen Schwierigkeiten seiner Entwurfsarbeit konzentrieren.

Ebenso wird die logische Funktionsweise des geplanten Bausteins am Bildschirm festgelegt und eine Verdrahtung der Schaltkreise gesucht, die den Datenfluß realisiert und unter den gegebenen Fertigungsbedienungen herstellbar ist.

Nachdem auf diese Weise die Konstruktion des Bauteils vollständig im Computer gespeichert ist, können Konstruktionsdaten für seine Herstellung und Testbedingungen für seine Prüfung automatisch generiert und Dokumentationen, z. B. Zeichnungen, erstellt werden. Ohne die Mühsal und die Fehler manueller Dokumentation und Übertragung stehen diese Daten nun der Fertigung zur Verfügung.

Im gleichen Maße wie die Hardwareentwicklung bedient sich die Programmierung des Computers und des Bildschirms. Besonders interessant ist die Möglichkeit, für den Test von neuen Betriebssystemen sogenannte "virtuelle Maschinen" zu verwenden. Eine genügend leistungsfähige "reale" Datenverarbeitungsanlage gestattet es, gleichzeitig mehreren Benutzern gegenüber das Vorhandensein je einer separaten Anlage zu simulieren, so daß jeder von ihnen unbeeinflußt von anderen eine "virtuelle" Anlage für sich zur Verfügung hat. Der einzelne Programmierer kann nun auf seine virtuelle Maschine das Betriebssystem laden, an dem er einen Teil geändert oder neu entwickelt hat. Die neue Software wird in Zusammenhang des Gesamtpakets getestet und verändert, ehe sie in das endgültige Produkt integriert wird. Dieser Vorgang ist unabhängig vom Stand der Arbeiten bei anderen Programmierern.

Die gleichzeitig dargestellten virtuellen Maschinen können unterschiedlich sein und mit Hilfe von Simulationsprogrammen auch Maschinen funktional repräsentieren, die real noch gar nicht existieren. So können also auch Betriebssysteme für Maschinen entwickelt und getestet werden, deren Hardwareentwicklung noch nicht abgeschlossen ist.

Da dieses voneinander unabhängige Austesten neuer Programmteile unerläßlich ist und nicht jedem Programmierer eine reale Maschine zur Verfügung gestellt werden kann, waren in dieser Phase der Entwicklung
früher Testzeiten in Früh- und Spätschichten nicht ungewöhnlich. Durch
das Betriebssystem VM und seine gerade geschilderten Möglichkeiten
entfällt dieser Zwang völlig.

Die Computerentwicklung hat, wie diese Beispiele zeigen sollten, dem
Ingenieur und Konstrukteur ebenso wie dem Programmierer vielfältige
und neue Werkzeuge zur Verfügung gestellt. Sie befreien ihn von mechanischen Arbeiten, helfen ihm, Komplexität zu bewältigen und unterstützen seine kreative Arbeit. Der Anwendungsbereich im Laboratorium geht
über die gewählten Beispiele tatsächlich weit hinaus und umfaßt auch
Planungs- und Steuerungsarbeiten und Textverarbeitung.

Quantitative Entwicklung der DV im Entwicklungsbereich

Die qualitative Entwicklung der DV-Anwendungen im Entwicklungslabor,
wie sie bisher geschildert wurde, deutet bereits an, in welchem Maße
der Umgang mit dem Terminal in allen Arbeitsbereichen zur täglichen
Übung geworden ist. Einige quantitative Betrachtungen werden dies noch
deutlicher machen.

Die Belastung der Zentraleinheiten (Bild 1) stieg zunächst ziemlich
gleichförmig bis etwa 1975 an, ebenso die Anschaltzeit aller vorhandenen Terminals. Typisch war allerdings in diesem Zeitraum durchaus noch
das Schreibmaschinenterminal, aus der Sicht des Rechenzentrums war
Batch-Verarbeitung in der ersten Hälfte der 70er Jahre vorherrschend.

In der zweiten Hälfte der Dekade zeigen die Kurven einen auffallenden
Knick und nachfolgende Beschleunigung der Entwicklung. Der verstärkte
Einsatz von DV, insbesondere verbunden mit dem entscheidenden Übergang
zur Dialogverarbeitung wurde ermöglicht durch die Realisierung des
Prinzips des virtuellen Speichers in der Produktfamilie IBM /370. Der
Programmierer wurde dadurch plötzlich von dem beengenden Zwang des be-
grenzten realen Arbeitsspeichers befreit und konnte fortan mit quasi
unbegrenztem Speicherraum arbeiten. Dies entfesselte die Phantasie der
Benutzer und ermöglichte viele kreative Anwendungen mit entsprechender
Steigerung der Produktivität.

Bild 1: Computereinsatz in der Produktentwicklung

Terminalanschaltzeiten und CPU-Belastung spiegeln den steigenden Einsatz der Dialogverarbeitung als Entwicklungswerkzeug ab 1975 wider. Auch bei annähernd gleichbleibender Terminalanschaltzeit wächst die CPU-Belastung durch Verwendung immer leistungsfähigerer Programme für Entwicklung und Konstruktion.

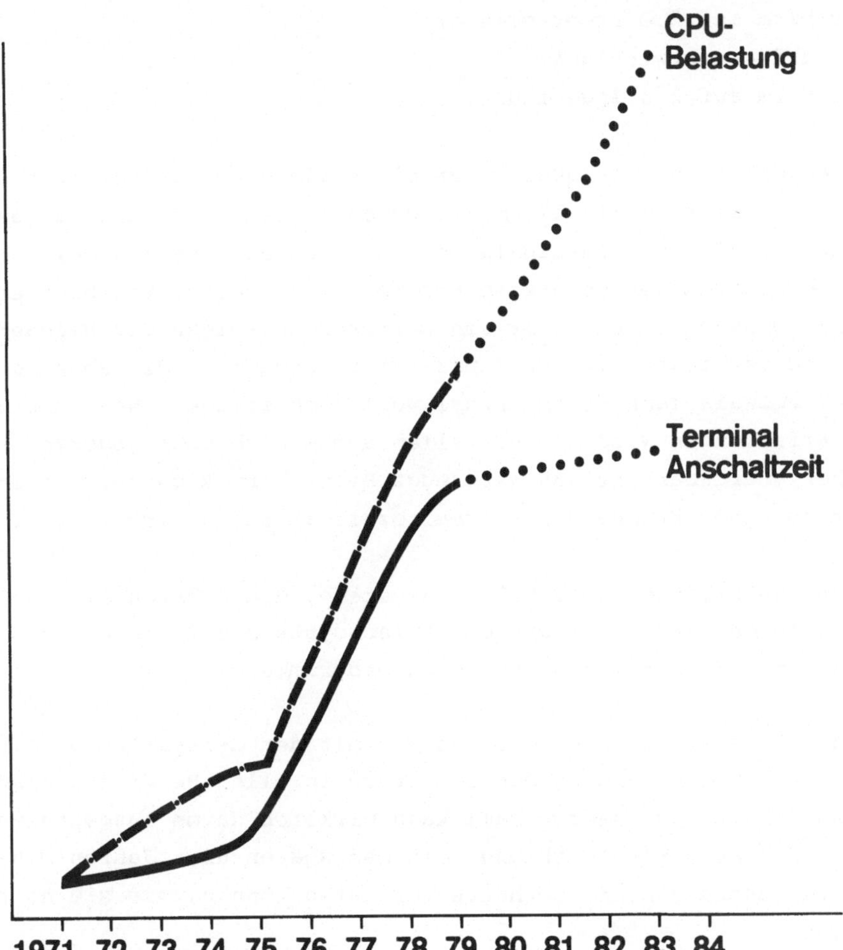

Die oben beschriebenen Sachzwänge und die Güte des Rechenzentrumservice haben inzwischen dazu geführt, daß es kaum noch irgendwelche Arbeitsgänge im Labor gibt, für die wesentliche DV-Unterstützung nicht zur Verfügung steht oder nicht in Anspruch genommen wird.

Mit 612 Bildschirmen IBM 3277 für rund 1500 Mitarbeiter ist nahezu eine optimale Durchdringung mit diesen Werkzeugen erreicht. Im Durchschnitt sind installiert:

    1 Bildschirm auf 2.7 Mitarbeiter insgesamt;
    in der Programmierung:
    1 Bildschirm auf 2.0 Programmierer;
    in der Hardwareentwicklung:
    1 Bildschirm auf 2.6 Ingenieure.

Wir erwarten daher in der Zukunft nur ein verlangsamtes Ansteigen der Anschaltzeiten aller Terminals, mit anderen Worten, nur eine langsame Erhöhung des Anteils der Terminalarbeitszeit an der Gesamtarbeitszeit. Mit der Verbesserung der benutzten Programme, insbesondere ihrer erhöhten Funktionsmächtigkeit, ist ein weiteres Ansteigen der Rechner-Belastung und der installierten Kapazität zu erwarten. Mit abnehmendem Preis der Terminals kann deren Anzahl wohl noch steigen. Nach den vorliegenden Erfahrungen wird das vor allem dem Wunsch nach jederzeitiger persönlicher Verfügbarkeit des Werkzeugs Bildschirm Rechnung tragen, aber nicht zu einer Erhöhung der Arbeitszeit am Bildschirm führen.

Die heutige Installation umfaßt 7 Großsysteme, die größtenteils im Verbund betrieben werden, flexible Betriebssysteme und ein breites, zweckgerichtetes Spektrum von Anwendungsprogrammen.

Auch diese Zahlen spiegeln wider, was wir mit den Beispielen deutlich machen wollten: die Anwendung des Computers in allen Bereichen unserer Entwicklungsarbeit. In unserem Fall kann wirklich davon ausgegangen werden, daß die Produktentwicklung seit den späten 60er Jahren ohne Computerunterstützung nicht so hätte verlaufen können, wie sie es tatsächlich ist.

Aspekte der Arbeitsorganisation

Eine so konsequente Verwendung von DV muß sich natürlich auch im Arbeitsablauf und der Arbeitsorganisation bemerkbar machen.

Hierfür sind drei Größen charakteristisch:

- der hohe Anteil an Dialogverarbeitung
- die überwiegend tägliche Benutzung und
- die kurze Anschaltdauer.

Fast dreiviertel aller Benutzer machen Dialogverarbeitung, d. h. in einem kreativen Prozeß bestimmen sie den Arbeitsablauf aktiv und intensiv. Daneben sind die weniger kreativen Tätigkeiten wie Dateneingabe und -abfrage gering. Auch in der Zukunft werden diese Anteile nicht steigen.

Dementsprechend ist die Zufriedenheit bei der Bildschirmarbeit bei der Mehrzahl der Mitarbeiter fast ausschließlich abhängig von dem Reiz der gestellten Aufgabe und der Möglichkeit ihrer kreativen Bewältigung, d. h. der Güte der Programmpakete und des Rechenzentrumservice.

Der Bildschirm ist ein alltägliches Werkzeug, denn 52% der Benutzer sitzen nach eigenen Angaben täglich daran.

Wenn auch der Computereinsatz in unserer Entwicklungsarbeit umfassend ist, so ist doch der Anteil der Bildschirmarbeit an der Gesamtarbeitszeit nicht dominant. 71% aller Anschaltzeiten dauern maximal 3 h. Hierin drückt sich besonders deutlich aus, was die vorher diskutierten Beispiele bereits zeigten: Der Computer wird eingesetzt, um anders nur langwierig zu erledigende Arbeiten schnell und produktiv abzuwickeln und so dem Menschen Zeit frei zu halten für den organisatorischen und kommunikativen Teil seiner Arbeit, sowie für das Lernen und Reflektieren.

Diese Art der Nutzung bedingt, daß der Bildschirm überwiegend direkt am Arbeitsplatz des Benutzers steht und in der Regel von nicht mehr als 2 Benutzern geteilt wird.

Entsprechend ist die Einrichtung der Büros daraufhin speziell entwikkelt worden. Sie bietet mit einem in der Höhe ergonomisch bestimmten Bildschirmtisch und schwenkbarer Montage des Bildschirms sowie in der Kombination mit Schreibtisch und Stuhl eine gute Anpassungsmöglichkeit an die Arbeitshaltung des Einzelnen und seine Arbeitsgewohnheiten, z. B. durch ausreichende Ablageflächen für schriftliche Unterlagen. Beim Doppelarbeitsplatz ist das Umschwenken des Bildschirms zum Nachbarn leicht durchzuführen.

Für die Mitarbeiter ist der Bildschirm sehr schnell zu einem nicht nur akzeptierten, sondern hochgeschätzten Werkzeug geworden. Es gestattet, die Qualität und Produktivität der eigenen Arbeit zu steigern, indem es Hilfen für die kreative Tätigkeit verfügbar macht und mühselige Überprüfungen, Verwaltungen und Wiederholungen vom Menschen auf die Maschine verlagert. Die Zufriedenheit der Mitarbeiter ist letzten Endes mehr durch die Güte des Service des Rechenzentrums und ihre Zufriedenheit mit der gestellten Aufgabe bestimmt, wir wiesen schon darauf hin, weniger durch ergonomische Perfektion.

Es steht sicher im Zusammenhang mit dieser stark angewachsenen Bedeutung der DV im Entwicklungsprozeß, daß heute 66% aller Mitarbeiter des Laboratoriums Fachhochschul- oder Hochschulabschluß oder äquivalente Erfahrungen haben und einen entsprechenden beruflichen Status besitzen. Demgegenüber ist die Zahl der Techniker, Laboranten und Bediener mit 17% sehr gering im Vergleich zu einem industriellen Entwicklungslabor, wie es früher beispielsweise in der Elektroindustrie üblich gewesen ist. Diese Verteilung hat sich durch die Einstellungspraxis der vergangenen Jahre und durch Nachschulung und Aufstieg von Technikern, Laboranten und Bedienern ergeben.

<u>Zusammenfassung</u>

Im letzten Jahrzehnt hat der Computereinsatz, besonders durch Bildschirmbenutzung im Dialog, die Entwicklungsarbeit nach Inhalt, Ablauf und Organisation verändert. Es haben erhebliche Anpassungsprozesse stattgefunden, die den Bildschirm am Arbeitsplatz zum normalen Werkzeug gemacht haben. Der Computer wurde verbessert, die Menschen haben gelernt, die Organisation wurde verändert. Das Resultat ist eine Erhöhung der Kompetenz des Laboratoriums, Verbesserung der Produktivität, bleibende Zufriedenheit der Mitarbeiter.

Kurzbericht über die Podiumsdiskussion

Leitung
K. Steinbuch
Karlsruhe

Vorstellungen über die zukünftige Gestaltung der Telekommunikation
ergeben sich vor allem aus dem Bild, das wir uns vom zukünftigen
Menschen und seinem Zusammenleben machen.

Dies zeigte sich schon bei der Diskussion am 29.10.79 -
die sich mit den physiologisch-technisch-ergonomischen Aspekten
der Telekommunikation befaßte.

An dieser Podiumsdiskussion nahmen teil:

Frau G. Scheloske, Geschäftsführerin des Verbandes für
Textverarbeitung, München

Herr Dr.-Ing. F.R. Güntsch, Ministerialdirketor im Bundesministerium für Forschung und Technologie, Bonn

Herr H. Nixdorf, Vorsitzender des Vorstandes der Nixdorf
Computer AG., Paderborn

Herr Dipl.-Pol. F. Weise, Deutsche Angestellten-Gewerkschaft,
Hamburg

Herr Dipl.-Ing. Frh. v. Wrangel,Vorsitzender des Vorstandes der
AEG-Telefunken, Nachrichten- und Verkehrstechnik AG., Ulm

Herr Dr.-Ing. G. Zeidler, Mitglied des Vorstandes der
Standard-Elektrik-Lorenz AG., Stuttgart.

Die Diskussion wurde in Abwesenheit von Herrn Dr. F. Bauer,
Mitglied des Vorstandes der Siemens AG., München moderiert von
K. Steinbuch, Karlsruhe.

Es bestand Einigkeit darüber, daß das Telefon trotz neu aufkommender
Medien nicht verschwinden werde - sich an ihm allerdings manche
Verbesserungen einstellen dürften (siehe hierzu Vortrag von Sanden).

Die Einführung von Teletex (Bürofernschreiben) und Telefax
(Bildübertragung) geschieht nur zögernd. Gesucht werden
Möglichkeiten der Integration und Organisationen für optimale
Nutzung (v. Wrangel). Die Akzeptanz des Bildschirmtextes ist
noch recht problematisch.

Gegenwärtig kann man nicht behaupten, das Papier verschwinde
aus dem Kommunikationsgeschehen - im Gegenteil: Beispielsweise
produzieren Computer Unmengen an Papier.

Bereits 1979 beschäftigte sich der CCI mit den Problemen der
"Non-Speech-Communication", die Bundespost stellt gegenwärtig
Vorversuche an, ab 1981 sollen Feldversuche beginnen.

Die Firma SEL stellte 1979 (Zeidler) eine Marktuntersuchung
über das Interesse am Bildschirmtext an. Hierbei ergab sich:
Zielgruppen sind vor allem

+ Selbständige, freiberuflich Tätige und Angestellte,

+ Haushalte mit einem Nettoeinkommen von mehr als 3.000 DM - und

+ einem Haushaltvorstand, der jünger ist als 39 Jahre.

Im Durchschnitt erwartet man je Haushalt eine Nutzung des Dienstes
von etwa 15 bis 20 mal im Monat.

Für einen Bildschirmtext-Dienst der DBP ergibt sich ein Markt bei
den privaten Haushalten von

   1979: 1,5 - 3,0 Mio Haushalten
   1985: 4,0 - 5,0 Mio Haushalten.

Diese SEL-Prognose wird auch durch andere (bisher noch nicht
publizierte) Umfragen gestützt.

Als mögliche Benutzer werden auch genannt: Sammelbesteller, Klein-
gewerbetreibende, Versicherungsvertreter usw.

Die technischen Fortschritte mit intelligenten Terminals ermöglichen
Fortschritte im Hinblick auf Dezentralisierung der Verwaltung.
Einen Engpaß stellen hierbei allerdings preiswerte Übertragungs-
wege dar.

Die Entwicklung zur"richtigen Art der Verwaltung"   (Nixdorf)
ist noch lange und braucht vor allem einen gründlichen Lernprozeß
der Verwaltung. Die "bürgernahe Verwaltung" muß kommen - sie macht
auch allerseits mehr Spaß. Aber sie braucht politische Entscheidungen.
Es ist zu fürchten, daß durch die hochautomatisierte Verwaltung
die staatliche Organisation extrem empfindlich wird gegen technische
Störungen, Streik und Sabotage. Zur Lösung dieses Problems muß
einerseits eine Entflechtung der technischen Struktur und andererseits eine Vielzahl von Sicherungen angestrebt werden. Hier gibt es
keine einfachen Grundsätze, dies ist eine "Kunst" (Güntsch).

Hierbei ist auch zu bedenken, daß sich hier zwei unvereinbare
Forderungen gegenüberstehen:

+ Einerseits die Forderung, daß der Staat auf Grund eines
  homogenen Informationsstandes entscheidet - und

+ andererseits, daß keine zentralen, unersetzbaren Datenbanken
  notwendig werden.

Hinsichtlich der Anforderungen an die Benutzerfreundlichkeit
und die Benutzung von Bildschirmarbeitsplätzen gibt es wider-
sprüchliche Meinungen (teils in Vorträgen, teils auf dem Podium).
Frau Scheloske wies vor allem auf die Vielfalt der Voraussetzungen
hin: In der Technik, beim Menschen, in der Organisation, in der
schulischen Vorbildung (anstatt Stenografie sollte man den Umgang
mit Tastaturen lehren - welche Techniker nun endlich normen sollten).
Man sollte bei der Anschaffung von Maschinen die zukünftig daran
Tätigen mitsprechen lassen.

Empfohlen wird der Grundsatz:

NICHT VON DER TECHNIK ZUM ARBEITSEINSATZ, SONDERN VON DER ARBEITS-
AUFGABE ZUR TECHNIK (Scheloske).

Unbestritten war auch die Frage, ob die Mitarbeiter die Arbeit
an den Bildschirm-Arbeitsplätzen akzeptieren und schätzen.
Hierbei wurde darauf verwiesen, daß Arbeitnehmer noch nie
neue Techniken gerne angenommen haben.
Viele klagen über körperliche Beschwerden. Die sozialpolitische
Ordnung hinkt hinter der technischen Entwicklung her (Weise).
Auch hier erscheint die Technik vielfach als Schreckgespenst.

Vieles an den Bildschirmarbeitsplätzen wäre eigentlich normungs-
reif - aber vielfach fehlen noch die wissenschaftlichen Untersuchungen, welche die Optimalität des gegenwärtigen Standes ab-
sichern. Mangels allgemein verbindlicher Normen werden vielfach
Werksnormen befolgt.
Vielfach werden bei der Einführung auch grobe psychologische Fehler
gemacht.

Im Hinblick auf die zukünftige technische Konkurrenzfähigkeit
unserer Industrie wurde vor allem beklagt, daß politische
Instanzen durch ihre Unentschlossenheit die Entwicklung hemmen
und dadurch unserer Wirtschaft Schaden zufügen.

Diskussion der Vortragsreihe

„Individuelle Nutzung der Telekommunikation"

H. Grosser
Nürnberg

Vortrag Elias:

1. H. Grosser:

Frage: Warum ist in USA die Dichte (HA pro 100 Einwohner) und
Zahl der Gespräche pro Hauptanschluß im Zustand der Sättigung
größer als die Erwartungszahl in Deutschland ?

Antw.:   Es gibt keinen Grund für eine Unterscheidung zwischen BRD, USA
und z. B. Schweiz, denn Vollversorgung bedeutet: 90 % aller
Haushalte werden 1984/85 ein Telefon haben.
Derzeitiges Wachstum von 9 - 10 %, Abfall auf 3 - 5 %.
Netzausbau ist derzeit so vehement, daß die Kapazitäten der
deutschen Fernmeldeindustrie voll ausgefahren werden
(gilt nicht für Kabelindustrie)

2. Prof. Wersig, Berlin:

Frage: Sieht Zusammenhang zwischen dem bald abgegrasten Markt der
Hauptanschlüsse und der Einführung des Bildschirmtextes.
Ist die Deutsche Bundespost bereit, bei ihrem Akzeptanzversuch
Bildschirmtext auch private Textanbieter zuzulassen ?

Antw.:   Spricht nichts dagegen.
Es gab technische Probleme mit Datenbank-Betreibern;
die Lösung ist sichtbar.

3.   Frage: Ist die Deutsche Bundespost bereit, auf der Fernmelderechnung
eine Einzelaufstellung über getätigte Gespräche zu erstellen,
wie dies private Netzbetreiber im Ausland tun ?

Antw. : Mit Sondereinrichtungen bei EWS im Prinzip möglich, jedoch gegen Sondergebühren. Derzeit nur in Belgien praktiziert. Weist darauf hin, daß moderne Nebenstellenanlagen die Möglichkeit solcher Aufzeichnungen bieten.

4. Dr. Ebenberger, Wien:

Frage: Gibt es ähnliche Zuwachsabschätzungen für Telex und Daten?

Antw. : Es gibt die ständig fortgeschriebene Eurodata-Studie. Der tatsächliche Zuwachs bleibt jedoch hinter diesen Erwartungen zurück, was vermutlich auch von der Datenvermittlung abhängt. In Deutschland wird Mitte nächsten Jahres die Paketvermittlung in Betrieb genommen, die die Situation verbessern wird.

5. H. N. N., Frankfurt:

Frage: Ist die Deutsche Bundespost bei neuen Diensten auch am Geschäft mit Endgeräten beteiligt (Arbeitsplätze) ?

Antw.: Ist keine Frage der Beschäftigung, Aspekt ist zu vordergründig. Deutsche Bundespost stellt im Gegensatz zu anderen Postverwaltungen keine Geräte her; sie kauft ihren Bedarf bei der Fernmeldeindustrie.

Es ist die Frage, ob die Deutsche Bundespost die Wünsche ihrer Kunden erkennen kann, wenn sie nicht selbst tätig ist.

Die Deutsche Bundespost macht von ihrem Monopol sehr sparsam Gebrauch:

Telefon: Monopol der DBP

Telex: keine eigene Beteiligung

Telefax: in Konkurrenz mit anderen, jedoch keine Marktbeherrschung.

Dies ist das Modell der Zukunft. Beteiligung der Post geht nicht zu Lasten des Kunden (Beispiel: Telexpreise im Ausland)

6. Dr. Güntsch, Bundesministerium für Forschung und Technologie:

Frage: Gibt es unter denen, die kein Telefon wollen, Leute, die absicht-
            lich nicht erreichbar sein wollen?

Antw.:   Dieses Unbehagen könnte mit ein Grund sein. EWS sieht
            "Ruhe vor dem Telefon" in Zukunft vor.

Vortrag S t e w a r t :

1. Dr. Vernimb, EG Luxembourg:

Frage: Gibt es Pläne bei der Britischen Post, das "Keyword-System"
            tatsächlich einzuführen?
            Es gibt in Frankreich ebenfalls Untersuchungen. Es sei frustrie-
            rend, wenn bei Prestel Daten bei unterschiedlichen Informations-
            anbietern zu finden seien.
            Möchte wissen, ob ein besseres System eingeführt werden soll
            (eine Datenbank).

Antw.:   Mr. Stewart kann nicht für die Post sprechen. Einzelne
            Anbieter weden Keyword für Teile ihres Angebotes an.
            Weiß nicht, ob die Post es einführen wird. Keyword macht sich
            bezahlt, da schnellerer Zugriff und damit mehr Teilnehmer.

2. Dr. Ebenberger Wien,
   Dr. Mendrik, Leidscherdam (NL):

Fragen: Wie oft wird das System in Anspruch genommen?
            Wie oft werden die ca. 100 000 Seiten benutzt ?
            Wie viele Seiten hat das System ?
            Aussage über die Suchzeit ?

Antw.:   Schätzungen von Mr. Stewart:
            1 Mio. Endgeräte (Bildschirmtext) bis 1982/83 in Europa.
            Pessimistischer als andere Schätzungen.

Keine Nennung von tatsächlichen Seitenzahlen möglich, da

für Info-Anbieter reservierte Seiten nicht gleich belegt werden.

Problem: Schnelles Vor- und Zurückgehen ist durch die Such-
bäume unterschiedlicher Info-Anbieter umständlich.
Speicher notwendig.

Häufigkeit der Benutzung: Einmal bis mehrere Male pro Tag.

Vortrag S t o l t e :

1. Prof. D o h m e n , Universität Tübingen:

Frage: Dem Tenor, daß bei größeren Wahlmöglichkeiten beim Programm
            ein Ausweichen auf "Seichtes" erfolge, steht der vermehrte
            Andrang Erwachsener zu kulturellen Veranstaltungen der
            Volkshochschulen gegenüber.
            Warum wirkt sich dieser Andrang nicht bei m Fernsehen aus?
            Mag damit zusammenhängen, daß kulturelle Bedürfnisse vom
            Fernsehen schlecht befriedigt werden.

Antw.:   Bildung ist ein sozialer Vorgang, der über das Fernsehen als
            denaturierter Einrichtung nicht befriedigt werden kann.
            Bildungswillige suchen das Gespräch und den sozialen
            Kontakt.

2. H. Dietz, Hamburg:

Frage: Möchte Bestätigung, daß Stolte einer künftigen Medienstruktur
            gelassen gegenüber steht (im Gegensatz zum Vortrag von
            Minister Hauff), weil die Einführung von KTV- oder Satelliten-
            TV keine wesentliche Änderung des TV-Verhaltens bedeuten
            würde

Antw.:   Gelassenheit ist eine habituelle Frage. Bei neuen Medien
            sei zu unterscheiden zwischen:
            - öffentlich-rechtlicher Struktur
            - privater Struktur
            - kommerzieller Struktur (z. B. Radio Luxembourg).

Während auch privatrechtliche Stationen an die Bestimmungen
des Fernsehurteils von 1961 gebunden seien, ist dies für eine
kommerziell arbeitende Anstalt nicht zwingend. Das Einwirken
von Radio Luxembourg hätte verheerende Folgen für die inner-
deutsche Medienlandschaft.

3. Dr. Blumler, Universität Leeds:

Frage: Wie sehen die Anpassungsstrategien in der Programmgestaltung
bei weiterer Verbreitung der Bildplatte aus?

Antw.:   Geeignete Programmstrategien werden sicherlich entwickelt,
wenn die Bildplatte kommt. Er betrachtet die Bildplatte - vom
Konsumenten her gesehen - als die eigentliche Neuerung.
Seine Strategie:
Jedes Medium muß die in ihm steckenden Vorteile gezielt nutzen.
Der besondere Vorteil des Fernsehens, den es allein bieten
kann, ist die Live-Übertragung. Diese Möglichkeit muß wieder-
entdeckt und entwickelt werden.

4. H. Thomas, BMFT:

Frage: a)   Vermutung: Ein solch nachdenkliches Referat hätte der Programm-
direktor einer privaten Rundfunkanstalt nicht gehalten.

       b)   Fragt nach Kategorien und Zahlen über Verhalten von Kindern
unter 14 Jahren.

Antw.: a)   Möchte keine Vermutung bestätigen.

       b)   Hat keine exakten Zahlen zur Hand. Kinder unter 14 Jahren
sehen alle Unterhaltungssendungen, mit Vorliebe Erwachsenen-
sendungen an (bis zu 20 % Kinder unter 14 J.) Selbst bewußt
nach 23.oo Uhr gelegte Sendungen werden von Kindern gesehen.

Die Nutzung der Fernmeldedienste

D. Elias
Bonn

1. Vorbemerkung

Die Diskussion über die Einführung neuer Telekommunikationsdienste
mündet immer wieder in die Frage nach dem Bedarf, genauer gesagt
nach der Akzeptanz, die ein neuartiges Kommunikationsangebot im
privaten und geschäftlichen Bereich finden würde. Da verbindliche
Aussagen über die zu erwartende Nutzung neuer Dienstleistungen mit
empirischen Methoden nur sehr eingeschränkt gewonnen werden können,
lohnt es sich, die Nachfrageentwicklung und den Akzeptanzverlauf
der bestehenden Fernmeldedienste vergleichend mit heranzuziehen.

Für eine Analyse bietet sich vor allem der Fernsprechdienst an -
nicht nur wegen seines wirtschaftlichen Gewichts, sondern auch
deshalb, weil er sich unter den Aspekten der Nutzung durch unterschiedliche Kundengruppen und des zeitlichen Verlaufs seiner Ausbreitung als sehr informatives Muster für die Akzeptanz neuer
Telekommunikationsformen eignet.

Die Deutsche Bundespost hat in Zusammenarbeit mit Beratungsunter-
nehmen in den letzten Jahren erhebliche Anstrengungen unternommen,
die einzelnen Marktsegmente des Fernsprechdienstes zu durchleuchten, aus repräsentativen Erhebungen kausale Abhängigkeiten zwischen
sozio-ökonomischen Merkmalen der einzelnen Kundenschichten und deren Nachfrageverhalten abzuleiten und auf dieser Grundlage verbes-
serte Prognosemodelle zu entwickeln. Die dabei erhobenen Daten geben zugleich einen guten Einblick in den Akzeptanzverlauf dieses
Dienstes.

2. Nachfragemengen der wichtigsten Fernmeldedienste

Bevor ich auf die Entwicklung des Fernsprechdienstes näher eingehe,
möchte ich zunächst - sozusagen als Hintergrundinformation - einen
Überblick über die Nachfragemengen der wichtigsten Fernmeldedienstleistungen der Deutschen Bundespost geben.

**Mengen der wichtigsten
Fernmeldedienstleistungen der DBP**

	Anzahl	Bezugszeitpunkt bzw. -zeitraum
<u>Fernsprechdienst</u>		
Fernsprechhauptanschlüsse	18,5 Mio	Mitte 1979
Fernsprechnebenanschlüsse (amtsberechtigt)	7,3 Mio	Mitte 1979
Ortsgespräche	11,3 Mrd	Jahr 1978
Ferngespräche	6,4 Mrd	Jahr 1978
<u>Telegrafendienste</u>		
Telexhauptanschlüsse	127 000	Mitte 1979
Telexverbindungen	191 Mio	Jahr 1978
Hauptanschlüsse für Direktruf	38 000	Mitte 1979
Modems an Fernsprechanschlüssen	27 500	Mitte 1979
Datex-Anschlüsse	2 000	Mitte 1979
Telefax-Anschlüsse	1 000	Mitte 1979
<u>Übrige Fernmeldedienste</u>		
Überlassene Fernsprechstromwege	2,53 Mio km	Ende 1978
Überlassene Telegrafenstromwege	0,51 Mio km	Ende 1978

Bild 1

Diese Daten machen das starke quantitative Gefälle zwischen den
einzelnen Dienstzweigen deutlich: Obwohl die Deutsche Bundespost
mit 127 000 Telexanschlüssen das größte zusammenhängende Telexnetz
der Welt betreibt, bedeutet diese Zahl weniger als 1 % im Vergleich
zu den 18,5 Mio. <u>Fernsprech</u>hauptanschlüssen. In diesen Daten drückt
sich neben der unterschiedlich langen Entwicklungsgeschichte vor
allem die Art der Nutzung aus. Der Telexanschluß kann nach wie vor
als geradezu klassisches Beispiel eines geschäftlichen Kommunika-
tionsmittels dienen. Bei der Nutzung des Telefons dagegen hat sich
in neuerer Zeit eine fundamentale Wandlung vollzogen. Während noch
Anfang der 60er Jahre die Geschäftsanschlüsse eindeutig überwogen,
stellen heute die reinen Wohnungsanschlüsse (ohne die gemischt genutzten Anschlüsse) bereits einen Anteil von etwa 70 %.

Vergleichen wir die Anschlußzahlen innerhalb der Telegrafendienste,
so liegen im Verhältnis zu den Telexanschlüssen die der Datenübertragung dienenden Hauptanschlüsse für Direktruf und die Modems an
Fernsprechanschlüssen noch deutlich zurück. Wir dürfen hierbei je-

doch nicht vergessen, daß die Datenübertragung erst seit viel kürzerer Zeit existiert. Ihr Wachstum ist außerordentlich dynamisch, und sie holt im Vergleich zum Telexdienst rasch auf.

3. Die Nachfrage nach Fernsprechhauptanschlüssen

Als Einstieg in eine etwas detailliertere Analyse der Nachfrage nach Fernsprechanschlüssen möchte ich die Ergebnisse einer repräsentativen Erhebung voranstellen, die Aufschluß gibt über die Abhängigkeit des Telefonversorgungsgrades der Haushalte vom Einkommen, differenziert nach Berufsgruppen der Haushaltsvorstände. Wie zu erwarten, nimmt der Versorgungsgrad mit wachsendem Einkommen rasch zu

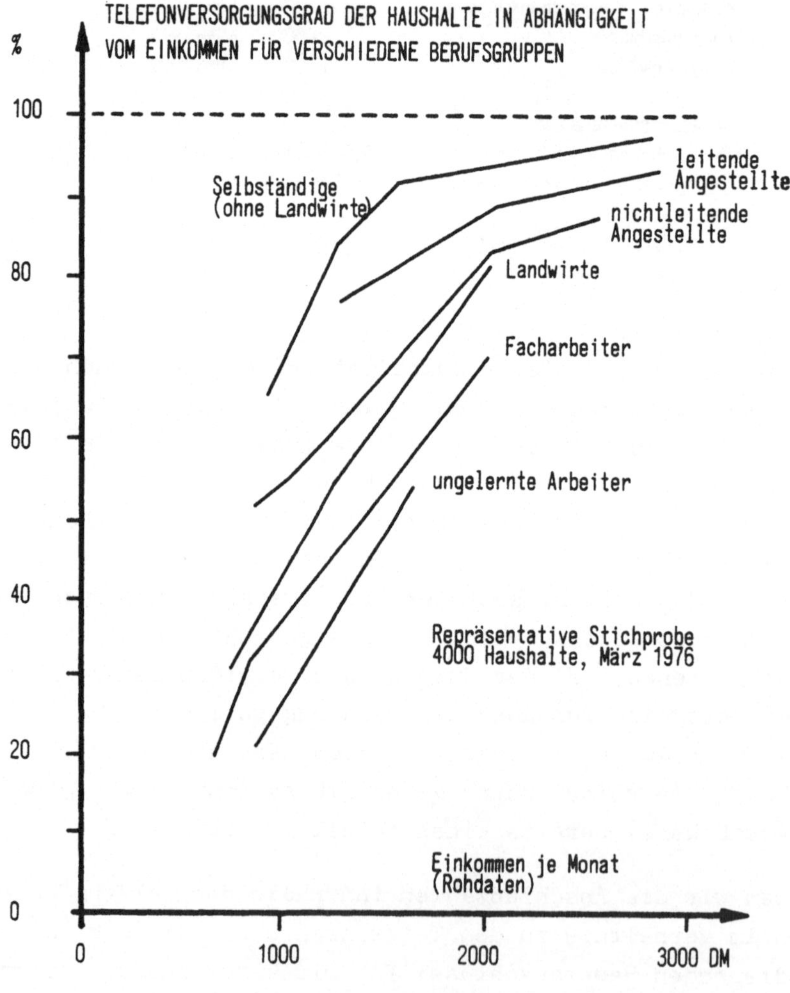

Bild 2

und nähert sich der 100%-Grenzlinie. Nicht so selbstverständlich
ist die starke Streuung der Versorgungsgrade zwischen den Berufsgruppen bei gleichem Haushaltseinkommen. Hierin drücken sich deutliche Unterschiede in den Präferenzen der Einkommensverwendung und
letztlich auch in den Kommunikationsbedürfnissen aus.

Mit ähnlichen Unterschieden müssen wir auch bei neuen Telekommuni-
kationsdiensten, wie dem Bildschirmtext, rechnen, die ihrer Natur
nach auf einen breiten Teilnehmerkreis zielen. Kombiniert man diese Penetrationskurven mit den Häufigkeitsverteilungen für die Haushaltseinkommen, so kommt man zu einem Kausalmodell, das die Abhängigkeit der Telefonnachfrage vom Haushaltseinkommen und von der Be-
rufsgruppenzugehörigkeit ausdrückt.

Die in Bild 2 dargestellten Versorgungsgradkurven sind jedoch zeitlich nicht konstant, tendenziell verschieben sie sich nach links,
in Richtung niedrigerer Einkommen. Daß dies für die Deutsche Bundespost von außerordentlicher Bedeutung ist, sei nur am Rande erwähnt; hier liegt eine der wesentlichen Ursachen für die hohen Zuwachsraten der letzten Jahre. Diese Entwicklung läßt sich modell-
haft sehr gut aus folgenden Einflußgrößen erklären:

1. Wachsender durchschnittlicher Versorgungsgrad
   (hierin drückt sich der sogenannte "Ansteckungseffekt" aus);

2. sinkende reale Gebühren (bereinigt mit dem Lebenshaltungs-
   kostenindex);

3. Intensität der Werbung.

Auf der Basis dieser Gesetzmäßigkeiten haben wir ein Nachfragemo-
dell entwickelt, mit dem wir den zeitlichen Verlauf der Versorgungsgrade der Haushalte, getrennt nach Berufsgruppen, für die Vergangenheit rekonstruieren und für die Zukunft prognostizieren können. Die
Ergebnisse sind in Bild 3 dargestellt. Die auffälligen Wellenbewe-
gungen in der Vergangenheit reflektieren Konjunkturzyklen und Ge-
bührenänderungen - bis 1974 waren das überwiegend Gebührenerhöhun-
gen, in den letzten Jahren Gebührensenkungen, nicht nur real, sondern auch nominal.

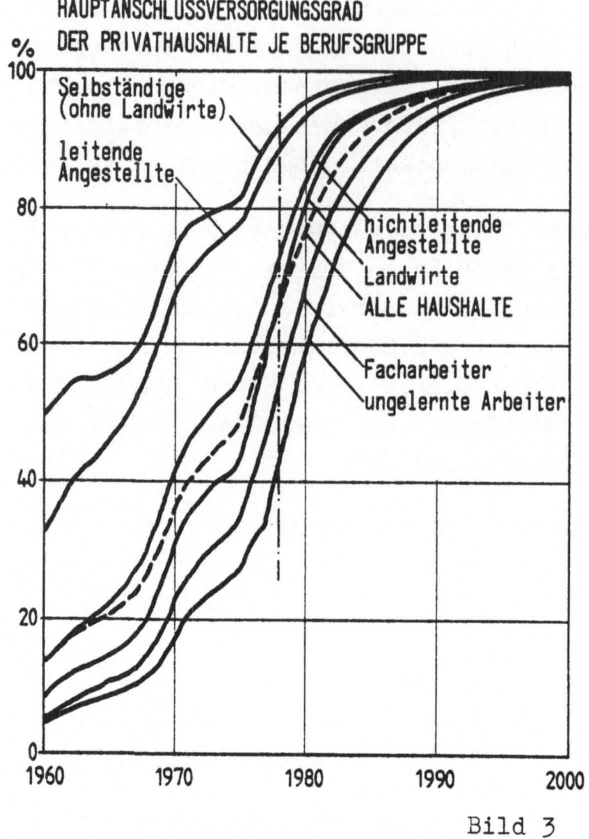

Bild 3

Diese Kurven machen deutlich, daß das Telefon trotz seiner 100jäh-
rigen Geschichte den Durchbruch im privaten Bereich erst in neuester
Zeit geschafft hat. Noch 1960 hatten weniger als 15 % der privaten
Haushalte einen Anschluß, und dies waren zum großen Teil Haushalte
von Selbständigen und von leitenden Angestellten. Nur in 5 % der
Arbeiterhaushalte war 1960 ein Telefon zu finden. Seitdem hat die
Entwicklung einen stürmischen, wenn auch nicht ganz gleichmäßigen
Aufschwung genommen. Heute haben etwa 70 % aller privaten Haushalte
einen Fernsprechhauptanschluß, bei den Arbeiterhaushalten sind es
immerhin auch schon rund 50 %.

Die in diesem Bild wiedergegebenen Prognosekurven beruhen auf mittleren, keineswegs besonders optimistischen Annahmen über die Entwicklung der Einflußgrößen. Es ist erkennbar, daß aus den Schichten
der Selbständigen (ohne Landwirte) und der leitenden Angestellten
nicht mehr viel Nachfrage zu mobilisieren ist. (Der Begriff "leiten-
de Angestellte" ist hier nicht im Sinne des Betriebsverfassungs-
rechts zu verstehen, sondern in sehr viel weiterem Sinne.) In den

gegenwärtig noch unterversorgten Bevölkerungsschichten, nämlich den
Haushalten der Facharbeiter und der ungelernten Arbeiter, ist dagegen mit einem raschen weiteren Vordringen des Telefons zu rechnen.
Die Haushalte der nichtleitenden Angestellten und der Landwirte
entsprechen in ihrem Nachfrageverhalten ungefähr dem Durchschnitt
der einzelnen Berufsgruppen.

Der mittlere Versorgungsgrad aller privaten Haushalte - zur Zeit
rund 70 % - wird in den nächsten Jahren noch rasch wachsen und dürfte bereits 1985 etwa 90 % erreichen, ein Wert, den man mit "relati-
ver Vollversorgung" kennzeichnen kann.

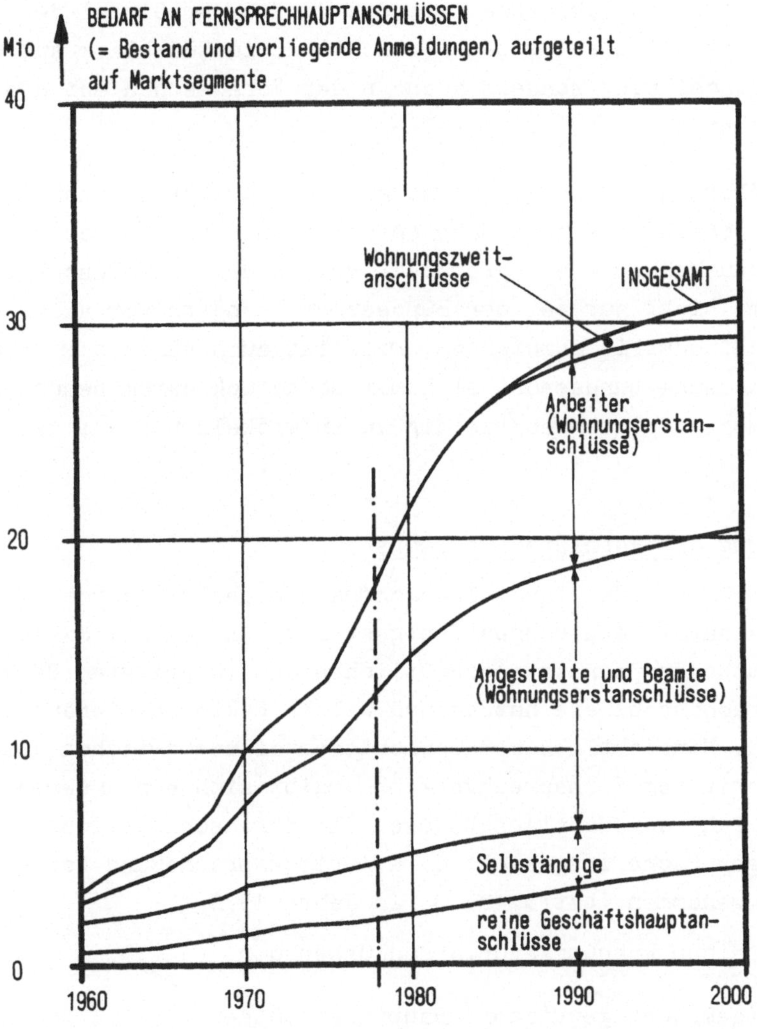

Bild 4

Bild 4 zeigt entsprechende Analyse- und Prognoseergebnisse für die
Absolutzahlen des Bedarfs an Fernsprechhauptanschlüssen - die Woh-
nungserstanschlüsse sind hier ergänzt durch die reinen Geschäfts-
hauptanschlüsse und eine vorsichtige Schätzung der Wohnungszweit-
anschlüsse, die aber erst in fernerer Zukunft von Bedeutung sein
werden.

Die Summenkurve des Bedarfs an Hauptanschlüssen dürfte in den Jahren 1978 bis 1980 ihre maximale Steigung erreichen, mit anderen
Worten: In diesen Jahren werden die Zuwachsraten am höchsten sein.
Die jährliche Zunahme der Kurve entspricht der Nettonachfrage nach
Hauptanschlüssen. Diese hat gegenwärtig eine Rekordmarke von 1,7 Mio.
Hauptanschlüssen pro Jahr erreicht; das dürfte der Gipfel der gesamten Nachfrageentwicklung sein - nicht nur im Rückblick auf die
100jährige Geschichte, sondern auch in der Vorausschau auf die kommenden Jahrzehnte.

Mit der Annäherung an die Vollversorgung der privaten Haushalte
wird die Nettonachfrage nach Hauptanschlüssen schon in wenigen Jahren stark zurückgehen - eine Perspektive, in der sich Beschäfti-
gungsprobleme nicht nur bei der Bundespost, sondern vor allem bei
der Fernmeldeindustrie abzeichnen. Dies ist auch einer der Gründe,
warum die Deutsche Bundespost sich mit Nachdruck darum bemüht, neue
Dienstleistungsangebote rechtzeitig zu entwickeln und auf den Markt
zu bringen.

4. Entwicklung des Fernsprechverkehrs

Ähnlich wie für die Hauptanschlußnachfrage haben wir durch umfang-
reiche Repräsentativerhebungen festgestellt, in welchem Maße die
einzelnen Kundengruppen im geschäftlichen und im privaten Bereich
ihre Fernsprechanschlüsse nutzen und welche Faktoren hierauf von
Einfluß sind. Hinsichtlich der Gewichtsverteilung zwischen geschäftlichem und privatem Fernsprechverkehr ergibt sich ein anderes Bild
als bei der Zahl der Hauptanschlüsse. Die durchschnittliche Zahl
der Telefongespräche insgesamt, d. h. Ortsgespräche und Ferngespräche zusammengenommen, betrug z. B. im Jahre 1978

- bei den reinen Wohnungshauptanschlüssen der
  Arbeitnehmer   rd.   600,
- bei den (gemischt genutzten) Hauptanschlüssen
  der Selbständigen   1 100,
- bei den reinen Geschäftshauptanschlüssen   3 800.

Analog zur Hauptanschlußnachfrage zeigen sich auch hier deutliche
Unterschiede im Kommunikationsverhalten: Haushalte, die über ein
höheres Einkommen verfügen bzw. zu den oberen sozialen Schichten
gehören, führen auch überdurchschnittlich viele Telefongespräche.
(Am Rande bemerkt: die gleichen Tendenzen wurden auch beim Brief-
verkehr festgestellt.)

Im Geschäftssektor haben wir analysiert, wie der Fernsprechverkehr
der Arbeitsstätten von Einflußgrößen, wie

- Art des Wirtschaftszweigs,
- Zahl der Angestellten bzw. Beamten,
- Umsatz usw.

abhängt.

Auf der Grundlage dieser Kausalzusammenhänge haben wir auch für den
Orts- und den Ferngesprächsverkehr Nachfragemodelle entwickelt, die
es uns ermöglichen, den zeitlichen Verlauf der Verkehrsanteile der
einzelnen Marktsektoren zu quantifizieren.

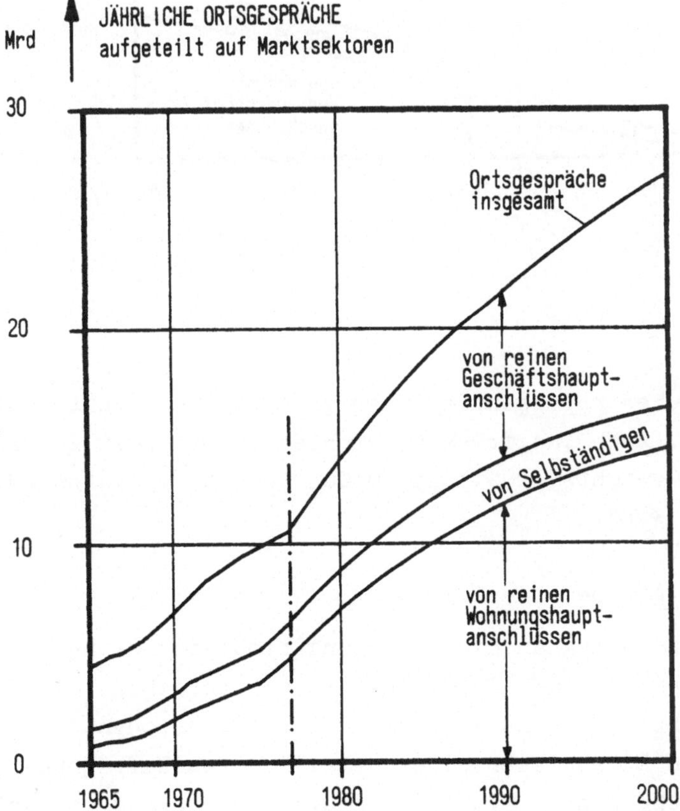

Bild 5

Bild 5 zeigt die Ergebnisse für die Ortsgespräche. Trotz des eindeutigen Übergewichts des privaten Sektors bei den Hauptanschlüssen
sind z. Z. noch ungefähr 50 % der Ortsgespräche geschäftlicher Art.
Auf längere Sicht werden allerdings die privaten Ortsgespräche dominieren.

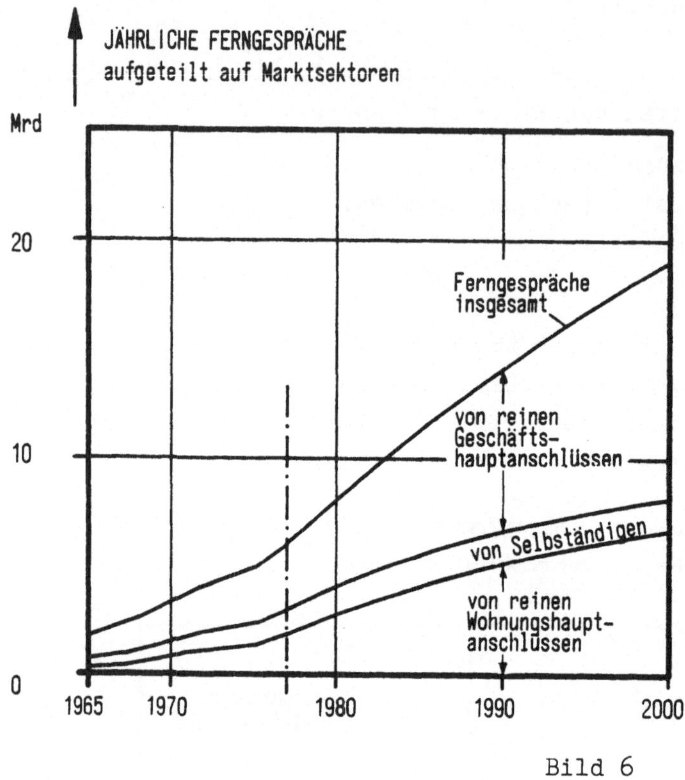

Bild 6

Bei den Ferngesprächen repräsentiert der geschäftliche Sektor etwa
2/3 der Gesamtzahl. Auch langfristig ist hier nicht damit zu rechnen, daß sich das Gewichtsverhältnis zu Gunsten der privaten Ferngespräche umkehren wird.

5. Analyse der Restgruppe ohne Telefon

Mit zunehmender Annäherung an die Sättigung richtet sich naturgemäß
besondere Aufmerksamkeit auf die Restgruppe von Personen, die auf
die Anschaffung eines Telefons aus sehr unterschiedlichen Gründen
verzichtet. Aus den Ergebnissen einer detaillierten Befragung innerhalb dieser Gruppe konnte mit Hilfe statistischer Methoden eine

recht aufschlußreiche Typologie dieses Personenkreises abgeleitet
werden. Diese "Personen ohne Telefon-Anschaffungsabsichten", kurz
"POTA", wie sie im Rahmen dieser Studie etwas bürokratisch benannt
wurden, zeigen ein ganz unterschiedliches Kommunikationsverhalten,
weisen also entgegen früheren Annahmen keine einheitlichen psycho-
sozialen Merkmale auf.

Hauptziel der Studie war es, empirisch abgesicherte Segmentierungen
der POTA zu finden, um daraus entsprechend differenzierte werbliche
Ansprachen zu entwickeln. Dabei wurden mit einer Vielzahl von Fragen folgende Bereiche durchleuchtet:

- Telefongewohnheiten
  (z. B. positive und negative Gefühle bei der Kommunikation,
  Gesprächssituationen, Gesprächspartner, Anlässe, Häufigkeit,
  Bekanntenkreis),

- Einstellungen zum eigenen Telefon
  (Ablehnungsgründe, Konsumpräferenzen, Änderung familiärer
  Kommunikationsbeziehungen) und

- Voraussetzungen für ein eigenes Telefon
  (vorstellbare Nutzung eines eigenen Telefons, passive Erreich-
  barkeit bzw. aktive Anrufmöglichkeit mit allen Vor- und Nachtei-
  len, erwartete Kostensituation, technische Verbesserungen u.v.m.).

Befragt wurden 500 Personen mit eigenem Haushalt, aber ohne eigenen
Telefonanschluß und ohne Absicht, sich in absehbarer Zeit (zwei Jahre) ein Telefon anzuschaffen. Aufgrund dieser Befragungsergebnisse
konnten durch Cluster-Analyse die in den Bildern 7 und 8 dargestellten 6 Personengruppen abgegrenzt werden.

Es überrascht nicht, in dieser Gruppe Personen mit geringen Sozial-
kontakten oder mit einem problematischen Verhältnis zu administrativen Erfordernissen und technischen Abläufen zu finden. Etwas er-
staunlich ist es aber, hier ein mit 33 % relativ starkes Segment
extrovertierter und kontaktfreudiger Personen vorzufinden. Genaueres
Hinschauen zeigt freilich, daß es sich hier überwiegend um Männer
jüngeren Alters handelt, die in der Sphäre ihrer persönlichen Beziehungen lieber direkt miteinander sprechen als telefonieren
möchten.

Segment 1
= 23,8 %

Personen,
. die unkompliziert, rational
  und kostenbewußt sind

. die Kontakte mit Personen
  wünschen und auch besitzen,
  allerdings mehr als persönlichen Kontakt, und mit diesen
  gegebenen Kontaktverhältnissen
  zufrieden sind

Segment 2
= 9,4 %

Personen,
. überwiegend weiblich
. kontaktfreudig, gesellig
. kostenbewußt
. unbeholfen hinsichtlich
  Formalem und Technischem

Segment 3
= 33,0 %

Personen,
. überwiegend männlich und jung
. demonstrativ selbstsicher
. extrem extrovertiert
. die ihre Selbstbestätigung
  durch persönliche Kontakte
  suchen

Segment 4
= 8,6 %

Personen,
. überwiegend über 50 Jahre
. gehemmt, kontaktscheu,
  zurückgezogen lebend
. ängstlich, hilflos,
  nicht belastbar

Segment 5
= 13,6 %

Personen,
. die ruhig und gelassen wirken
. ohne eigenen Antrieb, aber mit
  Kontakten
. die leicht verunsichert sind

Segment 6
= 11,6 %

Personen,
. überwiegend über 50 Jahre
. abweisend, verbittert
. die nur die notwendigsten
  Kontakte unterhalten

Bild 7

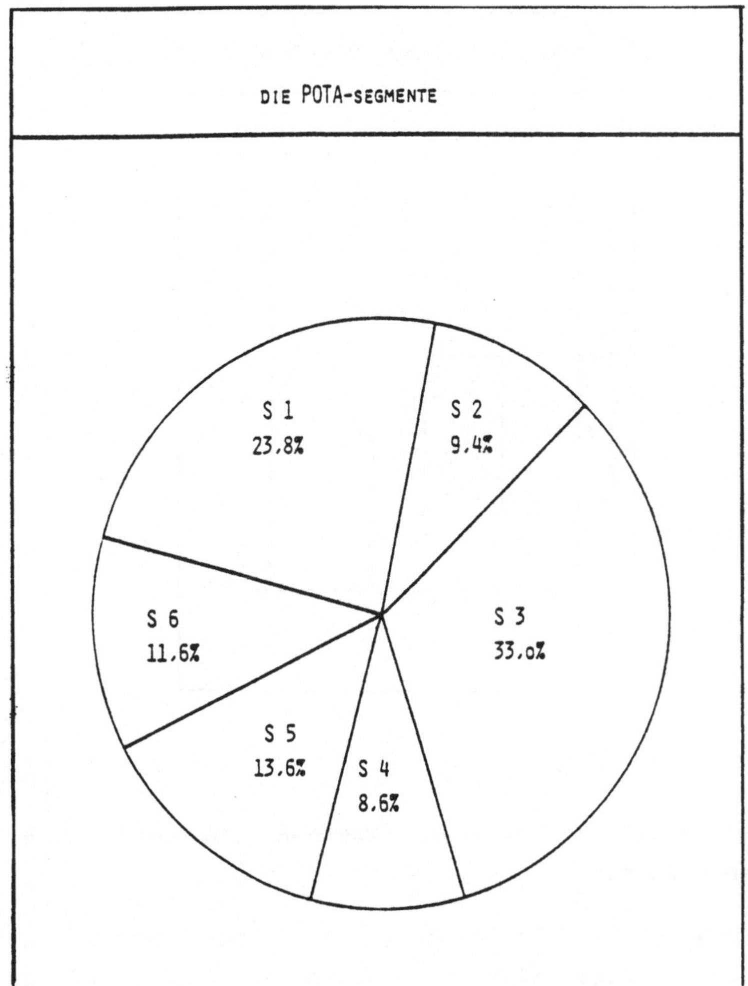

Bild 8

Mit Ausnahme dieses Segmentes lassen sich die übrigen Teilgruppen
nach dem Grad ihrer Verwandtschaft zu größeren Gruppen zusammenfassen, wie dies durch Bild 9 illustriert wird. Hier erscheinen die
Segmente 2 und 5 als Verwandte 1. Grades, während die Segmente 4
und 6 im 2. Grad verwandt sind.

Zu den Segmenten 2 und 5 gehören Personen, die sich selbst für natürlich und ruhig bzw. gelassen halten, vor allem ist ihnen aber
gemeinsam, daß sie das eigentliche Telefonieren als relativ unpro-
blematisch ansehen, lediglich unbeholfen gegenüber administrativen
und technischen Fragen sind. Hier gibt es sicher Ansatzpunkte für

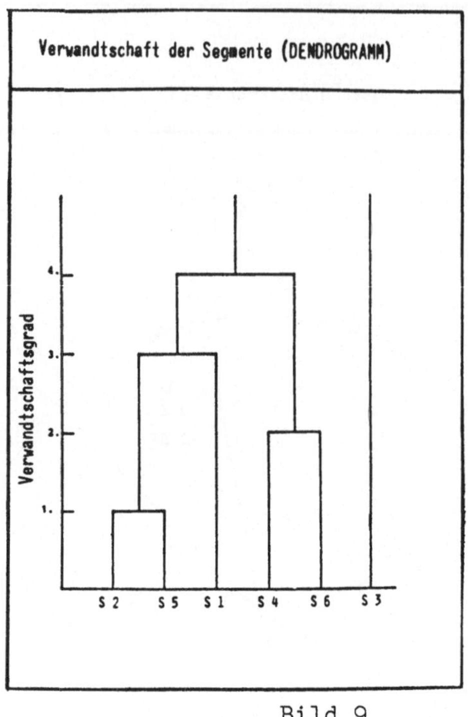

Bild 9

eine informierende und aufklärende Werbung, die versucht, diese Unsicherheiten abzubauen.

Die Segmente 4 und 6 - als Segmente mit dominant alten Personen - haben nur einen kleinen eigenen Kontaktpersonenkreis. Sie zeigen große Ähnlichkeit in ihrer Ablehnung des Telefons und des Telefonierens, sie sehen überall Probleme, fühlen sich überfordert und begegnen dem Gefühl der Überforderung durch Vermeidung von Problemsituationen. Eine werbliche Ansprache dieser Segmente ist besonders schwierig. Hier wird erkennbar, daß einer vollständigen Marktpenetration natürliche Grenzen gesetzt sind.

Noch ein anderer Aspekt des Telefons wird durch diese Analyse der Restgruppe sehr deutlich sichtbar: seine eminente Bedeutung als Mittel privater Kommunikation und damit sozialer Integration für den einzelnen - eine Erscheinung, die durch Erfahrungen in anderen Bereichen - beispielsweise durch die ungeheuer starke Inanspruchnahme des sog. Mondscheintarifes - voll bestätigt wird.

6. Akzeptanz neuer Fernmeldedienste

Die für den Fernsprechdienst gefundenen Gesetzmäßigkeiten können
selbstverständlich nicht unmittelbar auf neue Telekommunikationsdienste, wie den Bildschirmtext, übertragen werden. Sie dürften aber
gewisse Analogieschlüsse zulassen, zumindest können sie wichtige An-
regungen für vorläufige Hypothesen geben, die ihrerseits durch fundierte Marktforschung zu überprüfen sind. Die im Fernsprechdienst
gewonnenen Erfahrungen zeigen, daß es dabei zweckmäßig ist, zwischen
geschäftlichem und privatem Kommunikationsbedarf zu unterscheiden.

Im Bereich der geschäftlichen Kommunikation kann man sicherlich in
erster Näherung unterstellen, daß ein neuer Fernmeldedienst dann
bedarfsgerecht ist, wenn er ökonomische Vorteile für das einzelne
Unternehmen bietet. Entweder, weil bestehende Kommunikationsformen
mit wirtschaftlichem Vorteil substituiert werden, oder weil neue
Kommunikationsmöglichkeiten geschaffen werden, die neue, wirtschaftlich vorteilhafte Verhaltensweisen eines Unternehmens ermöglichen.

Wie wir vor allem aus der Entwicklung des Fernsprechdienstes wissen,
spielen im privaten Bereich andere Faktoren eine größere Rolle als
rein ökonomische Überlegungen. Über den Erfolg oder Mißerfolg entscheiden hier auch irrationale Faktoren, beispielsweise der Spontan-
eindruck, daß es sich bei dem Neuen um eine sinnvolle Sache handelt,
aber auch der mit der Annahme des Neuen verbundene "Habitus-Effekt".
Vorausgesetzt immer, daß die neue Dienstleistung kostenmäßig nicht
völlig außerhalb der Möglichkeiten eines durchschnittlichen Haus-
haltsbudgets liegt.

Die Einführung neuer Fernmeldedienste erfordert auf jeden Fall, vorher die Bedarfssituation zu klären. Bei Diensten, die sich vornehmlich an den geschäftlichen Bereich wenden, geschieht dies mit Hilfe
von Substitutionsanalysen, in denen versucht wird, ökonomische Vorteile zu ermitteln, die sich durch den Einsatz der neuen Dienste ergeben würden. Auf diese Weise wurden die Marktpotentiale des Telefax-
Dienstes und des Bürofernschreibens (Teletex) untersucht und quanti-
fiziert. Es läßt sich heute noch nicht sagen, mit welcher Zuverlässigkeit diese Prognosen erfüllt werden; auf jeden Fall verläuft die
Entwicklung nicht so schnell wie vorausberechnet. Man wird abwarten
müssen, ob Gewöhnungsprozesse auch im geschäftlichen Bereich eine
größere Rolle spielen werden als ursprünglich vermutet wird.

Für eine - allerdings nur sehr grobe - Abschätzung des Marktpoten-
tials für neue Fernmeldedienste, die vorwiegend auf privates Interesse zielen, können die beim Fernsprechdienst gewonnenen Erkenntnisse des privaten Kommunikationsverhaltens mit herangezogen werden.
Genauere Angaben über die Nachfrage lassen sich in den meisten Fällen aber nur anhand praktischer Erprobungen in Feldversuchen gewinnen, obwohl auch hieran Fragezeichen zu knüpfen sind. Die klassischen Methoden der Marktuntersuchung jedenfalls versprechen wenig
Aussicht auf Erfolg, weil es dem Menschen offensichtlich sehr
schwer fällt, für sich selbst vorherzusehen, wie er eine bestimmte
neue, ihm bisher noch nicht bekannte Sache in sein Leben einordnen
und nutzen wird. Erst in der unmittelbaren Befassung mit der neuen
Sache kann er sich ein Urteil bilden.

Wenn ich dennoch hinter die Ergebnisse von Felderprobungen Fragezeichen setzte, dann deshalb, weil Felderprobungen nicht in der Lage sind, Langzeiteffekte, die bei Fernmeldediensten eine erhebliche
Rolle spielen, zu simulieren. Wenn Sie beispielsweise an das Telefon
und seine Einführung vor einhundert Jahren denken, dann wäre seiner-
zeit eine Prognose, die unsere heutige telefonabhängige Welt beschreibt, undenkbar gewesen. Undenkbar vor allem, weil es nicht möglich gewesen wäre, die Veränderungen der Umweltbedingungen und die
Veränderungen der Menschen vorherzusehen, die letztlich zur weiten
Verbreitung des Telefons geführt haben. Veränderungen, die sicherlich auch durch das Telefon selbst mitbewirkt worden sind. Derartige,
die Nachfrage nach neuen Fernmeldediensten erheblich berührende Einflüsse lassen sich in Felderprobungen nicht simulieren, da deren
Zeitdauer viel zu kurz ist, um tiefgreifende Veränderungen oder
auch nur Gewöhnung zu bewirken.

Es gibt aber noch einen anderen wichtigen Aspekt, unter dem Felderprobungen zu sehen sind: Es wird heute zurecht sehr eingehend über
die gesellschaftlichen Auswirkungen neuer Telekommunikationsformen
gesprochen. Art und Umfang dieser Auswirkungen lassen sich aber
ebenfalls nur angemessen in der Praxis beurteilen. Felderprobungen
haben damit auch eine große Bedeutung für den politischen Meinungsbildungsprozeß. Sie können helfen, eine den Problemen angepaßte
Diskussionsfähigkeit in unserer Gesellschaft zu entwickeln. Das
rasche Wachstum der vorhandenen Fernmeldedienste und das Innovationspotential des schnellen technologischen Fortschritts im Fernmeldebe-
reich machen dies immer dringender.

PRESTEL - How Usable is it?

T. Stewart
London

BACKGROUND

In recent years there has been a rapid growth in products aimed at making the
television set more than just a passive receiver of TV programmes. These developments include games, VCR, videodiscs and other attachments as well as fundament-
ally new ways of using TV equipment such as participative television and videotex.
In the widely publicised Qube experiment in Ohio, participation allows a greater
choice of entertainment and greater involvement in quizzes and chat programmes.
Many of the TV experiments are similarly orientated towards entertainment. However,
the videotex developments aim to provide information services for both business
and residential users and therefore represent a more radical departure from TV's
usual role.

The term videotex has been used in some countries to describe both broadcast and
two-way services. However, in this paper videotex is used as a generic term for
low-cost, easy-to-use two-way information services linking computer databases to
adapted TVs over the telephone network. Its main emphasis is on information
retrieval by permitting users to access on-line databases. But its two-way
capability permits other services as well: computations, messages (including
transactions such as shopping from home) and software distribution.

Although conceived primarily for the residential market, videotex appeals also
to the business community. As well as public services, closed user group and
private services are under development. The British Post Office (BPO) is a
pioneer in this field and already offers a public videotex service - Prestel -
at present limited to certain areas in the UK. This follows an extensive pilot
trial and a Test Service which is continuing in parallel with the public service.
Other European countries have announced trials aimed at assessing the nature and
extent of the market, preparatory to later public services. Almost all the
developments are based on Prestel's display and transmission standard. The main
exception - France's Teletel - shares a number of common features with Prestel
but differs in the way characters (particularly accented characters) are encoded.
Some of the countries which have adopted the Prestel standard have introduced
innovations in developing their own software for example Finland's Telset and
Sweden's DataVision. Even the countries which bought the Prestel package from

the BPO have already made significant software changes, for example West Germany's Bildschirmtext and Holland's Viewdata. All the systems however offer simple numeric selection of information from numbered menu choices. There has therefore been considerable interest throughout Europe in the Prestel experience which is being gained by the BPO, the Information Providers (IPs) and the users in the Test Service.

THE PRESTEL TEST SERVICE

Although the videotex concept is attractive, it will only be successful if the market is large enough to keep the prices low. In order to provide some hard evidence that a market could develop, the BPO proposed a market trial in co-operation with the TV industry and the IPs. The aims of this trial were primarily

- to predict the size, nature and growth of the market.
- to identify potential problems and opportunities in designing, operating and maintaining the service.

- to explore new services to extend the usefulness of Prestel

The plan was to recruit 1600 participants including both business and residential users and monitor their experiences by personal interviews and by the automatic logging of usage statistics at the computer centres. The start of the trial was delayed due to both hardware and software problems with the result that the BPO announced its intention to launch a public service before the trial was complete. This demonstrated the BPO's faith in Prestel but has led to some confusion among the participants in the trial (now renamed the Test Service). Nonetheless, some useful results are emerging from the interviews and statistics.

One fact which has emerged clearly is that a key factor in determining the success of Prestel is how easy it is to use - especially compared with existing information services. The Prestel hardware is relatively simple and familiar - TV, telephone and a calculator-like keypad - although some manufacturers have been more successful than others at making it easy to use. Normal commercial pressures will lead to improvements in the equipment and will encourage the IPs to provide the right information in the right format. However, the overall indexing and retrieval procedures are the responsibility of the carrier (the BPO) and are less susceptible to direct commercial pressures. It is therefore important that these procedures should be designed to be as easy-to-use as possible right from the start. As part of their preparations for the market trial, the BPO commissioned a number of studies to explore the usability of Prestel. This paper reports the results of one experiment conducted at Loughborough University of Technology to assess the usability and acceptability of the Prestel retrieval procedures.

THE USABILITY OF THE RETRIEVAL PROCEDURES

The tree structure was chosen by the BPO as the principle access method because
it was easy to use. The database itself is not structured in this way. In fact,
pages are identified by their number and then selected from a look-up table. Hence
it is possible to move from one extreme of the database to the other at a single
step. Certainly the simple menu approach works well in many cases. It is easy
for relative novices to use in performing simple enquiries. However, if users
are to continue to use the system as a prime information source then more flex-
ibility in the access procedures is required.

In addition, brief observations of people searching through traditional media such
as recipe books, encyclopedias and newspaper classified advertisements revealed
that considerable variations existed in the procedures used. A variety of browsing, cross-referencing and back-tracking aids such as circling advertisements,
marking pages with pencils or fingers and even simultaneously examining several
sources were all frequently used. It was also noted that many people made an
initial classification of the item they were seeking and then tried to locate
that classification or a synonym in the reference classification. For example,
a recipe for "lasagne" might be considered as an "Italian dish" and searched
for in the index under that heading. If this failed then the search might move
to P for "pasta" and so on until successfully located.

EXPERIMENTAL DESIGN

The experiment was therefore designed to compare the existing access procedures
with other procedures which might be more suited to the range of searching
behaviour previously noted. The four access procedures were:

Menu	- the existing tree structure using numbered menu choices
Keywords	- a limited keyword system in which overlays on the numeric keyboard allowed the user to enter simple, easy-to-remember words which the system treated as a routeing instruction to the appropriately numbered page.
Printed Directory	- a separate printed version of the alphabetic subject index
System Alpha-betic Index	- The alphabetic index displayed on the system as a series of pages

An independent groups design was used with sixty subjects divided equally between
the four procedures. The subjects were recruited from the general public mainly

by newspaper advertisement and were randomly allocated to groups. They came from a range of age, occupational and socio-economic categories and were paid a small honorarium for participating.

The equipment used was an ITT 26" colour TV with viewdata (as Prestel was then called) decoder connected over the telephone line using an external GPO modem to the pilot service computers in Martlesham and London. The wire-connected editing keyboard was used with unused keys hidden by a mask. (This keyboard was used in preference to the ultrasonic remote numeric keypad since unnecessary keying errors had occured in earlier experiments.due to the delay in accepting keystrokes).

Following an introduction and demonstration which was common to all groups, each subject was instructed in the appropriate access procedure as follows.

<u>Group I - Menu</u>   The existing tree structure was explained and subjects started each task at the first menu page.

<u>Group II - Keywords</u>   An overlay was used on the keyboard so that the numeric keys could also be used to represent letters. Thus using the old telephone convention of ABC=1, DEF=2 and so on, the user could enter CARS and be routed to page 1167 where car information could be found. In order to simulate this facility it was necessary to copy part of the database onto different pages and start the subject at a copy of the first page. The following keywords were available: ADS, BOOKS, CARS, FOOD, JOBS, JOKES, MONEY, NEWS, TRAVEL, WHICH?

<u>Group III - Printed Directory</u>   The system itself was unmodified but in addition a printed alphabetic index was provided so that users could locate a particular topic in the directory and then access it directly using the *(page no)## facility to jump directly to the page.

<u>Group IV - System Alphabetic Index</u>   The users were presented with the first page of the alphabetic index on the system. On this page the subjects were required to key one number to indicate which group contained the first letter of the classification they were seeking. Subsequent pages allowed them progressively to narrow the definition until after three or four pages they came to the full listing of topics of similar spelling with their page numbers. Using the *(page no)## facility allowed them to go directly to the relevant page.

The different procedures were only used to locate the topics. Within each topic area the existing menu structure was preserved.

EXPERIMENTAL TASKS

The tasks were designed following a brief pilot study to cover a variety of
residential user interests and to include a range of complexities and alternative routeings. The topics available were severely constrained by the incomplete-
ness of the database at that time.

TASK 1   What is the price and m.p.g. (miles per gallon) for a new
Renault 12 TL saloon car?

TASK 2   What time does the 07.50 Intercity train from London arrive
in Loughborough on Saturday morning? What is the latest train
back to London on Sunday evening?

TASK 3   What is the price of 'The Eagle has Landed' by Jack Higgins,
available in paperback from W.H. Smith?

TASK 4   What does WHICH? magazine recommend as best buy for automatic
electric kettles? (Note: WHICH? is a magazine published by
the Consumers' Association).

TASK 5   Can you find some Persian kittens for sale in the classified
ads?

TASK 6   Find a recipe for risotto.

Tasks 1,2,5 and 6 were designed to provide many alternative routes to the same
end pages. Tasks 2 and 4 were designed to be rather more complex than the
simple enquiries. In Task 2 some searching of the end pages was required and
in Task 4 which type of kettle to select had to be decided.

Each subject was observed and his or her performance recorded. Measures were
made of the search time, number of pages viewed and number of incorrect or
unnecessary pages viewed (blind alleys). In addition, the subjects completed
rating scales for each task and a questionnaire - but these results will not be
reported in detail here.

EXPERIMENTAL RESULTS

The experimental data were analysed using the Statistical Package for the Social
Sciences (SPSS) one-way analysis of variance technique. This indicated where
there was a significant difference between the access procedures for each task.
To determine which procedures caused the difference, the Newman-Keuls multiple
comparisons test was used with the significance level set at 5%. The overall
mean results for each of the procedures are shown in Figure 1.

Figure 1.

OVERALL MEANS FOR PROCEDURE

	Menu	Keywords	Printed Directory	Alphabetic Index
Search times (seconds)	270	164	259	280
Pages Viewed	17	14*	12	18
'Blind Alleys' (wrong pages)	2.1	1.2	1.8	2.7

Since the keyword facility was simulated, each keystroke counted as an additional
page. If the facility were implemented fully then 4 or 5 pages could be deducted
from the keywords 'pages viewed' score. This would then result in the keywords
being better on all three measures than the other procedures. The mean results
for each task are shown in Figure 2.

The more detailed analysis for each task confirms the impression gained from
the overall means. The keyword group had significantly shorter search times
on four of the six tasks. They came a close second on task 4 and their lead
just failed to reach significance on task 1. Even before adjusting the pages
viewed score for the keyboard facility (see above) they still used fewer pages
than the existing menu group on every task and fewer than the alphabetic
index group on some tasks. The keyword group also encountered fewer blind
alleys. On the objective performance measures therefore, the keyword group
performed best for almost all the tasks.

The printed directory group's performance was more variable. On task 4 they
produced the lowest mean search time but on most of the other tasks their search
times were slow. They used fewer pages on most tasks (although correcting the
keywords score reduces that advantage) and they came more or less in the middle
in terms of blind alleys.

The menu group's performance was mediocre for most tasks.

The alphabetic index group were worst or equal worst on most tasks on most
measures.

		I Menu	II Keyword	III Printed Directory	IV Alphabetic Index	Fratio	Newman Keuls
TASK 1 Renault	search times	338	222	330	335	2.02 NS	NS
	pages viewed	20	15	15	21	3.07 *	NS
	blind alleys	1.5	0.9	1.3	1.9	0.89	NS
TASK 2 Trains	search times	289	176	341	309	6.88 ***	II,I,III,IV
	pages viewed	18	14	13	19	3.11 *	NS
	blind alleys	1.5	0.3	1.6	2.2	4.4 **	II,I,III,IV
TASK 3 Book	search times	155	87	108	105	2.56 NS	II,IV,III,I
	pages viewed	11	10	6	9	6.16 ***	III,IV,II,I
	blind alleys	1.7	0.6	0.7	0.6	2.68 NS	NS
TASK 4 Kettle	search times	322	222	203	247	3.2 *	III,II,IV,I
	pages viewed	16	15	7	13	8.5 ***	III,IV,II,I
	blind alleys	0.6	0.6	0.1	0.3	1.99 NS	NS
TASK 5 Kittens	search times	277	175	328	415	4.6 **	II,I,III,IV
	pages viewed	17	15	15	28	6.08 ***	II,III,I,IV
	blind alleys	3.2	2.4	3.8	6.7	4.8 **	II,I,III,IV
TASK 6 Risotto	search times	239	105	243	248	3.75 *	II,I,III,IV
	pages viewed	19	13	17	21	2.75 *	II,III,I,IV
	blind alleys	4.1	2.1	3.4	4.6	2.3 NS	NS

Figure 2. Results of One-Way Analysis of Variance and Newman Keuls Comparison

Notes:1. Search times are in seconds.
2. NS = not significant
 * = P 0.05
 ** = P 0.01
 *** = P 0.001
3. Newman Keuls - groups in ascending order of means. Underlined items not significantly different.

DISCUSSION OF THE RESULTS

Even the brief analysis here strongly suggests that the use of keywords on Prestel results in shorter search times with fewer page accesses. For the user this also means cheaper access since connect time and page accesses both cost money.

However, the keyword group's performance advantage was not necessarily solely due to the use of easy-to-remember keywords. The keywords provided an additional cross reference and conveniently brought together on one page all the various types of information available under that heading. Because the number of keywords available was restricted and the subjects could reasonably guess that the task they had been set was possible they simply had to choose the closest keyword to the topic. It is also possible with an independent group's design that the groups were not in fact equal. However, they had been randomly allocated to their groups and the biographical and questionnaire data collected before the experiment did not suggest any inter-group differences.

A further complication in the results was that the search time included keying time which varied from one condition to another. However, keying time was a very small component of search time and was therefore ignored in the analysis.

The validity of the tasks can also be challenged. Much searching of information sources is done without a single clearly defined task. This in itself and the fact that it was an experiment has an effect on the results. However, two points are worth noting. Firstly, the order of the facilities across the tasks is relatively consistent. Although one might expect some facilities to be more appropriate for some tasks (and there was some evidence that this was the case) overall the keyword facility did best and the alphabetic index worst.

Secondly, the subject's ratings of the likelihood of using Prestel for each task themselves showed no significant trends - with one exception. The exception was the classified advertisement task which the group using the existing menu decided they would be least likely to attempt!

There were also considerable individual differences in time taken to the task sequence from as little as a few minutes to over an hour.

The superiority of the keyword facility in this experiment was convincing and would certainly merit further consideration on Prestel or indeed any other videotex system. The software overheads in implementing such a facility need not be excessive. Most of the objections to keywords have stemmed from considerations of extensive keyword facilities with the use of logical operators to construct complex search commands. While these have their place in specialised database systems, what was envisaged for Prestel was much more

limited - the use of simple single keywords to rapidly locate the appropriate
area of the database.

The performance of the other procedures is also worthy of comment. It is easy
to understand why the alphabetic index displayed on the system did so badly.
It is cumbersome to search through and even at the end of that search, it is
still necessary to key the page number to get the correct part of the database. The provision of the same index on paper however makes it much more
appropriate for browsing and scanning. Used in conjunction with the tree structure
it makes a sensible aid. At the time of the experiments the BPO believed that
printed indexes would not be necessary and had no intention of producing one.
Since then several have been produced and have in fact generated a spin-off
business for some of the publishers IPs.

The performance of the existing menu is in some ways misleading. Most subjects
found it easy to use: its limitations were the time taken and the pages viewed.
Both of these can be reduced with the provision of a printed index. However
it can be argued that time and pages are more relevant to frequent or experienced
users and that for new users the ease of use should predominate. Nonetheless,
the keyword facility seemed to provide both benefits.

OTHER FINDINGS

During the course of both using and running experiments on the system, a
number of other comments about the system were noted. These concerned the
usability of the hardware provided.

Many Prestel keypads are modelled on miniature calculator keyboards. However,
the human finger has not changed in size and many of these keypads are slow
and error prone in use. For rapid, accurate keying the experience of the
typing, computing and word processing industries is clear: full sized keys are
recommended. There is no evidence yet in the ergonomics literature on the extent
to which small keyboards can be made usable by enhanced feedback techniques.
However it seems likely that for casual or intermittent use, enhanced feedback
in the form of an audible or tactile 'clock' could allow smaller keyboards to
be used successfully. Many of the very small keyboards now available incur a
speed or accuracy cost which degrades Prestel's usability.

The layout of the keys should not be a problem although some confusing variations
do exist. For sound ergonomic reasons and for reasons of compatibility with
international telephone practice, the numeric key pad should be laid out with
the 1,2,3, keys along the top row.

The confusion arises because the standard calculator layout places 7 8 9 along
the top row with 1 2 3 on the third row. Both layouts are the subject of

international standards (for telephones and calculators respectively). This
will increase confusion as push button telephones become universal and as
keyboard telephone/computer equipment continues to grow. Some compromise would
be sensible and it seems likely that the calculator manufacturers are more likely
to accept change than the PTTs. The ergonomic evidence also favours the telephone
layout.

A further problem with wireless remote keypads is that there may be a noticeable
delay between key press and operation. In our studies, even users unfamiliar
with keying were soon "beating" the ultra-sonic keypad and incurring page number
errors as a result. The legibility of the Prestel characters on the screen is
only just acceptable. Indeed, the 5 x 7 dot matrix cannot readily cope with
accented characters and has to be extended to allow for lower case descenders.
This means that the vertical spacing between rows of characters is too cramped
and a full screen of text is difficult to read.

The best viewing distance for a Prestel page is a function of the size of the
screen, size of characters, distractions in the room and so on. It seemed
from our studies that people need to sit closer to the TV for Prestel than for
regular TV viewing. In addition the lighting conditions which are acceptable
for moving TV pictures may not be acceptable for videotex. The viewing
behaviour of the user may therefore need to change if videotex is to be used
successfully.

The final general observation was that the design of the page formats was
very important and very variable. Some of the pages concealed the relevant
information rather than displayed it. It was clear that some of the IPs had
learned the lessons summarised by the BPO in the editor's guide, but some
obviously had not. Certainly the difference between good and bad pages was
considerable. There seems to be a belief that there are so many constraints
on the use of space that there is relatively little design possible. However
in some ways it is because there are so many constraints that considerable
ingenuity and creativity are required.

CONCLUSION

Prestel, like other videotex developments, aims to become a major public service.
It will only to this if the price is low enough. The price will only be low
enough if the market is large enough. To break into this 'chicken and egg'
situation Prestel must not only provide a unique service, it must also be
capable of handling the public's routine information needs more quickly and
more easily than conventional sources. This paper has reported a brief experiment on the usability of the retrieval procedure. The results demonstrate that
 the menu approach is easy to use but can be made faster and use fewer pages if

it is supplemented with a printed directory. The results also demonstrated that
the system could be improved by providing a limited keyword facility. This would
not only reduce page accesses but also make it faster and easier to use. The
overheads in providing such a facility should therefore be carefully examined in
view of these potential benefits.

The enormous potential social consequences of videotex have not been discussed
in this paper. They are clearly important and in the long term it will be the
services videotex provides and the way they change our lives which will be
important. However, in the short term the service must be usable if it is to
be viable. The impact of television on our society has come from the programmes
it transmits, the technology is only a means to an end. But TV had its impact
once we could operate the equipment and receive the programmes.

ACKNOWLEDGEMENTS

The experiment briefly reported in this paper was sponsored by the British
Post Office. Thanks are due to Dr. E. Williams of the BPO, for his support of
the project.

I would also like to acknowledge the help of my former colleagues at Loughborough
University for their contribution, particularly Dr. R. Dallos now of the Open
University and Dr. P. Goillau now of GEC who were research workers on the
experiment.

Individuum und Haushalt als Informationssucher –
Chancen für Bildschirmtext?

W. R. Langenbucher
München

Vorbemerkung

Dieser Beitrag ist ein Zwischenbericht – und zwar in doppelter Hinsicht: 1. Er hält aus der Sicht der wissenschaftlichen Berater den derzeitigen Stand (Mitte Oktober 1979) der laufenden Vorbereitungen für den Feldversuch Bildschirmtext der Deutschen Bundespost in Düsseldorf/Neuß fest. 2. Die darin verarbeiteten Ergebnisse einer Voruntersuchung sind einer ersten Auswertung des Datenmaterials entnommen; die Analyse – insbesondere mittels multivariater Verfahren – war zum Zeitpunkt der Berichterstattung noch nicht abgeschlossen. Weiter muß vorweg darauf hingewiesen werden, daß dies ein Werkstattbericht ist, der auf der gemeinsamen Arbeit des Beraterkreises (Prof. Scheuch, Köln; Prof. Treinen, Bochum), der kontinuierlichen Abstimmung der Probleme mit den Verantwortlichen der Deutschen Bundespost und der Zusammenarbeit mit dem Projektteam bei Infratest Medienforschung beruht.

1. Ziele der Bundespost

Seit dem Vorliegen des Berichtes der "Kommission für den Ausbau des technischen Kommunikationssystems" (1976) befaßt sich die Post im Rahmen der weiteren Entwicklung ihres Dienstleistungsangebotes mit der neuen Telekommunikationsform "Bildschirmtext". Die entsprechenden Planungen führten, da keine gesicherten Aussagen über das Interesse der Öffentlichkeit an der Nutzung von Bildschirmtext vorlagen, zu der Entscheidung, seine allgemeine Einführung von den Ergebnissen eines für 198o vorgesehenen einjährigen Feldversuches mit etwa 2.ooo Teilnehmern abhängig zu machen. Wissenschaftliche Untersuchungen sollen diesen Versuch begleiten und seine Ergebnisse auswerten. Da es Projekte dieser Art im Fernmeldewesen noch nicht gegeben hat, bildete die Bundespost einen aus drei Wissenschaftlern bestehen-

den Beraterkreis, dessen Aufgaben vertraglich so umschrieben wurden:
"Der Auftragnehmer wird den Auftraggeber bei der Vorbereitung, Durchführung und Auswertung der marktwissenschaftlichen Begleituntersuchungen zum Feldversuch "Bildschirmtext" beraten. Insbesondere umfaßt
die Beratung die Ausarbeitung von Beurteilungskriterien für die Auswahl der Feldversuchsregion, die Erarbeitung einer Leistungsbeschrei-
bung für die Felduntersuchungen und die Auswertung der Versuchsergebnisse sowie sonstige mit den Untersuchungen zusammenhängende Bera-
tungstätigkeiten." Im Überblick stellt sich die Erprobung von Bildschirmtext heute wie folgt dar:

Die Erprobung von Bildschirmtext

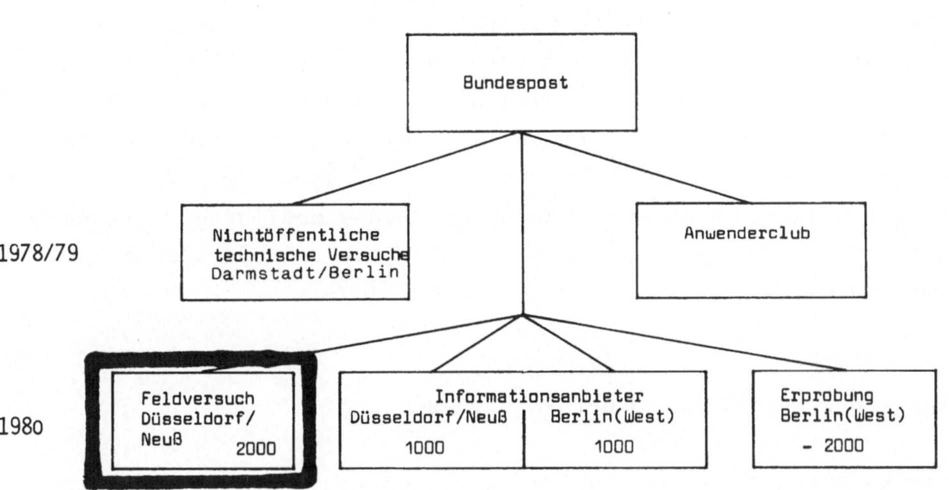

Abb. 1

Seit 1977 laufen die nichtöffentlichen technischen Versuche, die interessierten Informationsanbietern die Gelegenheit zur Erprobung des Systems gaben und geben. Dabei ging die Bundespost davon aus, daß diese Nutzer sich auch am Feldversuch beteiligen werden, sofern die notwendigen (landes)gesetzlichen Regelungen die Voraussetzungen dafür schaffen würden. Derzeit laufen Bestrebungen, eine Interessenvereinigung der Informationsanbieter zu institutionalisieren (Anwenderclub). Der Test mit Bildschirmtext soll 1980 mit einer Feldversuchs- und einer Erprobungsanlage in Düsseldorf/Neuß bzw. Berlin (West) stattfinden. In den Feldversuch werden 2.000 private Haushalte einbezogen; für die Erprobung stehen ebenfalls bis zu 2.000 Geräte zur Verfügung. Über die Einbeziehung entscheidet in Berlin (seit 3.9.1979) die Reihenfolge der Meldung. Zusätzlich können von den Informationsanbietern in Düsseldorf/Neuß und in Berlin jeweils bis zu 1.000 weitere Teilnehmer benannt werden, um speziell interessierende Anwendungen zu untersuchen. Die von der Bundespost finanzierten Begleituntersuchungen erstrecken sich nur auf die privaten Haushalte. Anfang 1981 sollen die Versuchsergebnisse ausgewertet werden. Mitte 1981 soll der Verwaltungsrat der Deutschen Bundespost über die Einführung oder Nichteinführung dieses neuen Fernmeldedienstes beraten. Bei positiver Entscheidung könnte Bildschirmtext ab 1982 allgemein eingeführt werden.[1]

2. Konzept und Durchführung der Voruntersuchung

Die erste Aufgabe des Beraterkreises war, den Raum für den geplanten Feldversuch festzulegen. Nach eingehenden Überlegungen und einer vergleichenden Analyse relevanter Daten wurde dafür das Gebiet Düsseldorf/Neuß ausgewählt. Im einzelnen gehören dazu die Fernsprechortsnetze Düsseldorf, Neuß, Meerbusch-Büderich, Ratingen, Mettmann, Hilden, Dormagen und Neuß-Norf.

---

1 Vgl. Bildschirmtext Informationen für die Teilnehmer an den nichtöffentlichen technischen Versuchen, Nr. 1 vom 11.5.1979, Beilage 4.

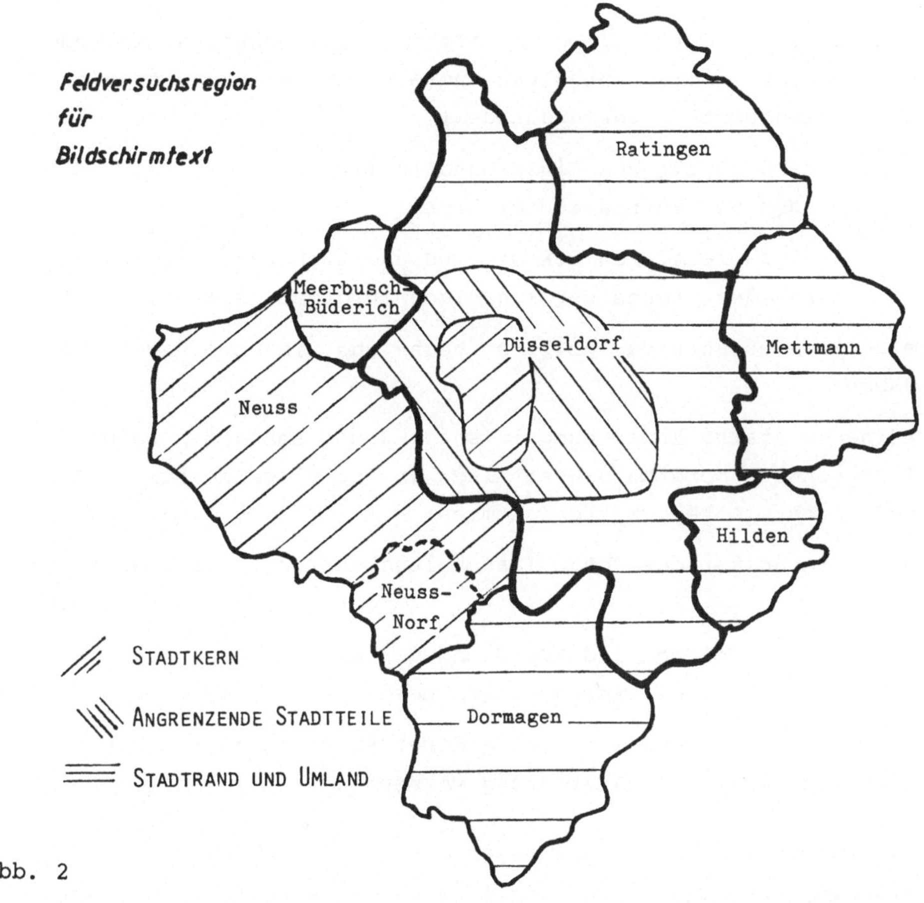

Abb. 2

Als Gründe für diese Festlegung lassen sich u.a. anführen:

o   Bei diesem Untersuchungsgebiet ist mit dem größten denkbaren
     öffentlichen Echo zu rechnen, da es dort eine vielfältige Zei-
     tungs- und Rundfunklandschaft gibt

o   Düsseldorf hat eine zentrale Funktion für die Medienversorgung
     seines Umlandes und anderer Städte

o   in Düsseldorf ist mit einem vielfältigen, originären inhaltli-
     chen Angebot zu rechnen

o   das höhere Bildungsniveau in Düsseldorf und Umgebung entspricht
     der zu erwartenden Nutzerstruktur für Bildschirmtext

o   höhere Telefondichte und (vermutlich) höhere Fernseh-Dichte

o   Zentralität von (Software)-Anbietern

o   mit Neuß ist neben dem Zentrum Düsseldorf ein Subzentrum ge-
     geben, das zusammen mit seiner Umgebung noch eine kleinstädti-

sche Struktur aufweist; damit ist im Untersuchungsgebiet auch das Pendlerphänomen enthalten und eine Orientierung an nicht lokalen Angeboten (Versandhandel)

o   gemischte Struktur des Einzelhandels mit einer unterschiedlichen Dichte von Verbrauchermärkten

o   Dominanz des tertiären Sektors und damit charakteristische Strukturen des Trends zur künftigen Informationsgesellschaft

o   eine interessante Variabilität hoch- und niederverdichteter Räume

o   keine zu starke Abweichung in sozio-demographischen Daten vom Durchschnitt Nordrhein-Westfalens (beispielsweise hinsichtlich Geschlecht, Alter, Nettoeinkommen)

o   hohe Kommunikationsdichte (Haushaltsabdeckung) für Tageszeitungen

o   Zentrum und Umland sind auf Grund der Sozial- und der Wirtschaftsstruktur miteinander verbunden

o   Düsseldorf und Neuß sind von anderen Stadtregionen umgeben, so daß sich eine klare Abgrenzung vornehmen läßt.

Als nächster Schritt wurde eine Voruntersuchung geplant, da die Auswahl der Versuchshaushalte für den Feldversuch eine Reihe von Bestimmungsgrößen berücksichtigen muß, die nur über eine Repräsentativbefragung systematisch zu klären waren. Da die Nutzung des Systems einen Telefonanschluß und den Besitz eines bildschirmtextfähigen Fernsehgerätes voraussetzt, war von vorneherein klar, daß für den Feldversuch nicht einfach von einer repräsentativen Stichprobe von Teilnehmern ausgegangen werden konnte. Selbst wenn die Bundespost die entsprechenden Haushalte für den Versuchszweck mit beidem ausgestattet hätte, wäre ein solches Vorgehen nach den Gesichtspunkten eines Markttestes unverhältnismäßig kostspielig gewesen, da die Entscheidung zur Einführung von Bildschirmtext zumindest unter ökonomischen Gesichtspunkten nicht notwendig ein allgemeines Interesse (vergleichbar der heutigen Nutzung von Tageszeitung und Rundfunk) voraussetzt, sondern auch ein sehr viel kleinerer prognostizierbarer Markt (vergleichbar vielleicht eher der Fachzeitschrift) schon wirtschaftlich tragbar wäre. Eine Analyse der spezifischen (technischen) Vermittlungsbedingungen von Bildschirmtext (u.a. im Vergleich mit Videotext) erlaubt die Annahme, daß die für die Dauereinführung wichtigen

Erstkäufer und -nutzer in vielerlei Hinsicht vom Bevölkerungsquer-
schnitt abweichen werden. Zur näheren Klärung dieser Frage diente
eine Voruntersuchung über das Informationsverhalten der Individuen
und der privaten Haushalte. Im einzelnen wurden folgende Fragen dem
Konzept einer Feldstudie zugrunde gelegt:

o   Inwieweit sind die Haushalte mit Informationsquellen der unterschiedlichsten Art ausgestattet?

o   Wie weit gehört spezialisierte, individuelle Informationssuche
zu typischen Verhaltensweisen?

o   Welche Rolle spielen dabei welche Medien (einschließlich Buch
und Fachzeitschrift)?

o   Auf welche typischen Nutzungsgewohnheiten trifft der Bildschirmtext mit seinen charakteristischen Leistungsmerkmalen?

o   Wie weit sind Fähigkeiten zur gezielten Informationssuche (d.h.
o   bezogen auf Bildschirmtext, Nutzung von 'Suchbäumen'), zum
'Durchfragen' nach Informationen, verbreitet?

o   Welche Beziehungen gibt es - aus der Sicht bzw. dem Verhalten
der Nutzer - zwischen den verschiedenen Medien (im Sinne von
Informationsquellen)?

o   Welche - eventuell schichtspezifisch verteilten - Informationsdefizite lassen sich heute feststellen?

o·   Gibt es Informationsbedürfnisse, die durch das heutige Medien-
angebot (technisch wie inhaltlich) nicht befriedigt werden
(hier wären wohl zu trennen nach folgenden Bereichen:
-   Beruf
-   Alltagskonsum
-   gewichtige Konsumentscheidungen eines Haushalts
-   Freizeit
-   Bildung u.ä.)

o   Wo werden diese Informationsbedürfnisse im allgemeinen befriedigt (im Haushalt, an der Arbeitsstätte, anderweitig)?

o   Wie wirkt sich das unterschiedliche Informationsbedürfnis verschiedener Haushaltsmitglieder aus?

o   Bei welchen Einzelpersonen bzw. Haushalten ist voraussichtlich
mit vollkommenem Desinteresse an Bildschirmtext zu rechnen?

o   Bei welchen Personen/Haushalten ergibt sich eine für den In-
        formationsbedarf relevante Verbindung von privatem und beruf-
        lichem Leben?

o   Welche heute gebräuchlichen Informationsmedien wären in der
        Sicht der Nutzer substituierbar durch Bildschirmtext?

Durch die Klärung solcher Fragen sollte insbesondere der Versuch gemacht werden, begründbare Kriterien für eine disproportionale Schich-
tung der auszuwählenden Haushalte zu entwickeln. Daneben gibt die Untersuchung eine Bestandsaufnahme zum Zeitpunkt vor Beginn des Feld-
versuchs und bildet somit die Grundlage, um später Veränderungen in
den Testhaushalten festzustellen.

Die von "Infratest Medienforschung" durchgeführte Studie hatte eine
komplexe Anlage. Die Datenerhebung erfolgte anhand mündlicher Interviews ergänzt durch schriftliche Fragebogen. Befragt wurden eine
repräsentative Stichprobe von Privathaushalten; Zusatzstichproben
mit (1) höherem Bildungsniveau und (2) freiberuflich Tätige. Durch
die Befragung des Haushaltsvorstandes und jeweils aller Personen bei
Mehr-Personen-Haushalten in einem Teilinterview und durch die Verwendung eines haushaltsbezogenen Ausfüllheftes lassen sich die Daten
sowohl personen- wie haushaltsbezogen darstellen. Dieser Bezug auf
den Haushalt als Untersuchungseinheit soll nachdrücklich unterstrichen

Voruntersuchung: Struktur der Stichprobe

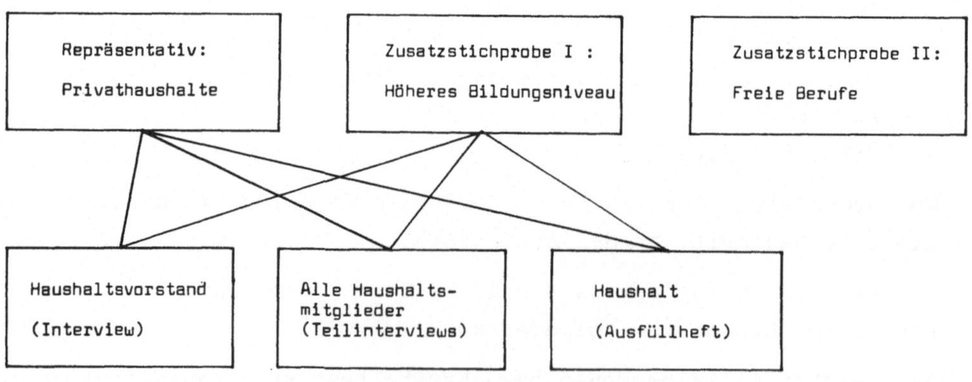

Abb. 3

werden, da wir annehmen, daß der Bedarf nach Bildschirmtext in spezifischer Weise von familiären Interaktionen beeinflußt wird. Anders als etwa bei den Printmedien führt seine Nutzung zur Blockade gleich zweier Medien, die normalerweise anders genutzt werden - und zwar häufig und täglich. Die neueren kommunikationspolitischen Diskussionen um Nutzen oder Schaden der 'neuen Medien' legen ebenfalls nahe, für die Begleituntersuchungen solche familienzentrierten Forschungsansätze zu wählen. Im einzelnen hatte die Voruntersuchung dann die folgenden Erhebungsinhalte:

Voruntersuchung: Dimensionen

Kontakte mit Behörden u.ä.

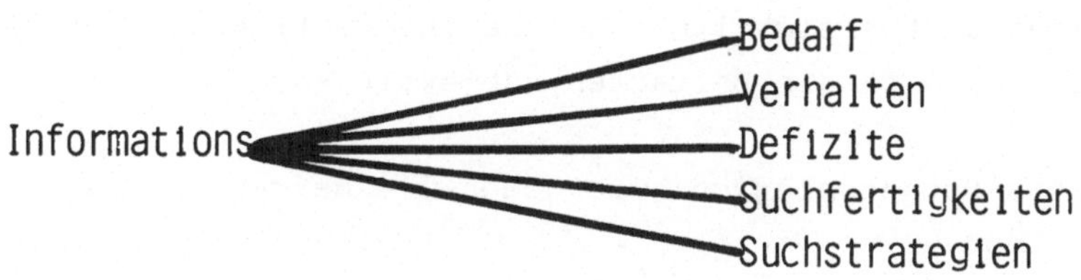

Abb. 4

(1) Bestand an Kommunikationseinrichtungen: Generelle Ausstattung der Haushalte mit Massenmedien und Medien der spezifizierten und individualisierten Information (Lexika, Fachbücher, Kataloge, Zeitschriften, Rezeptsammlungen, Zettelkasten, Zeitungsausschnittsammlung u.ä.).

(2) Nutzung von Kommunikationseinrichtungen: Das konkrete Mediennutzungsverhalten und die personelle Kommunikation bei der Informationssuche.

(3) Kontakte mit Behörden u.ä.: Kontakte der Privathaushalte und der freiberuflich Tätigen mit dem institutionellen Bereich (Behörden, Dienstleistungsbetriebe, Vereine).

(4) Informationsbedarf: Welche Art von Informationsbedarf liegt bei den Befragten vor, insbesondere bezogen auf die verschiedenen Erscheinungsformen von "Arbeit" (Beruf, Ehrenamt, Hobby u.ä.).

(5) Informationsverhalten: Wie wird der Informationsbedarf befriedigt und was tragen die vorhandenen Informationsquellen (einschließlich dem zwischenmenschlichen Kontakt) zur Befriedigung bei.

(6) Informationsdefizite: Welche Defizite werden bei der Informationsbeschaffung wahrgenommen?

(7) Informations-Suchfertigkeiten: Welche informationsgerichteten Fertigkeiten trauen sich die Befragten subjektiv zu.

(8) Informations-Suchstrategien: Wie gehen die Befragten bei der Informationssuche vor.

(9) Wissen über Bildschirmtext.

(1o) Einstellungen zu Bildschirmtext: Ausgabebereitschaft für die unterschiedlichen inhaltlichen Angebote.

Als theoretischer Ansatz lag diesen Erhebungsdimensionen die Annahme zugrunde, daß es einen Unterschied zwischen der habitualisierten, alltäglichen Nutzung der tagesaktuellen Massenmedien einerseits und einer gezielten Informationssuche andererseits gibt. Nur aus der Ver-

breitung der letzteren kann auf die Chancen von Bildschirmtext ge-
schlossen werden. Eine ähnliche Unterscheidung wird beispielsweise
von Charles Atkin vorgeschlagen. Er nennt zwei Gründe, weshalb Individuen eine Nachricht aus dem Angebot der Massenmedien auswählen:
(1) Zunächst kann die Auswahl aus persönlichem Interesse am Thema
oder aufgrund des Unterhaltungswertes erfolgen. Dies bezeichnet Atkin
als intrinsisch motivierte Mediennutzung. (2) Weiter gibt es einen
instrumentellen Nutzen der Nachricht. Das Individuum muß sich ständig
an seine Umwelt anpassen, zum Beispiel, um über die Aktivitäten des
Staates informiert zu sein, um Kaufentscheidungen zu treffen oder
um die Stimme bei einer Wahl abzugeben. Derartige Informationsnachfrage bezeichnet Atkin als extrinsisch bedingte Mediennutzung.[1] Atkin
leitet dann drei Grundkomponenten des Bedürfnisses der Individuen
nach Massenkommunikation ab. "The need for information is a function
of (a) extrinsic uncertainty produced by a perceived discrepancy between his current level of certainty and a criterion state determined
by the importance of environmental objects to his adaptive requirements and (b) intrinsic uncertainty generated by a perceived discrepancy between his present condition and a goal state of knowledge
determined by his degree of personal interest in an object.
The need for entertainment is a function of (c) intrinsic desire for
pleasurable emotional arousal created by a perceived discrepancy between his current condition and a criterion level of enjoyment."[2]

Aus diesem Versuch einer Konzeptualisierung der instrumentellen De-
terminanten der auf Medien bezogenen Informationssuche (= extrinsisch
motiviert) leitet Atkin am Ende eine Hypothese ab, die auf Bildschirmtext anwendbar ist: "Perhaps intrinsic interest in the subject
matter is the primary determinant of exposure to most types of mass
messages.[3]

---

1 Charles Atkin: Instrumental Utilites and Information Seeking. In:
  Peter Clarke (ed.): New Models for Communication Research, Beverly
  Hills 1973 (= Sage Annual Reviews of Communications Research, Vol.
  II), S. 2o5.
2 Atkin, S. 237.
3 Atkin, S. 236.

Die Chancen von Bildschirmtext dürften wesentlich begrenzt sein dadurch, daß seine intrinsisch motivierte Nutzung kaum wahrscheinlich erscheint.

Das wichtigste aus diesem Ansatz abgeleitete Untersuchungsinstrument sei kurz skizziert. Zu 42 Arten von Information hatte der Befragte der Reihe nach folgende Einschätzungen und Antworten zu geben:
(1) Die Wichtigkeit der einzelnen Informationsart (vierstufige Skala von "sehr wichtig" bis "gar nicht wichtig")
(2) Die Häufigkeit, mit der man sich im allgemeinen darüber informiert (von "Jeden, fast jeden Tag" bis "nie" auf einer neunstufigen Skala)
(3) Die Einschätzung, ob man aus Fernsehen, Radio, Zeitung, Zeitschrift insgesamt "zu wenig" oder "genug" erfährt und sich gegebenenfalls auf andere Weise informiert (z.B. persönliche Auskünfte, Bücher).
(4) Das subjektiv empfundene Kosten-Nutzen-Verhältnis ("Mit der Art und Weise, wie diese Information angeboten wird, bin ich unzufrieden/ (z.B. weil Information zu teuer, weil es zuviel Zeit kostet, weil es zu unübersichtlich ist) / bin ich zufrieden".

In der Auswertung wurden diese 42 Informationsarten in sechs Bereiche zusammengefaßt:

o   Notdienste, Ratgeber für Alltagsprobleme, Hobby

o   Wetter, Verkehr, Reise, Urlaub

o   Konsumenteninformation, Wirtschaftsinformation

o   Nachrichten, Politik

o   Sport, Geselligkeit

o   Kultur, Fortbildung, kirchliche Information.

Im folgenden sollen nun in zwei Schritten einige wichtige Ergebnisse knapp zusammengefaßt mitgeteilt werden. Der zugrunde liegende Berichtband von "Infratest Medienforschung" hat 167 Seiten; weiter gehören dazu fünf Tabellenbände; die multivariaten Analysen standen zum Zeitpunkt der Berichterstattung noch aus; außerdem liegt ein Methodenband vor.

3. Ergebnisse I: Negative Indizien:

Bildschirmtext trifft - wie andere neue Medientechniken - nicht auf eine Gesellschaft im Informationsmangel, sondern im Informationsüberfluß. Diese Aussage wird allein schon durch die vielfältige Ausstattung der Haushalte mit Printmedien und mit elektronischen Medien nahegelegt:

Tabelle 1   Printmedien

Im Haushalt ist abonniert oder wird regelmäßig gekauft

	Basis: 926 Haushalte %
Regionale Abo-Tageszeitung	68
Überregionale Tageszeitung	13
Kaufzeitungen	3o
Tageszeitung gesamt	84
Anzeigenblatt	76
Programmzeitschriften	64
Aktuelle Zeitschriften	34
Frauenzeitschriften	31
Motor- und Sportzeitschriften	15
Populärwissenschaftl. Zeitschriften	1o
Fachzeitschriften für privates Interesse/Hobby	11
Zeitschriften v. Verbänden/Vereinen	2o
Informationsdienste	11
Fachzeitschriften für den Beruf	2o
Nichts davon	4

Tabelle 2   Elektronische Medien

Im Haushalt ist vorhanden

	Basis: 926 Haushalte
	%
Fernsehgerät	98
2 oder mehr Fernsehgeräte	24
Farbfernsehgerät	69
Anschaffungsjahr des neuesten Farb- fernsehgerätes	
1978/79	19
1977/76	25
1975 oder früher	23
Anschaffung eines Farbfernsehgerätes innerhalb der nächsten 12 Monate geplant	
Standgerät	6
Tragbares Gerät/Portable	2
Radiogerät	87
HiFi-Anlage	49
Plattenspieler	67
Kassettenrecorder/Tonbandgerät	58
Videorecorder	3
Handsprechfunkgeräte	3
CB-Funkgerät	2
Anrufbeantworter	2
Telefon	86
Telefonanschaffung innerhalb der nächsten 12 Monate geplant	2
Höhe der Telefonrechnung in DM	76
Fernsehspiele	6
Taschenrechner	61

Gegen einen raschen Siegeszug, wie ihn etwa noch das Fernsehen erlebte, sprechen vorläufig denn auch eine Reihe von Ergebnissen der Vorstudie:

o   die subjektiv als gut erlebte Bedarfsdeckung bei wichtigen Informationsbereichen durch die vorhandenen Medien

o   die geringe Nutzung der Fernsprechansagedienste

o   die geringe Nutzung der telefonischen Warenbestellung

o   die hohe Bewertung personaler Kommunikation als Informationsquelle

o   die geringe Verbreitung komplexerer Informations-Suchfertigkeiten

o   das seltene Vorkommen anspruchsvoller Archivierungssysteme

o   die privaten Nutzungsmöglichkeiten (von Telefon und später eventuell Bildschirmtext) am Arbeitsplatz

o   das Problem der Kollision mit der Fernseh- bzw. Telefonnutzung durch andere Haushaltsmitglieder

Zu einem der Ergebnisse einige Zahlen:

Tabelle 3

Bevorzugte Informationsquellen

	Personale Kommunikation			Gedruckte Medien	
	Verwandte, Bekannte, Nachbarn	Experten	Institu- tionen, Geschäfte	Anzeigen	Bücher/ Spezialzeit- schriften
Informationsbereich:					
- Günstige Einkaufsgelegenheiten	1-2 (62%) *)	4 (18%)	3 (41%)	1-2 (62%)	5 (8%)
- Haushaltsführung/Kochrezepte	1 (7o%)	3 (19%)	5 (7%)	4 (12%)	2 (58%)
- Reparaturen/Basteltips	2 (47%)	1 (51%)	4 (16%)	5 (7%)	3 (52%)
- Haushaltsgeräte-Anschaffung	3 (46%)	2 (49%)	1 (49%)	4 (24%)	5 (17%)
- Urlaubs-, Ferienreisen-Angebote	1 (52%)	2 (44%)	5 (21%)	3 (29%)	4 (25%)
- Gesundheitsfragen	2 (43%)	1 (89%)	4 (7%)	5 (5%)	3 (39%)
- Erziehungs- und Schulfragen	2 (47%)	1 (64%)	4 (6%)	5 (2%)	3 (35%)
- Geld-/Steuerfragen	2 (34%)	1 (86%)	3 (27%)	5 (3%)	4 (23%)

*) Die Prozentzahlen bezeichnen den Anteil der Befragten, die die jeweilige Informations-
quelle entweder an erster oder an zweiter Stelle genannt haben: die absoluten Zahlen
(quer zu lesen) benennen die Rangfolge von 1-5.

Frage: "Ich lese Ihnen jetzt verschiedene Bereiche vor, über die man sich manchmal informiert. Sagen Sie mir bitte zu jedem Bereich, welche Informationsmöglichkeit für Sie
die wichtigste ist, also an erster Stelle kommt und welche an zweiter Stelle kommt."

Aus dieser Tabelle folgern die Verfasser des Berichtbandes: "Nach
der überwiegenden Zahl der aus der bisherigen Massenmedienforschung
vorliegenden Erkenntnisse erscheint es unwahrscheinlich, daß personale Kommunikation, wo sie möglich ist, durch "Bildschirmtext" ver-
mittelte Information substituiert wird. Dabei muß vor allem bedacht
werden, daß ein relativ hoher Anteil personaler Kommunikation non-
verbaler Art ist, beispielsweise die Mimik und Gestik, die einen
nicht unwesentlichen Beitrag für die Informationsbewertung leistet."[1]

4. Ergebnisse II: Positive Indizien

Bildschirmtext enthält nach den bisherigen Erfahrungen insbesondere
ein technisches Potential zur Optimierung von individualisierter,
spezialisierter Informationssuche, die auch direkte Kosten verursachen darf. Hierfür gibt es eine Kernzielgruppe von 15 % der Haushalte, deren Informationsbedarf, Informationsverhalten und deren Defi-
ziterlebnisse auf Chancen für Bildschirmtext schließen lassen. Im
einzelnen gilt für die Informationsbereiche: [2]

Tabelle 4

Informationsbereiche:	- Für mindestens eine Person im Haushalt -			
	Informa-tion ist wichtig	Nutzerkreis pro Woche	zu wenig Informa-tion darü-ber in Massenmed.	unzufrieden mit der In-formations-vermittlung
	%	%	%	%
Notdienste, Ratgeber für Alltagsprobleme/Hobby	46	21	23	18
Wetter, Verkehr, Reise, Urlaub	38	25	19	13
Konsumenteninformation/ Wirtschaft	4o	29	14	9
Nachrichten/Politik	72	74	18	14
Sport, Geselligkeit, Spiel	46	49	13	9
Kultur, Kirche, Fort-bildung	3o	23	16	11

---

1 Infratest Medienforschung: Bericht "Informationsverhalten und neue
  Kommunikationstechniken". Ergebnisse einer Voruntersuchung zum
  Feldversuch "Bildschirmtext in Düsseldorf/Neuß", München 1979,
  S. 1o2/1o3.
2 Infratest Medienforschung, S. 85.

Daß der Bedarf an Informationen mit Hilfs- und Ratgeberfunktion am
höchsten rangiert, wird im Infratest-Bericht damit erklärt, daß er
in "individuell geprägten Situationen aktualisiert" wird. Die Massenmedien mit ihrem eher unspezifischen Angebot lassen hier Lücken, die
"neuen Kommunikationsformen Spielraum" geben. Allerdings erlaubt die
Voruntersuchung hier keineswegs ein abschließendes Urteil für die
Chancen von Bildschirmtext. Inwieweit dieses Fernmeldesystem die be-
nötigte Kommunikationsform darstellt, "wird für jedes Informations-
angebot spätestens bei dem Versuch, es bildschirmtextgerecht aufzu-
bereiten, zu prüfen sein". [1]

Bei allen anderen Informationsbereichen bleibt die Zahl der Haushalte,
in denen mindestens eine Person urteilt, daß sie zu wenig Information
darüber in den Massenmedien findet, unter diesem knappen Viertel, für
die das bei Ratgeberinformationen zutrifft. Die Durchschnittswerte
liegen aber doch so hoch (zwischen 13 und 19 %), daß sie als ein re-
levantes Nachfragepotential betrachtet werden müssen. Außerdem gibt
es innerhalb der in der Tabelle zusammengefaßten Informationsbereiche eine ganze Reihe von Angeboten, die im Einzelfall höher rangieren:[2]

(1)   Bei "Notdienste, Ratgeber für Alltagsprobleme/Hobby" zeigen
        die folgenden Bereiche einen überdurchschnittlichen Wert:

        o   Rechtsfragen   32 %

        o   Ärztlicher Notdienst, Apotheken,
             Handwerkernotdienst   3o %

        o   Beratung bei Finanz- u. Steuerfragen   31 %

        o   Rentenfragen, Fragen zur Sozialver-
             sicherung   26 %

        o   Hilfe bei Fragen der Kindererziehung,
             Schulfragen   27 %

        o   Ratschläge zu Gesundheit   24 %

(2)   Bei "Wetter, Verkehr, Reise, Urlaub" gilt dies für:

        o   Angebote von Urlaubs- und Ferienreisen,
             Ferienunterkünfte, Kuren   22 %

        o   Bus-, Straßenbahn-, U-Bahnfahrplan   21 %

        o   Zugfahrplan, Flugplan   21 %

---

1 Infratest Medienforschung, S. 83
2 Infratest Medienforschung, S. 88-95

(3)   Bei "Konsumenteninformation/Wirtschaft" gilt dies für:

    o   Ergebnisse v. Warentests   24 %

    o   Sonderangebote v. Geschäften   22 %

    o   Branchenverzeichnis   17 %

(4)   In der Dimension "Nachrichten/Politik" erreicht interessanter-
        weise die Position "Kommunalpolitik, Entscheidungen aus Stadt-
        ratssitzungen" einen - wenn auch schwach - überdurchschnittli-
        chen Wert (21 %).

(5)   Bei "Sport, Geselligkeit, Spiel" rangieren "Angaben zu Restau-
        rants, Nachtclubs, Diskotheken" höher (19 %).

(6)   Der Bereich "Kultur, Kirche, Fortbildung" hat seine höchsten
        Nennungen bei:

    o   Möglichkeiten/Angebote der beruflichen   24 %
        Fortbildung

    o   Veranstaltungen der Volkshochschule   21 %

    o   Angaben über Bibliotheken, Büchereien,
        Archiv   2o %

    o   Angaben über Museen und Ausstellungen   17 %

Da bei der Darstellung negativer Indizien auch die Verbreitung von
Suchfertigkeiten u.ä. aufgelistet wurde, muß dieses Ergebnis an dieser Stelle nun relativiert werden. Eigentliche Tests, ob die Beherrschung des Bildschirmtext-Systems in Privathaushalten vorausgesetzt
werden kann, konnten in dieser Voruntersuchung ohnehin nicht ange-
stellt werden. Dies bleibt Sache des Feldversuches. Analogieschlüsse
aber sind auf der Basis folgender Fragen immerhin möglich:

o   Vertrautheit mit neueren Kommunikations- und Informationsgeräten;

o   Selbsteinschätzung der eigenen Suchfertigkeiten im Hinblick auf
        unterschiedliche Informationsziele, eigenen Entscheidungsver-
        haltens (Spontanentscheidung versus sorgfältig geplante Ent-
        scheidung);

o   Bisherige Informations-, Ordnungs- und Aufbewahrungsprinzipien
        (für Rechnungen/Quittungen, Kontoauszüge, Zeitungen, Zeit-
        schriften, Zeitungs- und Zeitschriftenausschnitte).

Zu den Ergebnissen meint Infratest resümierend: "Wenn Erfahrung und Routine im Umgang mit modernen Kommunikationstechniken den Zugang zu "Bildschirmtext" erleichtert, sollten jedoch unseres Erachtens die Barrieren, die allein durch den Schwierigkeitsgrad der Bedienungstechnik begründet sind, nicht überbewertet werden. Stellt sich heraus, daß die I n h a l t e , an die man auf dem Wege des Bildschirmtext-Verfahrens herankommen kann, erstrebenswert (d.h. möglicherweise auch exklusiv) sind, dann wird auch die Bereitschaft zum Erlernen der technischen Voraussetzungen hoch sein."[1]

Die negativen und positiven Indizien gegeneinander abgewogen, ergeben keinen Anlaß zu hochfliegender Euphorie, aber auch nicht zu schwarzem Pessimismus. Die Chancen von Bildschirmtext werden entscheidend abhängen vom Inhalt der angebotenen Dienste.

5. Die Einführung von Bildschirmtext als Aufgabe der Kommunikationsplanung

Die Ergebnisse dieser Voruntersuchung verweisen auf zwei kommunikationspolitisch bedeutungsvolle Sachverhalte: (1) Die Chancen dieser neuen Technik werden weitgehend davon abhängen, ob seine Nutzer auf der Anbieterseite darin mehr als nur ein Substitut bisheriger Tech-

Abb. 5

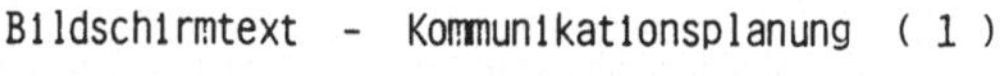

Bildschirmtext - Kommunikationsplanung (1)

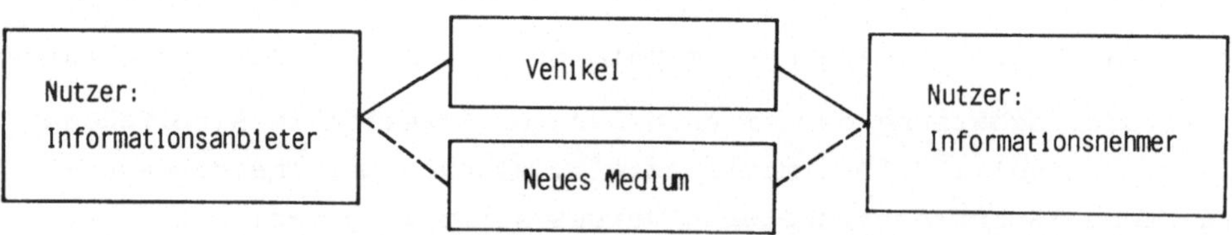

---

1 Infratest Medienforschung, S. 115.

niken der Informationsvermittlung sehen. Welche - heute vielleicht
nur latenten - Informationsbedürfnisse durch eine kreative Verwendung
dieser Technik im Sinne eines neuen Mediums befriedigt werden könnten,
ist aus den Ergebnissen dieser Studie nicht prognostizierbar, sondern
kann nur Resultat praktischer 'Experimente' sein. (2) Die als Kernzielgruppe bezeichneten Haushalte zeichnen sich durch folgende Kriterien
aus: Haushaltsvorstand unter 6o Jahre, hohes formales Bildungsniveau,
hoher Anteil leitender Berufe, hohes Einkommen, intensive Mediennutzung,
hohe Informationsfrequenz.[1] Insgesamt also handelt es sich hier um

Tabelle 5
Sozialstruktur der Interessenkreise für Bildschirmtext

	Haushalte insges.	Weiterster Interessentenkreis	Engerer Interessentenkreis	Kern-Zielgruppe
	%	%	%	%
Insgesamt	1oo	1oo	1oo	1oo
Alter des Haushaltsvorstandes				
18 - 29 Jahre	14	17	18	18
3o - 44 Jahre	36	39	44	46
45 - 59 Jahre	3o	31	3o	32
6o Jahre und älter	2o	14	7	4
	1oo	1oo	1oo	1oo
Schulbildung des Haushaltsvorstandes				
Volksschule ohne Lehre	12	7	7	6
Volksschule mit Lehre	51	48	45	45
Mittelschule/Fachschule	18	21	22	23
Abitur	19	24	26	26
	1oo	1oo	1oo	1oo
Haushaltseinkommen				
Unter DM 1.5oo	22	17	13	13
DM 1.5oo bis unter DM 2.25o	29	27	26	24
DM 2.25o bis unter DM 3.000	24	23	2o	21
DM 3.000 und mehr	26	33	41	43
	1o1	1oo	1oo	1o1
Berufstätigkeit des Haushaltsvorstands				
Handarbeitende Berufe	3o	25	22	22
Schreibtischberufe/Verkaufsberufe	49	5o	49	45
Leitende Berufe	21	25	29	34
	1oo	1oo	1oo	1o1
Haushaltsgröße				
1 Person	25	18	17	19
2 Personen	3o	32	28	3o
3 und mehr Personen	45	49	56	52
	1oo	99	1o1	1o1

---

1 Infratest Medienforschung, S. 138.

Mittel- und/oder Oberschichthaushalte. Damit bestätigt sich die bekannte These von der 'Wissenskluft': neue Medien(Angebote) vergrößern kommunikationsrelevante Unterschiede zwischen oberen und unteren sozialen Schichten.[1]

Abb. 6   Bildschirmtext - Kommunikationsplanung (2)

---

1 Vgl. zuletzt: Ulrich Saxer: Medienverhalten und Wissensstand - zur Hypothese der wachsenden Wissenskluft. S. 35-7o; Heinz Bonfadelli: Zur "increasing knowledge gap" Hypothese. S. 71-9o. Beide in: Deutsche Lesegesellschaft e.V. (Hsg.): Buch und Lesen, Bonn und Gütersloh 1978.

Wahrscheinlich riskiert man aufgrund der vorliegenden Ergebnisse die prognostische Solidität der Kommunikationswissenschaft nicht, wenn man hochrechnet: für die wenigen 1oo.ooo in Privathaushalten zu nutzenden Bildschirmtextgeräte, die die Bundespost benötigt, um neben dem ohnehin vorauszusetzenden Interesse von Gewerbe, Industrie, Handel usw. von 1982 bis 1985 ihre Zielvorgabe 1 Million zu erreichen, gibt es "on the top of the market" genug Käufer. Ob man sich allerdings gesellschaftspolitisch damit abfinden soll, daß lediglich eine Schicht, die ohnehin schon in hohem Kommunikationskomfort lebt, sich durch Bildschirmtext noch besser ausstaffiert, ist kaum das Problem des marktwirtschaftlich handelnden Unternehmens Bundespost oder der Fernsehgerätehersteller, sondern einer Politik, die neue Kommunikationstechniken als politische Gestaltungsaufgaben begreift. Für eine an Prinzipien der (Chancen-)Gleichheit orientierte Kommunikationspolitik könnte dies jedenfalls eine Provokation darstellen, der durch ordnungspolitische Maßnahmen zu begegnen wäre.

Individual and Social Consequences of Two-Way Cable TV Applications: Evidence from the U.S. Experience

Ch. N. Brownstein
Washington

As the cable TV industry in the U.S. grew in the 1960's, strong

expectations were raised regarding the social benefits which could be
obtained from innovative two-way applications. Proponents often over-
looked economic and technical barriers to innovations. Some under-

standing was gained from experimental tests and field trials, but few

service offerings developed until recently, when the industry began

another resurgance of growth.

Existing evidence from tests of service innovations in education,
the arts, civic participation, and community interaction suggests that
technological issues, while important, are secondary to organizational
and institutional factors in the design, development, and implementation of new services. Digital response techniques (similar to polling)
offer adequate communications capability in education but have inherent
limitations for civic participation. Issues such as privacy and
confidentiality rely on non-technological safeguards and are usually
not so critical in real situations as is often believed. "Conferencing"
applications appear to reduce psychological isolation of less mobile
groups and individuals, and are most useful as adjuncts to existing
social contact opportunities. Applications which attempt one-to-one

substitution of existing services are often the most difficult to sustain in operation.

Time scales for the implementation of field trials are often underestimated; impacts are often overestimated. Adaptive, flexible research programs which maximize the ability of participants to shape usage patterns and content appear to be the most successful in uncovering unanticipated needs and generating new demand. A critical issue remains in fitting new service demand into traditional industry incentive structures. The inherent technical capacity of interactive broad band cable TV systems makes them useful test-beds for service innovations which may be more effectively provided by alternative technologies in the future. Newly developing capabilities and uncertain industry economics render predictions or conclusions premature.

Educational and other Two-Way Cable Television Services in the United States

M. C. J. Elton
New York

Introduction

Conventional cable television systems convey signals in one direction only:
downstream from the headend to subscribers. A few systems have also been used
for two-way services -- i.e., services which require signals to be conveyed <u>from</u>
subscribers as well as <u>to</u> them. Two very different kinds of two-way service have
emerged. In one case the return (or upstream) signal is limited to data which
are transmitted to a computer at the headend. In the other case several locations
are interconnected through the cable system so that people at each can see and be
seen, hear and be heard, by those at the other locations.

The distinction between these two interpretations of the term "two-way" is
fundamental, even though both kinds of service may be implemented on the same
cable system (as they were for the experiments in Spartanburg, SC). Data-return
may be used as a basis for charging for individual television programs, for
polling subscribers, for fire and burglar alarms, and for electronic shopping.
Even though it may also be used in certain types of teaching, data-return is
associated primarily with services for the relatively more affluent, consumption-
oriented individuals in a community. Such services may well be commercially
viable. This must be the thinking underlying Warner Communications' introduction
of the QUBE® system in Columbus, Ohio and the company's plans to build a similar
system in Houston, Texas.

Those services in which locations are interconnected in a "videoconferencing"
mode lend themselves more to the delivery of public services - i.e., education,
social services and health care - and to participation in civic affairs. These
are services for which payment is more likely to be made by third parties, particularly local government, rather than ultimate consumers. Attempts to explore or
develop such services have all been funded by agencies of city, state or federal
government, principally by the National Science Foundation.

The purpose of this paper is to provide a brief summary of the experience
acquired in attempts to introduce both kinds of service in about ten cities
across the country. (A companion paper by Brownstein describes the background to
the projects described here and suggests some general conclusions.) We shall ex-
amine services according to their primary function: entertainment, safety, educa-

tion and training, health and social services, city government, and information services. (These are not clean-cut categories; some overlap is inevitable.) A preponderance of applications have concerned education and training, so we shall devote most attention to this category.

Entertainment

The data-return capability opens the door to charging viewers for premium programming on a per-program basis ("pay-per-play"). In the "blue-sky days" of the late sixties it was thought that this would make it attractive to offer television programs to narrower audiences: those with specialized interests, those who wished to avoid commercial interruptions, and those who wanted to see first-run movies and sports events not carried by over-the-air broadcasters.

Pay-television in which viewers pay a fixed additional monthly charge for access to a channel carrying premium programming has enjoyed rapid growth in recent years. This per-channel pay-television is now widespread. It is not two-way. Currently the only example of two-way pay-television is QUBE®.

Some channels on the system are covered by the regular fixed monthly charge. For others, viewers pay a charge for each program they watch; some programs are more expensive than others. Selection of a program is made via a small push-button terminal in each subscriber's home. These terminals are continuously scanned by a computer to gather the data necessary for monthly bills.

It is too early to know the commercial success of this system. And natural commercial confidentiality will continue to surround its marketing statistics. The opinion in the trade is that the "adult channel" is generating substantial revenues, while the other channels are not (as yet).

There is another aspect of data-return cable television services: the art of using the response facility in systems like QUBE® and seeing the aggregated replies from other viewers adds another dimension to the entertainment side of television. This capability is being used to poll viewers' responses to questions posed in discussions of current events and to determine the popularity of entertainers. It remains to be seen whether this will prove a valuable means of providing feedback to government or will prove further to trivialize television coverage of current affairs.

Three other developments may be noted. First, a few companies have started the manufacture of intelligent terminals designed to be used initially for video games. The idea is that cable television systems will be used to "download" them with software. Second, the live telephone call-in show provides a popular format for locally originated cable television programs. In a sense these are two-way even though they do not require a two-way capability in the cable system. Third, it is sometimes hard to disentangle entertainment from the delivery of public services. In order to achieve other objectives the project in Reading, PA, which will be described below, set out to provide entertainment and continues to do so.

Within the US context, the potential to provide entertainment is of great importance in the future of two-way cable services. It is this which will provide the revenues to repay the industry's investment in technologically advanced systems.

QUBE® has already provided a demonstration of technological feasibility, (though not without teething problems: the initial subscriber terminals had to be replaced). It is too early to answer questions about the impact of such services.

Safety

Kay (1976) reports two uses of closed-circuit channels on cable television systems for surveillance of high-crime areas. Neither project lasted long. Tele-Prompter's service to apartment buildings in New York City was discontinued because on-site cameras were vandalized. Allband Cablevision's system, making use of eight remotely-controlled cameras mounted on city light poles in Olean, NY, raised a major controversy (the "eye in the sky") and was dismantled following a local election.

More recent approaches to safety have concentrated upon data-return systems. (We exclude administrative uses by the police which will be considered under <u>city government</u> below.) For some years the TOCOM company has offered a burglar and fire alarm service in Woodlands, Texas; it also incorporates an emergency medical call button. The central computer continuously scans subscribers' terminals; if one is in an alarm condition, the appropriate emergency service is dispatched. The same technology is being used for the service which Viacom has just started to market in the much larger community of Dayton, Ohio.

Similar alarm services will soon be offered via QUBE® in Columbus, Ohio.

Education and Training

Three different types of education and training have been attempted using both data-return and videoconferencing versions of two-way cable: in-service training where travel is costly and/or a major disincentive to enrollment in classes; education of handicapped people who are confined to their homes; and providing non-traditional college-level educational opportunities mainly for adult students at home.

<u>In-service training</u>. In Spartanburg, SC, the Rand Corporation, supported by a grant from NSF, conducted a set of carefully designed field experiments. One explored the training of workers in day-care centers for children. Lucas (1978) points out that the need for quality care has grown substantially in recent years as more women have entered the work force. Local social service agency staff gave high priority to upgrading the training of caregivers. It would be difficult to get them to attend classes in their own time.

Sixteen centers participated in the experiment. Half were interconnected with a two-way black and white television service. The other half were able to receive the television signals generated in the first group, but were unable to contribute to the interaction. (A further six centers served as a quasi-experimental control group.) Workshops were taught for one hour a day, five days a week, over a period of thirteen weeks. They were scheduled during the children's rest periods. The teacher sometimes based herself at one of the (two-way) centers, sometimes at a studio. By remote control she could operate a switch at the headend, turning on the camera at any of the other (two-way) locations. In this way she could ask students at any center to demonstrate a technique or answer a question.

Results of the experiment provided evidence of the effectiveness of this mode of teaching. Interestingly, however, there was no evidence that the two-way centers fared better than the one-way centers. Indeed, there was some evidence that the possibility of being on-camera actually retarded cognitive learning. It must be emphasized, however, that the one-way group was learning from an inexpensive program that relied on interaction within the other group. As Lucas (1978) observes and as experience in Reading, PA also suggests, the value of two-way video may be as a relatively inexpensive means of generating interesting programs to be seen by larger audiences.

Michigan State University has conducted an NSF-sponsored experiment in Rockford, Illinois in which firemen were trained in pre-fire planning in their firehouses. Students at multiple locations simultaneously viewed prerecorded programs which included quizzes and tests. Answers were entered by pushing the appropriate button on simple terminals and the corresponding signals were transmitted back upstream to a computer. In some cases where there were groups of students at a location, a single answer was entered from the location following discussion among the group. Students were able to compare their answers with correct answers provided subsequently. Cumulative scores were maintained, allowing for comparison of performance among groups at different sites.

The rationale for the application was that if training were conducted at the fire academy, either there would have been a reduced presence at the firehouse (hence less protection) or overtime would have had to have been paid for.

Once again the effectiveness of this type of teaching was established.

Firemen who were trained in the interactive mode improved their performance on tests more than those in a one-way control group.

The Spartanburg application did not continue after the trial came to an end. The immediate demand had been satisfied, though a number of the centers which most needed training had not been prepared to participate. The application for the Rockford firemen has continued with local financial support and course content is growing.*

In-service training would appear to be a promising area for two-way cable services. Needs for such training are growing. Travel time for conventional in-person training generates high opportunity costs if travel is during work hours, and it provides a disincentive to training if travel is during personal time. Indications are that interactive forms of training can be effective -- i.e., lead to statistically significant improvements in test scores -- and acceptable. Instructional videotapes used in a one-way mode are not considered satisfactory means of holding students' attention; nor do they allow for continuing assessment of students' learning.

No comprehensive analysis of relative costs has been made. It would need to incorporate a large number of variables, some of which remain uncertain -- e.g., the extent to which teaching materials will be used in subsequent years or in other communities. An analysis by Baldwin et. al. (1978) indicates that costs per fire-fighter per lesson would be about $33 for a group of 200 firefighters, dropping to about $7 for a group of 1,000 firefighters. Comparable costs for conventional teaching at a single location would be about $24 and $8 respectively. (Conservative assumptions are made in arriving at the figures quoted. They are almost certainly unfair to the two-way cable alternative).

<u>Education of the homebound.</u> There have been two attempts to use two-way cable services for education of disabled people in their homes.

A demonstration project in Amherst, New York, supported by state funds provides a form of computer assisted instruction to disabled children. Prerecorded program segments are transmitted downstream to the child in his or her home. Each child requires the use of a whole channel while using the system. The child has a computer terminal which is used to transmit answers to questions to a comp-uter at the headend. The computer controls which program segment is transmitted next. (The link between the child and the computer is actually provided by the telephone network. In principle, however, this signal could be transmitted up-stream on a suitable cable system, so we include this as a two-way cable project.)

The system is regarded as educationally effective and is popular among users and their parents. A side-benefit has been the interest that other youngsters

---

* A second experiment has been conducted in Rockford by the University of Michigan. The same technology was used to teach elementary school teachers about new classroom techniques.

have shown in the technology; suddenly the homes of the disabled users have become centers of attraction with obvious social benefits. In terms of cost per user, however, the system is very expensive. The size of the user group served by any single cable television system must be limited by the heavy bandwidth requirements per child. (Obviously this depends on the number of channels per cable. Optical fiber could change the situation.) Though the system has continued in operation for some years, there have been continual funding headaches.

The other project was sponsored by the US Department of Health, Education and Welfare; it was conducted in Peoria, Illinois. Disabled adults were provided with vocational education in their homes (e.g., training for freelance work in the insurance business). The system never worked satisfactorily. It was meant to be a two-way black and white television system interconnecting approximately eight homes and the teacher, allowing any location to see and be seen, hear and be heard, by any other. The terminal equipment was specially designed and built for the trial. (State law required that the production contract be put out to tender and the lowest bid accepted. This is not necessarily the best approach when timescales are short and reliability is important.) The transmission was of very poor quality when it worked at all.

Despite this, the service was extremely popular among the students -- a sign of their previous isolation, delight in "meeting" others in similar positions, and, presumably, the high social value of such applications.

The trial was discontinued after a few months. Equipment problems were a contributory factor, but there were institutional causes too, which were unrelated to the trial.

<u>Bringing the college classroom to the home.</u> Attempts have been made in two cities to reach new student populations by taking higher education out of the classroom and into the home.

Another of the applications in Spartanburg aimed to prepare those who had not completed their high school studies so that they could obtain a "high school equivalency diploma." Though the estimate of the number of potential students was high, actual demand proved to be low, so another type of education was attempted: teaching new parents how better to care for their children. In this case demand turned out to be high.

The teaching arrangement was the same in both cases. Teachers appeared live on camera; a data-return capability was used to create an "electronic classroom". Students were able to respond to questions, using simple push-button terminals. Responses were transmitted upstream to a computer at the headend, which provided the teacher with an immediate display of aggregated or individual responses. Teachers were able to use this feedback to adjust to the progress of students. Additionally, when no question had been posed, students were able to take the initiative and signal a desire to speed up, slow down, or repeat a point. This mode, however, was seldom used.

There could be telephone interaction between the teacher and a student during a class. More frequently telephone discussions took place immediately after.

The effectiveness of this mode of teaching relative to the conventional classroom was established. However, there were indications that the combination of one-way television, data-return and the regular telephone was little better than one-way television with the regular telephone but without data-return. There has been some continuation of the application following the termination of the federal research grant.

The other applications have taken place using Warner Communications' QUBE® System in Columbus, Ohio. This allows teachers to obtain immediate aggregate responses to questions. Potentially it could also operate in the student-initiated mode, though it is not doing so at present. Six local colleges accepted Warner Cable Corporation's offer to program a channel for accredited college-level education. Programming started in January 1978. So far three of the six colleges have accounted for nearly all the courses offered. Little has been published about the results to date. One commentator, however, has remarked that surprisingly little use has been made of the interactive capability; most programs are prerecorded tapes. (Greene, 1979) The reason, it is suggested, is cost. One estimate is that live programming costs $250 a half hour for use of the studio, teacher's time and producer-director's time. Coupled with this, demand has been below expectations, averaging 14 registered students per course as of March 1979. (It has been noted, however, that there are regularly around 5 times as many additional viewers who are not registered students.) Another relevant factor may be the fact that Columbus is dominated educationally by a university with a vested interest in traditional educational television. It owns a public educational station to whose operating budget it contributes $1 million a year. After one disappointing experience it seems to have lost interest in QUBE®.

<u>Interconnection of schools</u>. There is one example of two-way cable services being used to allow local schools to pool resources and students. This project was set up a few years ago in Irvine, California, a relatively affluent new community on the outskirts of Los Angeles.

About twelve elementary schools are interconnected via two channels in the town's cable television system. One channel is the "master" channel carrying a picture and sound from whomever is running a session (not necessarily a teacher; it may be a child). The other channel can be switched so as to originate from any of the other locations. Switching is decentralized: on a verbal instruction conveyed over the master channel, one group of users will switch itself off and another group switch itself on.

All terminal equipment is mounted on a trolley. Points at which the equipment can be plugged in are located in classrooms and other spaces within the schools. A notable feature of the system is its low cost: each trolley contains about $2,500 worth of equipment and there is one trolley per school. Additionally, it is a simple enough system that equipment can be set up and operated entirely by elementary school children.

The system is primarily for extracurricular activities -- e.g., for aggregating children who share a common non-English mother tongue for English tuition, for hobby groups, and for sharing an important visitor (a sports celebrity, maybe) among schools.

The system has been set up and kept in being entirely out of the local school district's budget. Its perceived effectiveness can be judged from the fact that is has continued to receive necessary financial support and the number of schools served has been increasing. (No research has been conducted to evaluate the system.)

<u>Variety of models.</u> Many commentators have pointed out the increasing need for continuing education and for retraining in our ever more complicated and fast moving societies. Perhaps it should not surprise us that there has been much more activity to explore these uses of two-way cable television than other non-commercial uses.

Nevertheless the variety of different models employed so far is remarkable, as the following table shows.

<u>Different Educational and Training Models</u>

Locations of Students	Live or packaged content	Use of channels	Examples
A. Grouped in institutions	Live (some recorded material could be used)	Audio and video from and to all*	- Spartanburg (day-care) - Irvine schools
B. Grouped in Institutions	Packaged, not adaptive to student response	Audio and video downstream, data up	- Rockford (fire fighters and teachers
C. Individually at home	Live	Audio and video downstream, data up	- Spartanburg (parents) - Columbus (by intention)
D. Individually at home	Packaged, not adaptive to students' response	Audio and video downstream, data up	- Columbus (in most cases)
E. Individually at home	Packaged and adaptive (CAI)	Audio and video downstream, data up	- Amherst (home bound handicapped)
F. Individually at home	Live (some recorded material could be used)	Audio and video from and to all	- Peoria (homebound handicapped)

* In Spartanburg there were additional students in a receive-only mode.

The success of type A (in the above table) is worth noting since program development costs should not exceed those of conventional alternatives and reasonably economical use is made of channel capacity (i.e., number of students served per channel). In addition, the teacher is not replaced. The start-up problems associated with this type of application, relatively speaking, may be low. Applications of type E, however, make extravagant use of channel capacity and have high start-up costs for software development. A major, government-sponsored, national effort would be needed to aggregate demand so as to launch them with a reasonable chance of their being economical. The problem with applications of type F is not that they make uneconomical use of channel capacity, but that in avoiding this, they require more sophisticated equipment to be provided to each student. The costs of this equipment are likely to be high in the near future and, as we have seen, there were technical problems where it was tried.

Still, the very favorable response of the Peoria students must be noted. Within a humane society the needs of such people must be accorded a high priority.

Type C proved itself successfully in Spartanburg. Where push-button terminals are already located in people's homes the start-up costs for such applications would be low. And, increasingly, such terminals will be in use for pay-television purposes, if Warner Communications maintains its current thrust and its lead is followed by others.

Applications of types B and D are not adaptive. Nevertheless they have proven educationally effective. (Note that much conventional classroom teaching cannot be described as particularly interactive.) Such applications can be expected to be economical if (1) the eventual market for the packages is high enough or (2) the value of travel time saved during in-service training is high enough. Start-up costs, however, can be expected to be high.

Finally, there are some implications to be drawn from applications of tele-communications outside the field of two-way cable television. First, as shown by success of the Educational Telephone Network at the University of Wisconsin-Extension and of its imitators, there is enormous scope for using interactive audio (plus graphics) for a wide range of teaching purposes. Such systems rely only upon the telephone network for transmission. Their application may "eat into" the potential educational market for two-way cable services. Second and somewhat related, one should be aware that narrowband videotex systems may eventually play a part in education. The third point, however, argues against seeing technological options only as being competitive with one another. As the pioneering experience of the British Open University has clearly shown, one should think in terms of the most appropriate <u>mix</u> of media for meeting particular educational objectives.

Health and Social Services

In the mid-seventies HEW sponsored the trial use of a two-way cable service for health-care delivery in Jonathan, Minnesota. The system interconnected doctors' offices and a community hospital. It was intended to be used primarily for medical consultations. Utilization of the system was low and it was closed down when the grant terminated. (Experience based on the use of other broadband technologies has since suggested that two-way television is not an attractive proposition for medical consultations. Narrowband technologies, however, are more promising.)

There are no other applications to be described in the health and social services category. However, some of the applications described in other sections could be seen as examples of social service delivery: training of workers in day-care centers in Spartanburg; vocational rehabilitation of handicapped adults in Peoria; and the senior citizens' project in Reading, Pa. described in the next section.

City Government

Two types of use have emerged so far in the realm of city government: applications within a police department and citizen-government interaction. There is only one example of the former: the city-wide closed-circuit cable system operated by the police department in Philadelphia, Pa. (Although it is a dedicated system, it is of interest here because, in principle, it could operate on channels of a larger cable system directly serving the general public.)

The Philadelphia system is used for arraignments, administrative teleconferences, facsimile transmission and other purposes. It was set up several years ago with funds provided by the city and the Federal Law Enforcement Assistance Administration. It continues to grow slowly and steadily, and is generally regarded as a success.

Citizen-government interaction is a matter of enabling citizens to have greater input into the operations of government and enabling them to be more effective consumers of public services. Three approaches may be contrasted: the use of call-in shows on Manhattan Cable's Channel L; polling in Columbus; and the videoconferencing-cablecast hybrid in Reading, Pa.

The most interesting format adopted by Channel L is the live, telephone call-in, discussion show with local politicians. What distinguishes it is the topicality of the issues it treats and the energy with which they are pursued by the production team, the politicians and the audience.

Each hour of programming costs an average of $500, including preproduction and a three-camera color studio with a crew of ten. City agencies, the twelve community boards and a variety of civic organizations also produce programs for transmission by Channel L. The project has been supported by Manhattan Cable for the past three years with an annual budget in excess of $100,000. (It is operated independently of the cable company in the tradition of public access.)

The approach adopted in Columbus is totally different. Programming concerned with civic affairs is produced by the cable company. As noted earlier, questions can be posed to viewers and they can select one of a predetermined set of responses by depressing the appropriate button on their terminals. Reactions to the use of this capability for citizen-government interaction are varied. Some see it as valuable. Some see it as meaningless, with small, unrepresentative samples able to answer questions formulated by others,but unable to ask them.

The criticism may be unfair. Since the service is not available to the whole community, city officials use the polling facility mainly as a way of making individual programs more interesting. Recently a major broadcast television network used QUBE® for an "instant" poll following a televised address by the President. The questions were sensible, the answers informative, and the results scrupulously qualified by the commentator. As it happened, the figures obtained turned out to be quite close to those obtained from national polls which appeared the following day.

The experiment in Reading, Pa. was conducted by New York University and funded by NSF. It set out to explore the use of two-way services of the videoconferencing variety for the delivery of social services to old people. Senior citizens were trained themselves to manage and operate the system.

Three neighborhood communication centers were set up and interconnected for two-way black and white television via the city's existing cable system. Various other locations, such as the mayor's office, social service offices and high schools, could be added into the network using portable equipment.

For two hours each day there was live programming. The system was used for discussions with the mayor, other local politicians and city officials. It was also used to interview a variety of managers of social service agencies, and to improve knowledge and utilization of specific social services. There were some entertainment shows--quizzes and sing-alongs, for example. Other programs were concerned with whatever topics users were interested in: cooking, shopping, nursing homes and so on.

The style of use featured very high levels of interaction between the participating locations. A change in design was made during the project so that the interactions between the centers became live programming available to all subscribers via the cable system. Home viewers could, if they wished, join in by telephone.

The project has been included here as an example of <u>city government</u>
services because of its success in enabling real dialogue between senior citizens
and city government, and in enabling the senior citizens to become more effective
consumers of public and private services provided in the city. Clearly, however,
it could also belong in the <u>social services</u> and <u>information services</u> categories.

Since the NSF grant terminated the system, renamed Berks Community Television, has been kept going under the management of a local board. It costs approximately \$100,000 a year to operate, a sum which the board has raised from a wide
variety of sources.

<u>Information Services</u>

The system in Reading could be described as providing information services.
It is a system in which the prospective consumers of the information control the
content to a far greater extent than in the typical pre-planned interview shows
on broadcast television. In this section, however, we shall be concerned with
<u>on-demand</u> information services.

One of the more nebulous early claims about the future of two-way cable
services were that they could provide a wide range of information services on-
demand. There has, however, been very little experimentation with these types of
service on an interactive basis. This may have to do with technical and with
economic problems: how to use the relatively inflexible, unswitched tree structure
to permit multiple access to information in a central computer; and the costs of
assembling the necessary data bases.

In the early 1970's in Reston, Virginia the Mitre Corporation explored
the use of "frame-grabbers" for on-demand information services. This never advanced beyond the stage of a technical demonstration, and no research on implications
for users has been reported.

In Manhattan Reuters, the news service, leases a channel from the cable company to provide a commercially viable broadband teletext service to business customers. The Reuters' service is "pseudo-interactive" rather than two-way, but it
appears to offer a good means of meeting demand which was once envisaged as requir-
ing a two-way service.

An alternative approach can be expected soon, if the video game terminals
noted earlier are used for the purpose of information retrieval. They could be
fed with updated information in the same way as it is intended that they be fed
with the software for video games.

Finally, one may note the possible competition that telephone-based videotex
services could offer cable television in the provision of information on demand.

Conclusions

Although the cable television industry was in a relative decline for a good part of this decade, much experience has been accumulated regarding two-way services. There is, however, no publicly available research concerning commercial applications; and of the non-commercial applications several have not been subjected to research while others (Jonathan, Peoria) failed before they could contribute useful research findings. In the main one must rely on the NSF-sponsored experiments in Spartanburg, Rockford and Reading for evidence concerning effectiveness, acceptability and cost. These experiments provide good grounds for believing a variety of public services can be provided effectively and acceptably by two-way cable services. It would also appear that their costs could be reasonable. But since in general they do not directly displace existing costs, there must be doubt whether they will be widely imitated while public sector budgets are under heavy pressure.

Some other conclusions may be drawn. Pay-television is the dominant driving force and likely to remain so. Alarm services are relatively straight-forward to provide and likely to continue spreading.

A wide variety of different models have been used for non-commercial applications of both the data-return and videoconferencing varieties. We are dealing with new media and have much to learn about how to make use of them.

Finally, in looking to the future one would do well to keep under review what is being learned from and planned for competing telecommunications technologies.

Bibliography

1.   Baldwin, T. F., Michigan State University - Rockford Two-Way Cable Project: Final Report, MSU, East Lansing, Mich., 1978.
2.   Brownstein, C. N. Interactive Cable TV and Social Services, in reference 5.
3.   Clarke, P. et. al., Rockford, Ill: In-Service Training for Teachers in reference 5.
4.   Greene, A., Poor Ratings for Two-Way Television, Change, May-June 1979.
5.   Journal of Communication (Symposium on Experiments in Interactive Cable TV), Vol. 28, No. 2, Spring 1978.*
6.   Kay, P., Social Services and Cable TV, NSF/RA/60161, U.S. Government Printing Office, 1976.
7.   Lucas, W. A., Spartanburg, SC: Testing the Effectiveness of Video, Voice, and Data Feedback, in reference 5.

---

* Three of the eight papers are cited individually in the bibliography since they provided source material for this paper.

8.   Lucas, W. A. et al., <u>The Spartanburg Interactive Cable Experiments in Home Education</u>, Rand Corporation, Santa Monica, CA, 1979.

9.   Moss, M. L. <u>Two-Way Cable Television: An Evaluation of Community Uses in Reading, Pennsylvania,</u> Alternate Media Center, New York University, 1978.

10.   Page, C., CATV: Two-Way Access to City Hall, <u>Nation's Cities</u>, May 1978.

Human Aspects of Visual Information Systems

M. Kawahata
Tokyo

1. GENERAL REMARKS

1.1 Importance of "two-way" Communication

Let me begin by explaining what is meant by "two-way." In the first
place, it may be said that information transmission originated in
interactive dialog between sender and receiver. But the means of
information transmission have developed with heavy emphasis on the sender
side, which has led to the growth of overlarge one-way systems with little
feedback from the receiver side, in other words, to the development of
mass communication media such as radio, television, newspaper and magazine.
Among them, television provides such a quantity of visual information
that it has tremendous influence on society.

It has been only 25 years since TV broadcasting was started in Japan.
It would be no exaggeration to say that this visual information system
has brought about great changes in our life-style. Commercial TV
stations, in particular, are subjected to the audience rating because of
the business mechanism inherent to this industry. As a result, they send
information unilaterally, and their efforts to raise audience ratings
have resulted in the situation which I do not think   is necessary to
discuss in detail here.

TV, a one-way visual information system, has come to seek the purpose óf merely drawing the attention of viewers, rather than "meeting the needs of society." The latest fashion and heavy make-up may strike the eyes of people walking down the street, but in fact they cannot touch the hearts. Is it too much to say that the TV industry today forgets that people are impressed only by internal enrichment and constant efforts to meet the needs that end up in self-satisfaction?

1.2 Structural Consideration on Visual Information System

Hi-OVIS has been conceived and developed upon these bases in search of a future visual information system. As its philosophy, it substantially incorporates the simple and logical idea that communication is essentially "two-way" rather than one-way. This means that, while TV stations send out audio-visual information, viewers, the conventional receiver of the information, should be provided with the function of sending information back to the TV station, in addition to the function of just receiving it.

TV stations, in turn, should be fully provided with capabilities for not only sending but also for receiving. To this end, TV stations as centers, and viewers, as terminals, should be linked by way of broadband transmission networks. When they are linked and formed into networks, the center and the terminal function can be categorized in the following three major structural designs.

First, the center is regarded as another terminal because it has the same function as a terminal. This may be considered to be one kind of video-phone system.

Secondly, the center is ranked above the terminal, when the center has overwhelming predominance over the terminal in terms of information gathering and accumulation capacities, and when the center is superior to the terminal in the methodology of information transmission, that is,

information software. In this   design   information flows basically
from the center to the terminal. But the terminal can control this flow
of information on its own, as well as the contents by making requests. In
some cases, the terminal can also supplement the function of the center
temporarily by sending to the center such information lacking there.

The third   design   can be regarded as an extention of either the
first or the second one. In the former case, it is a videophone system
with various data bases. In the latter case, it is multi-center system;
this is a system whereby each center, with its own characteristics, is
designed to provide various information services.

In the first   design as a videophone system every terminal
is equal, that is,neither superior nor inferior to the others, but no data
bases are provided. In the second and the third design options, data bases are provided, but this causes a master-to-servant relation between the center
and the terminals. This leaves much room for debate. If we accept the
premise that this unequal relation is undesirable, then, in the final
analysis, the system may not prove to be a system that meets the
original needs of society. Ideally speaking, a network where all
terminals are provided with data bases may be the ultimate system.

For Hi-OVIS, the second design option has been adopted, as shown
in Fig. 1.

2. SOCIETAL BACKGROUND OF Hi-OVIS DEVELOPMENT

2.1 Transitional Move Towards a Service Society

One of the points to be noted in the past change of industrial
structure in Japan is a transition from manufacturing-oriented society to
service-oriented society. More than   half of the total labor force in

- Figure 1 -

Hi-OVIS Basic Block Diagram

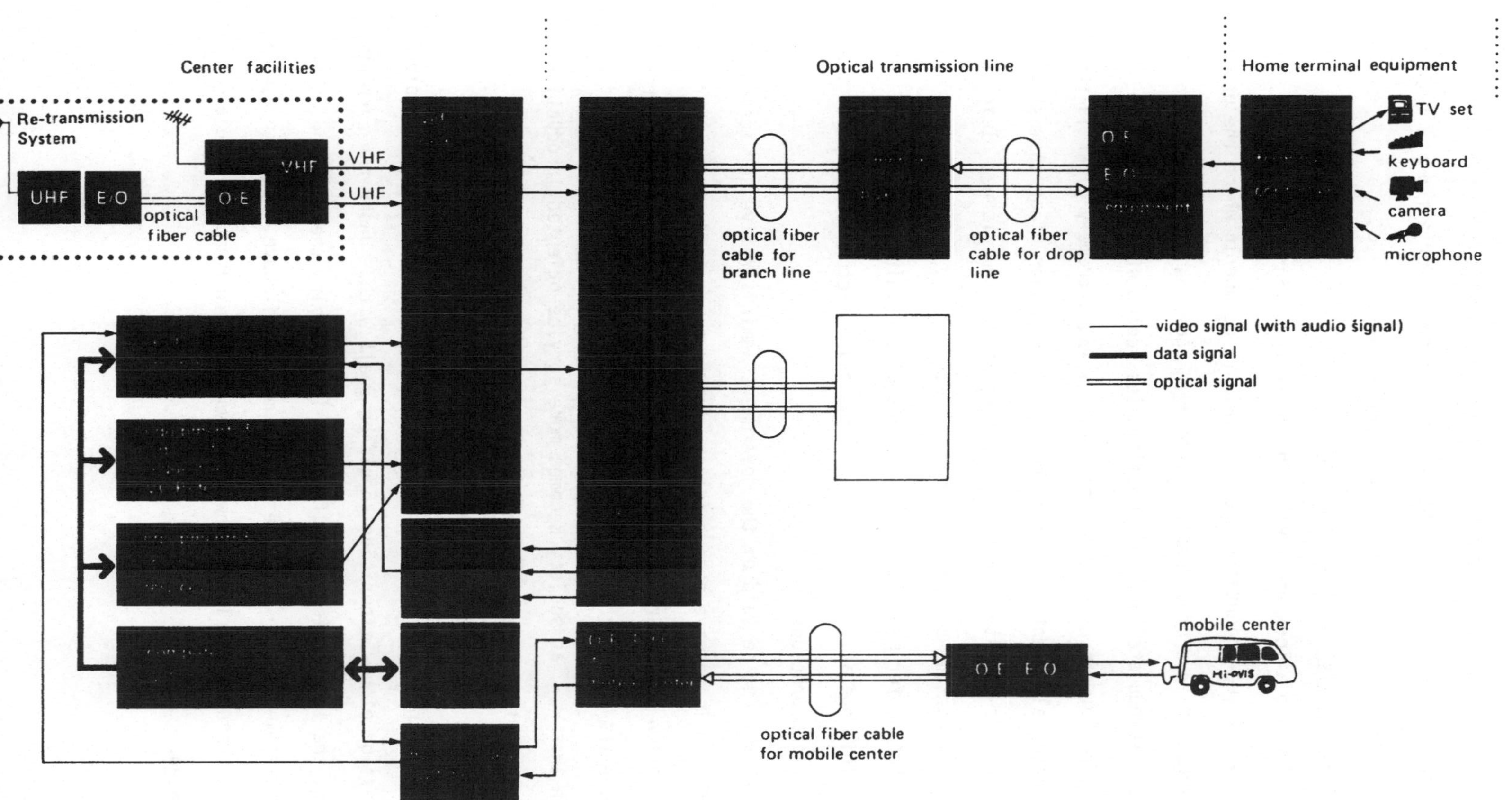

this country is accounted for by those engaged in service industries.
This means a deep and steady change from a material-oriented age back to a
service-oriented, or in other words, human-oriented age.

<u>2.2 Characteristics of a Service Society</u>

Let's take a look at some of the characteristics of a service-oriented
society. A service-oriented society is said to be one in which the process
of integration in a broad sense of the term, goes on rapidly between the
suppliers (producers) and the beneficiaries (consumers) of services. The
distinction between producers and consumers was extremely clear in the
former material-oriented society, but it is no longer clear in most cases
in the service-oriented society. In other words, what is not clear is the
very essence of the service-oriented society.

At banks, for example, customers are also required to fill out various
forms - this operation forming one of the major factors to complete the
whole banking procedure.

The same can be said of the government administrative services. If
citizens are to receive some services, they are required to take part in
the operation by preparing documents and filling out application forms:
otherwise the services would not be completed.

In this way, as society becomes more service-oriented, production and
consumption will cease to be independent, but will be
integrated in the process of a new structural change.

This change will have significant impact on society. One example is
the question of how minorities should be dealt with. Under the current
systems, the illiterate have difficulty in receiving the bank and
administrative services for the reasons mentioned above. Another question
which may naturally arise is how the physically handicapped should
be treated.

People who used to have little say in the matter of services against
suppliers or producers are now expected to gain more influence as they
become integral components of the service procedures in the growing
service-oriented society.

Looking at information services from this viewpoint, we must realize
that such a service as television, the typical information service in the
present-day society which gives only one-sided and passive information to
the receivers, will not have a big chance to survive as a form of service
in the emerging service-oriented society.

The users of the information systems will want to obtain information
        at any time and as soon as possible. As for the operators of the
systems, the users will be information sources at the same time and
readily make efforts to improve the systems. This will be the ideal of an
information system in the service-oriented society. It should be repeated
that such notions as the receiver and the sender of information will
become dim in the service system. In order for an ideal system to be
formed, the receivers will be required to provide their own efforts and
perform the function as information sources, besides merely paying money
for information.

What specific relations should be established with the aforementioned
trend of systematization in this country, amidst the process of transition to
a service-oriented society? That is, what specific measures should be
taken to facilitate the growth of the country by developing the industry
and economy, on the presumption of transition to a service-oriented society?

3. Hi-OVIS SYSTEMS

3.1 The Role of New Technologies in Hi-OVIS

One possible answer to this question will be to carry out the

development of technology in the field of information systems
as a national project, to actually apply it to society, to demonstrate how
useful it is for the improvement of a human-oriented and service-oriented
society as well as what impact it has on the future direction of
industry, to collect data and to find the appropriate course into the
future.

This principle has been realized in the field of optical visual
information as Hi-OVIS or Highly Interactive Optical Visual Information
System.

Incorporating all new good technologies, Hi-OVIS helps develop new
sprouts of industry. As a system, it created a new market for service
industries by preempting the needs for information foreseen in the
aforementioned service-oriented society.

As a result, Hi-OVIS has remarkable features in two fields that could
not be found in the conventional information systems.

3.2 Features of Hi-OVIS

First, optical communication technologies have been employed in the
whole transmission system. All transmission lines are made of optical
fibers; the optical fibers reach into each household.

Secondly, full two-way audio-visual communication function is provided
making the best of the above feature of optical fibers. In this system
the homes are equipped with keyboards, cameras and microphones in addition
to regular television sets. Besides watching regular TV programs, the
subscribers can talk to the center, thus actively participating in the
programs themselves. Further, through operation of keyboards, they
can obtain necessary information from the storage of the center at any
time and in any form (such as VTR moving pictures, microfiche still
pictures, and computer stored characters).

3.3 Characteristics of Hi-OVIS

Television has been diffused throughout the nation at a remarkable pace over the past 25 years. Television technology has also made great progress at the same time. However, some re-examination is being called for on recognition that television has overwhelming influence and one-sededly transmits too much information, the high density visual information. In this context the challenging question is what impact Hi-OVIS with full two-way communication capability will have on the future of television. We have been conducting experiments to prove our presumption that Hi-OVIS will find a new possibility of television in the future and has great potential in terms of marketability as well as great impact on society.

Hi-OVIS, from the standpoint of a medium as a community information system, provides life-related information and community information in quite a different way from the conventional one, i.e. by making the best of the broadband transmission lines and full two-way communication capability. The system is expected to contribute to the reconstructions of dying communities as well as to the formation of communities in newly developed towns, as the two-way communication capability enables the subscribers to participate in programs and discussions.

Also, if this kind of community information systems is integrated throughout the country, this will lead to the recognition and identification of a national network in the true sense of the word, whereby the users themselves engage in the operation and organization of the systems, as also indicated in the Annan Report of the United Kingdom. This will be a great achievement in the service-oriented society as mentioned earlier.

With many remarkable features and great potential impacts on technological and socio-economical fields in the future, the first model of Hi-OVIS was fully completed on July 18, 1978, in the Higashi-Ikoma District in Nara Prefecture covering 158 households as its subscribers.

3.4 One-Year Experience in Hi-OVIS Operation

Because the number of subscribers of the systems is limited so far to 158, and because the experiment has been going on for only one year, it may be too early to draw any conclusion, but the analysis of the results so far obtained reveals:

(1) The optical communication technologies have so far proved to be able to be practically used in the field. Except for initial trivial failures, no essential problems have been found with the optical transmission lines. Despite previous apprehension, the transmission system has shown an extremely high reliability.

(2) The visual information system with the two-way communication capability has a great potential to be established as a new medium. Particularly great significance has been recognized in the subscribers' participation in community information programs - an area of great needs.

(3) With the advent of this new medium, community consciousness has been rising in the Higashi-Ikoma District. For example, social gatherings and parties have been held on the initiative of the residents, who have widened their scope of social activities. In this we can catch a glimpse of what the transition to a new service-oriented society will be like. We will also be able to identify the role of Hi-OVIS in community life.

Japanese Experiences on CCIS (Community Communication and Information System)

S. Komatsuzaki
Tokyo

Introduction

Before going into my presentation on Tama CCIS, I would like to explain very
briefly the characteristics of the Research Institute of Telecommunication
and Economics (R.I.T.E.) and the relationship beween RITE and Tama CCIS
Experiments. The Institute was established 12 years ago to investigate and
analyze problems concerning telecommunication from the viewpoint of social
sciences. That is the viewpoint of "human aspect" and is therefore very similar to
the theme of this congress. We have been undertaking a number of research
projects on new telecommunication media including Tama CCIS. I myself have
been nominated chairman of the report-writing subcommittee for the
comprehensive evaluation of CCIS experiments in 1977. That is the major reason
why I have been invited to be here.

We are now living in so-called "Information Society". On the one
hand, we need various kinds of information and communication services,
which can not be provided by conventional media. On the other hand,
we see remarkable and very rapid progress in electronics technology,
which is drastically impacting conventional media.

Under these circumstances, especially in industrialized countries,
a number of experimental telecommunication systems have been developed to cope with the innovation of information and communication needs.
One of the leading items in the newly developed telecommunication
media is community media, which are expected to provide daily-life
information and to promote the inhabitants' participation in community
activities.

There are two major experimental electronic community media in Japan, one is Tama CCIS (Community Communication and Information System) and the other is Higashi-Ikoma Hi-Ovis. The latter has already been described by Dr. Kawahata. I would like to explain the outline of the former in detail. It should be recognized that both systems are still at this time under experimentation, and a final evaluation will have to be done at the end of the period of experimentation.

However, interim reports concerning these experiments show that electronic community media have a promising future, in terms of system feasibility and social and economic implications.

1. Purpose of CCIS Experiments

First of all, it should be pointed out, that the Tama CCIS Project is the first large scale social experiment aiming at community media in the world. In most industrialized countries, there have been a number of discussions and laboratory level experiments concerning electronic community media. For example, I have observed a very excellent two-way cable system in Heinrich Hertz Institut für Nachrichtentechnik Berlin when I was invited a few days ago. However, actual social experiments were confronted with serious financial difficulties, because they were considered to be too expensive. Also, there exist political and cultural problems in some countries.

Finally, the Ministries of Posts and Telecommunications were able to overcome the difficulties and decided to start   preparation for the experiment in 1973, based on the recommendation published by the Board of CCIS Investigation.

The purpose of the experiment was settled as follows:

(1) To investigate and analyze the social needs for various types of information through the CCIS on the part of the inhabitants in the community.

(2) To investigate and analyze the role of the CCIS in the community.

(3) To investigate and analyze various problems concerning the CCIS management as an enterprise.

(4) To investigate and analyze various technical problems of the CCIS as an actual social system.

(5) To develope an economical and efficient physical system, operational know-how and programs related to information services.

2. Characteristics of Experimental Community and Monitoring Homes

Selection of the experimental community and monitoring homes
is one of the most important factors in the social experiment, because
the characteristics of the community and the homes will strongly af-
fect the results of the experiment.

A section of Tama New Town was finally selected as the most appropriate experimental community based on the following reasons.

(1) It was the largest artificial satellite city, with a planned
population of over 300,000, and it was rather easy to build
in the informational function during its construction.

(2) Because the intellectual level of the inhabitants were higher
than average they were expected to have a larger interest
and need for a modern information system such as CCIS.

(3) The community was only 30 km from Tokyo
and thus   convenient for experimental and research activities. About 500 monitoring homes were selected in a
section of the Tama New Town.

The majority of the households of the Tama New Town are white-
collar workers commuting to offices in Tokyo. As to the monitoring homes,
most of them are families, the heads of the housholds and their wives
are younger than the national average, and their children are also
of a younger age. They spend more for informational expenditures,
such as TV, stereo sets, tape recorders, newspapers, books, movies and
theater, as shown in Fig. 1.

Fig. 1 Household expenses related to information

		Monitoring family		National total(*)	
		Amount (¥)	Percentage in monthly income (%)	Amount (¥)	Percentage in monthly income (%)
Average monthly income		319,140	100	291,750	100
Expenses related to information	Telephone	4,294	1.35	2,450	0.84
	Postal fee	475	0.15	294	0.10
	Newspaper	1,729	0.54	1,532	0.53
	Magazine, weekly	906	0.28	281	0.10
	Book	1,892	0.59	1,074	0.37
	Record, cassette	1,202	0.38	118	0.04
	Movie	284	0.09	68	0.02
	Drama, music concert	432	0.14	154	0.05

* Annual income: 3-4 million Yen

1. As of September, 1977 N=251

2. "Household Expense Investigation Annual"1976, Statistics Bureau, Prime Min-
inster's Office

3. Outline of Experimental Service and Systems

During the first phase of the Tama CCIS Project, 10 different
kinds of experimental services were provided as follows:

(1) TV Transmission Service
To transmit 7 VHF TV band and 1 UHF TV band in the Tokyo met-
ropolitan area, for approximately 500 monitoring homes.

(2) Original TV Broadcasting Service
To provide local TV service, so-called "Tama TV", for approximately 500 monitoring homes.

(3) Automatic Repetition Telecasting Service
To provide still picture information programs, such as community news, by utilizing an automatic telop machine for approximately 500 homes.

(4) Broadcast and Response Service
To enable 100 monitoring homes to respond to local programs
by pushing a button at a home terminal or through a voice
channel, suitable for educational and political programs.

(5) Pay TV Service
To provide TV programs upon request of two different types;
key-type, based on fixed rate system for 200 homes, and ticket-
type, based on meter system for 100 homes. However, they were
requested to use a simulation system, and actually paid nothing.

(6) Still Picture Request Service
To provide still picture information stored in the form of
microfiche at the center for individual monitoring homes,
upon request, by pushing a button at a home terminal.

(7) Flash Information Service
To provide five different kinds of character information,
transmitted by being multiplied on TV picture
signals, which is superimposed on TV pictures for 40 monitoring homes.

(8) Facsimile Newspaper Service
To provide one full page of a newspaper, edited at a press

headquarters and transmitted by facsimile to 5 monitoring
homes containing facsimile receivers.

(9) Auxiliary Television Service
    To provide emergency information, sent by midband, through
    a small, auxiliary picture tube on a special TV set which
    has one larger picture tube for regular reception, for 45
    monitoring homes.

(10) Memo-Copy Service
    To provide various kinds of public information through small-
    size facsimile terminals (10 cm in width), either simulta-
    neously or classified by groups, for 30 monitoring
    homes.

total systems diagram of CCIS is shown in Fig. 2.

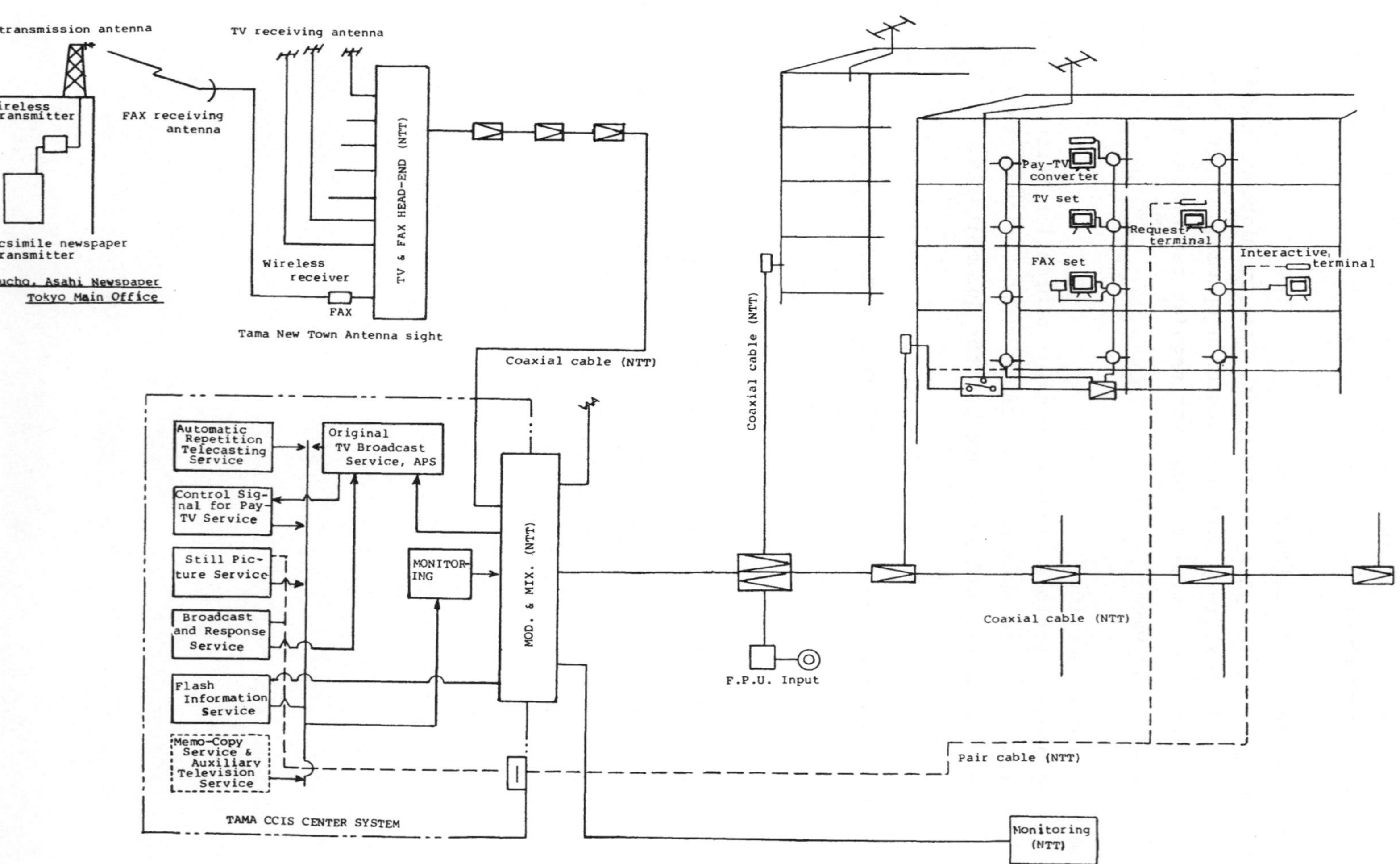

Fig.2 Total system diagramm

4. Experiences through CCIS Experiment and Prospects

The first phase of the Tama CCIS Project was in progress most
successfully during the fiscal year 1976 to 1977. Investigation activities took
an important part throughout the course of the experiment, and multifarious
phases of investigation were conducted in a systematic and schematic manner.

By analyzing the results of the investigation activities, we gained
major information through the CCIS experiment, such as follows:

Firstly, changes in inhabitants' attitude against community activities
have been observed as a result of the electronic community media's influence.
The investigation conducted at the end of the first experimental phase shows
that the   "Interest in local matters, and topics" have increased by
nearly 50 %. There are a number of indications that inhabitants are
preparing to cooperate and participate in community media activities. This   trend
has also been observed in Higashi Ikoma Hi-OVIS experiments.
Secondly, the   responses to monitoring homes for experimental services
reveal   that they are highly appreciative of the living information provided
through the electronic community media such as Tama TV, Automatic Repetition
Telecasting Service, Flash Information Service, Auxiliary Television Service
and Memo-Copy Service. Since most are two-person households, and frequently out
of home, they   tend to miss many other opportunities to gain community
information , and they are eagerly in need of effective community media such as
Memo-Copy.

Thirdly, the importance of information quality has been noticed in
analyzing the investigation results. Responses to the new information services,
such as Still Picture Request Service and Pay TV Service, are considered to be
dependent mainly upon information quality ; in other words, improvement of
picture quality and diversification of information is as important as a
technological breakthrough in   community media. It depends upon the system
technology.

Fourthly, it has been shown that there is a large discrepancy between monitoring a family's expectation, and the   neccessary cost in terms of initial and
operating costs of new community media. By drastically reducing costs through
technological breakthroughs expected in the field of optical fiber transmission and
VLSI data processing, such discrepancies could disappear in coming years.
Commercialization will not remain a dream in the near future, if we can maintain an
effective social demonstration program.

Now, Tama CCIS Project is in its second experimental phase, looking for commercialization. Experimental items are focused on the most promising services such as TV Transmission, Original TV Broadcasting, Broadcast and Response and Memo-Copy. At the end of fiscal year 1980, a comprehensive evaluation of the second phase of CCIS Project will be executed.

The experiences gained from the project have been influencing directly and indirectly the development of electronic community media in Japan and abroad, and will continue to do so in the coming years.

I believe that there will be more grave risks on the way, and that there is a high need for the exchange of experiences and opinions among countries concerned; this congress seems to be the best way for the future development of the electronic community media.

Daten und Thesen zur Nutzung von Fernsehprogrammen

D. Stolte
Mainz

1. Programmumfang und individuelle Nutzungsdauer

Nach einer Strukturerhebung vom Sommer 1978, die im Auftrag von ARD
und ZDF durch Teleskopie vorgenommen wurde, besitzen 95 Prozent aller
Haushalte in der Bundesrepublik Deutschland einschließlich West-Berlin
ein Fernsehgerät. [1] Das heißt praktisch: jedermann kann dieses Medium
nutzen; die Vollversorgung ist erreicht. Dies gilt im wesentlichen
schon seit einigen Jahren, wie auch die Zeit, die die Zuschauer dem
Fernsehen pro Tag widmen, seit langem so gut wie konstant ist. Über
Mediennutzung und Freizeitgestaltung liegen neben Daten aus der kontinuierlichen Zuschauerforschung methodisch gleich angelegte und daher untereinander vergleichbare Studien aus den Jahren 1964, 1970 und
1974 vor, auf die hier vor allem Bezug genommen wird. [2] Zwar ist, auf
die Gesamtbevölkerung bezogen, die durchschnittliche tägliche Fernsehzeit gestiegen. Aufschlußreicher für die Frage nach der individuellen Nutzung der Telekommunikation erscheint indes ein bereinigter
Vergleich über die Jahre, der lediglich Personen (ab 14 Jahren) in
Fernsehhaushalten betrachtet. Diese widmeten und widmen rund zwei
Stunden ihrer werktäglichen Zeit dem Fernsehen. Ein geringer Anstieg
der Fernsehzeit läßt sich lediglich zwischen 1964 und 1970 beobachten: von knapp zwei Stunden steigt sie um 12 Minuten auf 2:10 an.
Seitdem stagniert sie, wie die Werte der teleskopie-Zuschauerfor-
schung auch für 1978 ausweisen. (Tabelle 1)

Daß das Ausmaß der Fernsehnutzung, auf den potentiellen Zuschauer bezogen, seit Jahren konstant blieb, erscheint umso bemerkenswerter,
wenn der Nutzung a) die Angebotsentwicklung und b) die Empfangsmöglichkeiten gegenübergestellt werden. Die tägliche Sendezeit des ZDF

1 teleskopie. Gesellschaft für Zuschauerforschung mbH (Hrsg.),
  teleskopie-Strukturerhebung. Sommer 1978. Haushaltsdaten,
  Bonn, März 1979, Übersicht 1.01

2 Marie Luise Kiefer, Massenkommunikation 1964-1970-1974,
  in: Klaus Berg, Marie Luise Kiefer, Massenkommunikation.
  Eine Langzeitstudie zur Mediennutzung und Medienbewertung,
  Mainz 1978, S. 41-321

nahm beispielsweise in dem 10-Jahreszeitraum 1964 bis 1974 um 3 1/2 Stunden zu, bis 1978 nochmals um 1 Stunde. Die Summe der Sendezeit aller Dritten Programme stieg von einer nahezu zu vernachlässigenden Größe von knapp 2 Stunden auf knapp 27 Stunden und weiter auf 35 Stunden im Jahre 1978. (Tabelle 2)

Zur Entwicklung der Empfangsmöglichkeiten in den letzten 15 Jahren einige Zahlen: 1964 konnten nur 59 Prozent aller Fernsehhaushalte in der Bundesrepublik zwei Programme empfangen, 1970 waren es 96 Prozent, also praktisch alle. Im gleichen Jahre konnten erst 53 Prozent zusätzlich mindestens ein Drittes Programm gut und störungsfrei sehen, 1978 sind es 92 Prozent, also wiederum fast alle, die mindestens ein Drittes Programm empfangen können. (Tabelle 3) Nicht wenige übrigens haben vier und mehr Programme zur Auswahl, benachbarte Dritte Programme oder auch DDR-Fernsehen (86 Prozent in Berlin (West) und 44 Prozent im NDR-Sendebereich) sowie ausländische Sender (z.B. in Bayern 36 Prozent ORF I und 24 Prozent ORF II). [3]

Daß die Sehdauer von Zahl und Umfang der verfügbaren Fernsehprogramme offenbar unabhängig ist, zeigt auch eine teleskopie-Untersuchung des 1. Quartals 1978: Erwachsene, die vier bis sechs, inländische und ausländische, Programme empfangen können, sehen nicht mehr fern als solche, deren Empfangslage lediglich die Grundausstattung ARD/ZDF/Regionales Drittes Programm bietet. [4]

Die konstante Gesamtnutzung bei vielfach erweitertem Programmangebot bedeutet, daß der Zeitaufwand für Fernsehen begrenzt ist - begrenzt einerseits durch die zur Verfügung stehende freie Zeit und andererseits durch die in der freien Zeit üblichen und notwendigen Tätigkeiten.

Dies führt zu der Frage, welche Auswirkungen die in den 60er Jahren stürmische Aufwärtsentwicklung des Fernsehens auf die Ausfüllung der freien Zeit und auf die Nutzung anderer Medien hatte. In der gebotenen Kürze hier nur einige Stichworte:

3 teleskopie-Strukturerhebung, Übersicht 5.12

4 teleskopie (Hrsg. im Auftrag der ARD/ZDF-Medienkommission), Empfangslage und Fernsehnutzung. Bonn-Bad Godesberg, November 1978

Als Bezugsgröße werden nunmehr alle Erwachsenen, also nicht nur diejenigen in Fernsehhaushalten gewählt: Von 1964 bis 1974 stieg die
tägliche Fernsehzeit um 55 Minuten. Dieser Entwicklung entspricht,
daß sich die Ausstattung der Haushalte mit Fernsehgeräten mehr als
verdoppelte: Die Zahl der Fernsehgenehmigungen wuchs von 8,54 Mio auf
18,47 Mio. Auf 1000 Einwohner kommen 1974 297 Genehmigungen, 1964
waren es nur 147. Zugleich nahm die Freizeit um 73 Minuten täglich
zu. Von der Freizeiterweiterung profitierten auch der Hörfunk und -
in geringerem Maße - die Tageszeitung. Allerdings spielt das Fernsehen außerhalb der Freizeit (bei "Regeneration", d.h. Schlaf und Essen,
sowie "Produktion", d.h. Berufs- und Hausarbeit) eine geringe, der
Hörfunk eine beträchtliche Rolle. Hörfunk wird außerhalb der Freizeit
wesentlich mehr genutzt als innerhalb. Mit der Verbreitung des Fernsehens ging die Hörfunknutzung zunächst zurück, stieg dann aber wieder, vor allem, weil das Hörfunkprogramm sich der veränderten intermediären Konkurrenzsituation anpaßte. Im Ergebnis nahm die Hörfunknutzung nach 18.00 Uhr stark ab - vor 12.00 Uhr stark zu, und auch
am Nachmittag, insbesondere zwischen 15.00 Uhr und 17.00 Uhr hat das
Radio Hörer hinzugewonnen. [5] Insgesamt wurde die Nutzung von Hörfunk
und Tageszeitung nicht durch Fernsehen substituiert. (Tabellen 1,4,5,6)

Was hingegen mindestens zum Teil auf das Fernsehangebot zurückzuführen sein dürfte, ist der Anstieg der im Hause verbrachten Freizeit
von 64 auf 73 Prozent und die entsprechende Abnahme der außer Haus
verbrachten von 36 auf 27 Prozent der gesamten Freizeit. (Tabelle 6)
Der Rückgang der Kinobesuche von 605 Mio im Jahre 1960 auf 124 Mio
im Jahre 1977 hängt sicher auch mit diesen veränderten Freizeitgewohnheiten zusammen. [6]

2. Programminhalte und Programmauswahl

Die Gesamtfernsehnutzung stellt eine relativ grobe Meßgröße dar und
gibt keinen Aufschluß darüber, welchen Einfluß Programminhalte und
Programmstruktur im einzelnen auf die Wahlentscheidungen der Zuschauer besitzen. So muß beispielsweise beachtet werden, daß die österreichischen und schweizerischen Programme, die für große Gebiete der

5 Massenkommunikation, S. 89-92
6 Elisabeth Berg, Bernward Frank, Film und Fernsehen. Ergebnisse
   einer Repräsentativerhebung 1978, Mainz 1979, S. 16

Bundesrepublik ein zusätzliches Angebot ausmachen, strukturell von
den deutschen nicht wesentlich verschieden sind. Ein Vorbehalt ist
daher angebracht, und einiges spricht für die Spekulation: Wenn neue
Programmveranstalter zu neuen Tageszeiten bisher dort noch nicht vorhandene Angebote machen, könnte sich auch der Zeitaufwand für das
Fernsehen ändern. Bei einem gezielten Einsatz von Spielfilmen und populären Unterhaltungsprogrammen am Nachmittag beispielsweise wäre ein
solcher Effekt nicht auszuschließen. Wegen der begrenzten Freizeit
der Berufstätigen dürften vor allem ältere Menschen betroffen sein,
ebenso Kinder, die nach der erwähnten teleskopie-Untersuchung des 1.
Quartals 1978 täglich 15 bis 20 Prozent mehr fernsehen, wenn sie mehr
als die bundesweiten Programme empfangen können. [7]

Wir wissen ferner aus Beobachtungen in der Bundesrepublik wie auch
aus Erfahrungen aus Belgien, das unter denen am ehesten mit der Bundesrepublik vergleichbaren Ländern, die größte Zahl von (Kabel-) Programmen aufweist, daß eine Vielzahl von Programmen alleine noch nicht
zur Vielfalt führt, erst recht nicht zur Vielfalt der Nutzung - im
Gegenteil. Populären Unterhaltungssendungen wird ebenso wie Spielfilmen der Vorzug gegeben; die kulturellen Sendungen verlieren Zuschauer,
so eine belgische Studie. [8] Aus deutschen Untersuchungen wissen wir
ferner, daß über die Jahre unverändert die aktuelle politische Information (Nachrichtensendungen) und die große Unterhaltung (Spielfilm,
Quiz und Show) an der Spitze der Interessenhierarchie der Fernsehzu-
schauer stehen, am Ende der Skala finden sich E-Musik, Opern und Bal-
lett. Folgenreicher für die Programmwahl ist jedoch das Nebeneinander
verschiedener Interessen ein und der selben Person. Um nur ein Beispiel zu geben: 58 Prozent der an Wirtschaftspolitik Interessierten
sind auch Freunde von Western und Krimis. [9] Der Zuschauer bevorzugt
im Zweifel am Feierabend das leichtere, unterhaltendere Programm, dies
um so mehr, als die Familienmitglieder sich auf dieses allgemeine Interesse eher werden einigen können als auf eines der Spezialinteres-
sen dieses oder jenes Einzelnen. Dies erklärt die Schwierigkeiten von
Politik, Kultur und E-Musik, sich gegen Unterhaltung zu behaupten.

7 vgl. Empfangslage und Fernsehnutzung

8 Claude Geerts, Die Kabelverbreitung in Belgien, in:
   Media Perspektiven, Heft 6/1979, S. 353-361

9 Infratest (Hrsg.), Dokumentation wichtiger Ergebnisse der
   Fernsehforschung, Band 1 (Teil II) Allgemeine Entwicklungen,
   o.O., o.J., S. 208-236, hier S. 235

Der Trend läßt sich an einzelnen Sendungen veranschaulichen: Durchschnittlich 2 Mio Zuschauer sahen 1978 das Kulturmagazin "Aspekte", 10 x soviel das Quiz "Der große Preis" (19,8 Mio), Ballett-Sendungen rund 1 Mio, ZDF-Magazin 2,8 Mio, "Heute" um 19.00 Uhr 7,4 Mio, "Derrick" 16,2 Mio. (Tabelle 7)

Solange es nur ein Fernsehprogramm in der Bundesrepublik gab, hatten verständlicherweise auch kulturelle und anspruchsvolle Kultursendungen, heutzutage Minderheitenprogramme, eine relativ größere Zuschauerschaft: ein Drittel aller Fernsehhaushalte sahen 1964 Shakespeares "Richard III."; heute bleiben vergleichbare Programme weit unter der Zehn-Prozent-Marke. [10] Die Tatsache, daß auf viele die Programmfülle heute verwirrend wirkt, kann ein Grund neben anderen sein, aufs Gewohnte auszuweichen.

Satelliten- und Kabelfernsehen sind programmlich nicht ohne weiteres "neue" Medien. Das Kabel bietet die technischen Voraussetzungen für zwei qualitative Ergänzungen der derzeitigen Fernsehkonzeption: zum einen den Rückkanal, dessen programmliche Bedeutung zur Zeit in der öffentlichen Diskussion eher über- als unterschätzt wird, zum anderen die regionale bzw. lokale Orientierung, die vielleicht den einen oder anderen neuen Programmakzent setzen und Formen anbieten kann, die den Zuschauer durch räumliche Nähe stärker ins Programmgeschehen einbeziehen. Das Satelliten-Fernsehen bringt demgegenüber von seiner technischen Verfassung her keine neuen Programmelemente ins Spiel. Kabel und Satellit werden vor allem eine Programmvermehrung und die sich daraus ergebenden Folgen mit sich bringen, die zum Teil angedeutet wurden und auf die noch einzugehen sein wird.

Die Mediennutzung durch den Konsumenten kann sich deutlicher noch ändern, wenn in einigen Jahren mit der Bildplatte eine neue Form der Distribution und Disponibilität von aufgezeichnetem Bild und Ton bereitsteht. Ein leistungsfähiges Vertriebsnetz und angemessene Preise vorausgesetzt, wird der Zuschauer damit Programmgestaltungsmöglichkeiten besitzen, die die herkömmlichen überregionalen Programme zwar nicht entscheidend verändern, wohl aber zu neuen Programmstrategien zwingen werden, zum Beispiel zur noch deutlicheren Rückkehr zur Live-

10 ebd., Band 4, Fernsehspiele und Theaterübertragungen, S. 203

Sendung als spezifischer programmlicher Möglichkeit des Fernsehens,
auch auf künstlerischem Gebiet. Vieles, was nicht live erlebt werden
kann, bietet dann die Bildplatte ebenso gut und jederzeit reproduzier-
bar an. Ähnliches gilt - wenn auch in geringerem Maße - für die Vi-
deo-Kassette.

3. Mediale und personale Kommunikation

Der Zusammenhang von Mediennutzung und personaler Kommunikation, für
den Einzelnen von existentieller Bedeutung, wird in der medien- und
gesellschaftspolitischen Diskussion über neue Technologien praktisch
nicht berücksichtigt. Bundeskanzler und Bundespräsident haben diese
Frage unter dem Stichwort "Fernsehfreier Tag" im Hinblick auf das der-
zeitige Programmangebot thematisiert. Daß ein solches Rezept das Problem zwar meint, aber an ihm vorbeigreift, zeigt eine Erhebung von
Anfang 1978: Zwei Drittel aller Erwachsenen praktizieren den fernseh-
freien Tag bereits, ältere jedoch deutlich seltener als jüngere. [11]
Der Verdacht liegt nahe, daß wegen fehlender personaler Kommunikation
das Massenmedium gesucht wird - nicht umgekehrt, wie überhaupt das
Fernsehen mit zunehmendem Alter immer mehr zu einem Fenster in die
Welt, in das Leben draußen wird. Statt auf Askeseappelle käme es folg-
lich auf attraktive Alternativen zum Fernsehen an.

In der Tat zeigt ein Vergleich von Viel- und Wenigseher-Familien be-
denkliche Ergebnisse: Bei Zuschauerfamilien, die überdurchschnittlich
viel fernsehen, ist die Breite und Intensität des persönlichen Gesprächs unterdurchschnittlich entwickelt. Das heißt: Beim Fernsehen
wird zwar die eine oder andere Assoziation oder Anmerkung ausgetauscht;
ein Gespräch im Sinne einer personal bestimmten zwischenmenschlichen
Kommunikation kommt jedoch bei Vielsehern kaum auf - weder über das
Gesehene noch zu anderen Themen, weder während der Sendung noch danach.
Dieser Zusammenhang wurde zuletzt in zwei von der ARD/ZDF-Medienkom-

11 teleskopie (Hrsg. im Auftrag der ARD/ZDF-Medienkommission),
    Sonderauswertung zum Thema "fernsehfreier Wochentag",
    Bonn-Bad Godesberg, Juli 1978

mission in Auftrag gegebenen qualitativen Studien belegt; wo Ursache
und Wirkung liegen, kann empirisch kaum ermittelt werden. Alles
spricht dafür, daß eine Wechselwirkung zu diesem Zusammenhang führt.[12]

Wenn noch mehr Programme angeboten werden, muß man in Kauf nehmen,
daß die Vereinzelung und Isolierung der Individuen gefördert wird:
Für Gespräche am Arbeitsplatz und im Freundeskreis und damit letztlich auch in der Gesellschaft wird das Fernsehen um so weniger ge-
meinsame Themen anregen, je unterschiedlicher die Programmwahl der
Gruppenmitglieder ausfallen kann. Die Zeit, als Durbridge die Straßen
leer fegte, ist ohnehin vorbei; wenn sieben Personen sechs verschiedene Programme gesehen haben, können sie nicht mehr darüber reden.
Hier kann zugleich die integrierende Funktion, die das Medium für die
Gesellschaft besitzt, tangiert werden. Schon heute läuft in jedem 5.
Fernsehhaushalt, sprich Familie, ein Zweitgerät; der Trend hält an.[13]
In einigen Monaten werden wir aufgrund einer verbesserten Untersu-
chungsmethode Aussagen über die Bedeutung der Zweitgeräte machen können. Es ist zu befürchten, daß sich auch hier desintegrierende Faktoren für die Familien zeigen.

4. Schlußbemerkung

Zum Schluß noch eine generelle Bemerkung: Von Entfremdung des Menschen wird zutreffend gesprochen, wenn der Arbeitende sich im Ergebnis seiner Arbeit nicht wiederfinden kann. Dieses Entfremdungsproblem
ist noch nicht gelöst, aber schon tut sich ein weiteres, vielleicht
schwerer wiegendes, jedenfalls korrespondierendes in der Freizeit auf.
Der Sog der Freizeittechnologien wirkt nicht minder unmenschlich als
der Zwang der industriellen Revolution. Ein Kongreßprogramm unter dem
Titel "Telekommunikation für den Menschen" sagt demgegenüber aus, daß
mit den verfügbaren Mitteln noch kein Ziel bestimmt werden kann. Darin liegt die Verpflichtung, nicht nur zu fragen, was wir können, sondern auch zu fragen, was wir wollen. Technische Möglichkeiten besitzen keine Rechte, auch nicht das Recht, verwirklicht zu werden. Wer
sie will, mag sie ergreifen. Kabel- und Satellitenfernsehen (nicht
übrigens die Bildplatte) lassen sich in ihrer Grundlegung nicht markt-

12 ZDF (Hrsg.), Familie und Fernsehen, ZDF-Schriftenreihe,
    Heft 21, Mainz, März 1978, S. 20-37
13 teleskopie-Strukturerhebung, Übersicht 1.01

wirtschaftlich organisieren. Die technische Ausstattung muß de facto von der Allgemeinheit bereitgestellt werden. Daher besitzt sie allein in ihren befugten Repräsentanten die Kompetenz zu entscheiden und die Prüfungspflicht, inwieweit dem zweifellos vorhandenen Bedürfnis nach Kommunikation durch die Weckung eines Bedarfs an einer spezifischen Form der Massenkommunikation sinnvoll entsprochen werden kann und soll. Unter diesem Blickwinkel nehmen heiß umstrittene und polemisch behandelte Fragen wie die der Rechtsverfassung von Programmveranstaltern nicht jenen hohen Rang ein, auf den eine weitgehend interessenbestimmte medienpolitische Optik sie hinaufstilisiert.

Ich durfte, meine Damen und Herren, Ihre Bereitschaft voraussetzen, sozialwissenschaftlichen Forschungsergebnissen zu folgen, obwohl sie die Wirklichkeit nicht so sinnenfällig und gefällig präsentieren wie eine Ansichtskarte, sondern das, was ist, eher nach Art eines mühsam zu studierenden Meßtischblattes darstellen. Und ich hoffe und appelliere an uns alle, die wir von Berufs wegen in der einen oder anderen Form mit Kommunikationsfragen beschäftigt sind, in der medienpolitischen Diskussion die Aufmerksamkeit immer wieder auf die Bedürfnisse der Menschen und die letztlich personalen Ziele und Folgen der Massenkommunikation zu lenken, gerade weil Antworten auf diese Grundsatzfrage von weitreichender gesellschaftspolitischer und kultureller Bedeutung schwierig sind und Antwortversuche darauf nicht durch raschen Applaus und Schlagzeilen honoriert werden.

Tabellen

	1964	1970	1974	1978

Tab. 1 D A U E R D E R M E D I E N N U T Z U N G
an einem durchschnittlichen Werktag
Personen ab 14 Jahre; Bundesrepublik Deutschland und Berlin (West)
(in Stunden: Minuten)

a) ALLE PERSONEN

	1964	1970	1974	1978
Fernsehen	1:10	1:53	2:05	
Hörfunk	1:29	1:13	1:53	
Tageszeitung	0:35	0:35	0:38	

b) PERSONEN IN FERNSEHHAUSHALTEN

	1964	1970	1974	1978
Fernsehen	1:58	2:10	2:11	Mo-Fr: 1:57 Mo-So: 2:10
Hörfunk	1:11	1:11	1:52	
Tageszeitung	0:34	0:35	0:38	

Tab. 2 S E N D E Z E I T E N
Tägliche Sendezeit im Jahresdurchschnitt

	1964	1970	1974	1978
ARD-Gemeinschaftsprogramm		7:19	7:33	8:23
Zweites Deutsches Fernsehen	5:21	8:20	8:51	9:48
Alle Dritten Programme	1:50	20:08	26:52	35:01

Tabellen

		1964	1970	1974	1978
Tab. 3	E M P F A N G S M Ö G L I C H K E I T E N der Fernsehhaushalte in %				
	Zwei Fernsehprogramme	59	96	98	98
	mind. ein Drittes Programm		53	75	92
Tab. 4	F E R N S E H G E N E H M I G U N G E N Bundesrepublik Deutschland und Berlin (West)				
	in Millionen	8,54	15,90	18,47	20,17
	je 1000 Einwohner	147	260	297	328
Tab. 5	M E D I E N N U T Z U N G außerhalb und während der Freizeit an einem durchschnittlichen Werktag in Minuten				
	a) außerhalb der Freizeit				
	Fernsehen	6	12	11	
	Hörfunk	53	47	76	
	Tageszeitung	14	13	17	
	b) während der Freizeit				
	Fernsehen	64	101	114	
	Hörfunk	36	26	37	
	Tageszeitung	21	22	21	

<u>Tabellen</u>

	1964	1970	1974

Tab. 6   F R E I Z E I T
an einem durchschnittlichen Werktag
Personen ab 14 Jahre; Bundesrepublik Deutschland und Berlin (West)

	1964	1970	1974
Freizeit insgesamt	5:40	6:15	6:53
davon: zu Hause	3:38 = 64%	4:31 = 72%	5:01 = 73%
außer Haus	2:02 = 36%	1:45 = 28%	1:52 = 27%

Tab. 7   Z U S C H A U E R Z A H L E N
ausgewählter Sendereihen des ZDF
pro Sendung im Jahresdurchschnitt 1978

Ballett	1 Million
Kulturmagazin "Aspekte"	2 Millionen
"ZDF-Magazin"	2,8 Millionen
"Heute", 19.00 Uhr-Sendung	7,4 Millionen
Kriminalreihe "Derrick"	16,2 Millionen
Quiz "Der große Preis"	19,8 Millionen

Anmerkungen zu den Tabellen

Zu Tab. 1:   für 1964-1974: Massenkommunikation, S. 77;

             für 1978:   Kontinuierliche Zuschauer-
                           forschung durch teleskopie

Zu Tab. 2:   Media Perspektiven (Hrsg.) Daten zur Mediensituation in der Bundesrepublik, Frankfurt 1979, S. 8;
Massenkommunikation, S. 78

Zu Tab. 3:   für 1964-1974: Dokumentation wichtiger Ergeb-
nisse der Fernsehforschung, Band 1 (Teil 1),
S. 16 f; für 1978: teleskopie-Strukturerhebung,
Übersichten 5.04 und 5.05

Zu Tab. 4:   Daten zur Mediensituation in der Bundesrepublik, S. 1

Zu Tab. 5:   Massenkommunikation, S. 84

Zu Tab. 6:   Massenkommunikation, S. 83; Erhebungen im
Frühherbst 1964, Frühjahr 1970, November 1974

Zu Tab. 7:   ZDF (Hrsg.), ZDF Jahrbuch 1978, Mainz,
Juni 1979, S. 185-247

Kriterien der Medienselektion und die Chancen für neue Medien

W. Ernst, München
und
O. Ernst, Hamburg

I. VERFÜGBARE UND NEUE INFORMATIONS- UND ERKENNTNISQUELLEN DER KOMMUNIKATIONSFORSCHUNG

Wolfgang Ernst

Wir sollen hier über die 'Chancen für neue Medien' berichten, also eine Prognose wagen.

Sie wissen alle, daß es nur empirisch abgesicherte Prognosen nicht geben kann, denn alle Erfahrung bezieht sich auf Vergangenheit und Gegenwart und weiß nichts von der Zukunft.

Also muß der Prognostiker empirisch abgesichertes Wissen mit Spekulationen verbinden - Spekulationen, mehr oder weniger kontrolliert durch Überlegungen über den Grad der Wahrscheinlichkeit, welche für alternative Hypothesen gelten mögen.

Was nun die Frage nach den neuen Medien anbelangt, so tun wir sicher gut daran, uns einer möglichst breiten Basis für eine Prognose zu versichern - und diese Tagung versucht ja, eine solche breite Basis zu schaffen.

Welche Informations- und Erkenntnismöglichkeiten stehen jetzt speziell der Kommunikationsforschung zur Verfügung?

Ich meine, daß wir uns auf vier Ansätze beschränken können:

1. Es steht uns eine Fülle von Erkenntnissen über Medien- und Kommunikationstrends in den dreißig Jahren von 1949 bis 1979 zur Verfügung.

   Wir haben die Einführung und Ausbreitung des Fernsehens in der Bundesrepublik beobachtet, den 'Wiederaufbau' des Hörfunks, seinen Aufstieg in den fünfziger Jahren, seine Krise in den sechzigern und seine 'Renaissance' in den siebziger Jahren.

   Wir verfügen über eine Fülle von Daten über die Entwicklungen und Umschichtungen im Markt der gedruckten Medien; wir kennen die Trends im Markt der Geräte der Unterhaltungselektronik.

   Und wir beobachten seit einigen Jahren Entwicklungen in Industrie und Verwaltung, die durch die Einführung neuer Informationstechnologien in Gang gesetzt wurden.

Dieses Material ist zu sichten und neu zu analysieren; es wird uns helfen, die Dynamik zukünftiger Entwicklungen besser abzuschätzen.

2. Nicht nur die Vergangenheit, auch die Gegenwart bietet die Möglichkeit, zu beobachten.

Wenn wir uns mit der Akzeptanz neuer Medien beschäftigen, wie die Menschen mit einem Angebot einer sehr großen Zahl von Fernsehprogrammen umgehen, dann können wir solche Entwicklungen schon jetzt studieren: in den USA, in Japan, in Belgien, in Holland, aber auch schon in bestimmten Regionen der Bundesrepublik, zum Beispiel im Bodenseeraum, wo teilweise sieben Fernsehprogramme zu empfangen sind oder in West-Berlin, wo es, aufgrund der besonderen Situation dieser Stadt, 'Lokalfernsehen', das Regional-Programm des SFB gibt.

Allerdings: Was bisher an Erkenntnissen vorliegt, vor allem aus dem Ausland, ist unbefriedigend, widersprüchlich und zweifellos noch nicht systematisiert.

Trotzdem, wir werden diese Entwicklungen zu beobachten haben und diese Beobachtungen können uns weiterhelfen.

3. 1976 hat die KtK die Durchführung von Pilot-Projekten vorgeschlagen. Diesem Vorschlag wurde 'grundsätzlich' zugestimmt, verwirklicht wurde er bisher nicht.

Ich meine, wir sind hier 'mal wieder im Begriff, über den eigenen Perfektionismus zu stolpern. Je länger die Planungszeit dauerte, umso gigantischer wurden die Konzepte, um so unrealistischer die Erwartungen, welche sich auf diese Pilot-Projekte richten.

Nach meiner Auffassung können solche Pilot-Projekte dazu dienen, die Frage nach der Akzeptanz neuer Medien etwas genauer zu beantworten. Und die bei solchen Projekten gesammelten Erfahrungen könnten helfen, das inhaltliche und formale Angebot neuer Medien zu optimieren.

Aber: längerfristige Auswirkungen neuer Medien werden sich auch nach dem Abschluß solcher Pilot-Projekte n i c h t beurteilen lassen, sie bieten kein Instrumentarium gesicherter Prognosen.

Noch eine methodische Anmerkung: Nur um die Akzeptanz zu prüfen, benötigen wir keine Großstichproben in vier verschiedenen Ballungsräumen.

Realistischere Konzepte würden zu wesentlich kleineren, dafür aber besser kontrollierbaren Testansätzen führen, und von solch kleineren Pilot-Projekten hätten wir in kürzerer Zeit genauere Antworten auf weniger Fragen zu erwarten!

4. Eine der wichtigsten Informationsquellen, die uns zur Verfügung stehen, ist die Erforschung der gegenwärtig bestehenden Informations-, Bildungs- und Unterhaltungsbedürfnisse in der Bevölkerung.

Wir können ermitteln, welche Kommunikationsformen genutzt werden, um diese Bedürfnisse zu befriedigen, wo es Defizite gibt und auch welche Kenntnisse, Hoffnungen oder Befürchtungen sich mit den 'neuen' Medien verbinden.

Und wir können, innerhalb bestimmter Grenzen, feststellen, ob sich bereits jetzt eine Nachfrage für neue Kommunikationsmöglichkeiten abzeichnet.

Im Jahre 1975 haben wir eine solche Studie im Auftrage der KtK durchgeführt - Dr. Otmar Ernst, mein Koreferent, gehörte mit zu den Sachverständigen, die uns bei dieser Untersuchung berieten -, eine weitere in diesem Jahr im Auftrage der Bundespost zur Vorbereitung des Bildschirmtext-Pilot-Projektes in Düsseldorf/Neuss und die Infratest-Medienforschung hat in eigener Initiative für dieses Referat hier eine Studie über die Einstellungen und die potentielle Nachfrage gegenüber neuen Medien durchgeführt.

Natürlich wissen wir, daß die Aussagekraft solcher Untersuchungen begrenzt ist, sie können nicht a l l e i n die Basis für langfristige Prognosen abgeben.

Aber eines können wir heute tun: Wir können feststellen, ob bisherige Trends mit den aktuellen Forschungsergebnissen in Einklang stehen, ob es Anzeichen für neue, überraschende Entwicklungen gibt, oder ob wir Gründe haben, die unmittelbare Zukunft, auch die der neuen Medien, etwas gelassener zu beurteilen.

Doch nun zuerst zu der Medienlandschaft von heute, zu den 'Kriterien der Medienselektion', also zu den allgemeinen Voraussetzungen, welchen die neuen Medien gegenüberstehen.

II. VERSUCH EINER BESTANDSAUFNAHME

Dr. Otmar Ernst

Ich stehe vor einer recht schwierigen Aufgabe: In einer knappen Viertelstunde soll ich
Ihnen etwas präsentieren, wozu ich eigentlich den gesamten Rest dieser Tagung bräuchte,
um es hinlänglich genau und ausführlich zu tun.

Und ich bräuchte wahrscheinlich noch einen Satz Leinwände mehr, um alle die Zahlen
und Kurven unterzubringen, mit denen ich Sie konfrontieren müßte.

Leider wäre der Veranstalter damit nicht einverstanden und wahrscheinlich sind Sie es
auch nicht.

'Kriterien der Medienselektion' - der Stoff ist so umfangreich, daß man ein Buch
darüber schreiben müßte, mit vielen Zahlenreihen und Tabellen - und vielleicht werden
wir das auch noch tun.

Ich möchte jetzt ein wenig unwissenschaftlich verfahren und Ihnen gewissermaßen nur
die Kapitelüberschriften dieses noch ungeschriebenen Buches auflisten.

Damit kann ich dann, sehr komplex, und vielleicht ein wenig oberflächlich, in Schlagzeilen das zusammenfassen, was wir über die Kriterien der Medienselektion wissen
oder zumindest mit großer Sicherheit zu wissen glauben.

Und damit wiederum die allgemeinen Voraussetzungen umreißen, denen die sogenannten
neuen Medien hier in der Bundesrepublik gegenüberstehen.

1.   In den letzten zehn bis zwanzig Jahren gab es fast eine 'Explosion' des Angebotes
      an visueller, auditiver und audivisueller Information und Unterhaltung.

      Sie ging von den Tages- und Wochenzeitungen, über die Publikums-, Zielgruppen-
      und Fachzeitschriften, über Hörfunk und Fernsehen, über Bücher und Taschen-
      bücher, bis hin zu Schallplatten und Tonkassetten - und selbst Opas totgesagtes
      Kino erlebte eine unerwartete Renaissance.

      Die gleiche Entwicklung zeigt sich auch in der Ausstattung der Haushalte mit Ge-
      räten der Unterhaltungselektronik: der Bestand an Rundfunk- und Fernsehgeräten,
      an Plattenspielern und Hifi-Anlagen, an Kassettenrecordern, nahm ständig zu.

2. Zwar sind Sättigungsgrenzen inzwischen erreicht: in fast jedem Haushalt steht ein Fernsehgerät und gibt es mehrere stationäre und mobile Radiogeräte.

Sättigungstendenzen sind im Markt für Plattenspieler und Kassettenrecorder erkennbar, aber sie gelten nur für die hardware - der Markt für die software, Schallplatten und Tonkassetten, ist nach wie vor expansiv.

Und es tauchen neue Angebote auf: die Videorecorder beginnen sich im Markt zu positionieren und in amerikanischen Testmärkten wird die Bildplatte schon angeboten.

3. Diesem expandierenden Angebot steht aber ein relativ stabiles Marktpotential gegenüber:

Die Zahl der Haushalte und der erwachsenen Bevölkerung in der Bundesrepublik veränderte sich, relativ zu diesen Entwicklungen, nur wenig.

Zwar gibt es deutliche Strukturveränderungen.

Das verfügbare Einkommen nahm ständig zu, die Freizeit weitete sich aus, der Trend zu einer besseren Bildung und Ausbildung läßt sich erkennen.

Aber die Wachstumsrate im Kommunikationsbereich ist noch immer stark überproportional gegenüber allen diesen Entwicklungen.

4. Damit kommen wir zu einer wesentlichen Erkenntnis:

Das Angebot an Informationen und Unterhaltung durch die Medien hat stark zugenommen, das Marktpotential nahm aber nur unterproportional zu bis blieb stabil.

Daraus ergibt sich: der Einzelne nutzt mehr Medienangebote und diese selektiver.

So hat zum Beispiel der durchschnittliche Umfang der Tageszeitungen im Laufe der Jahre zugenommen, der Leser bekam also mehr Papier - die in Untersuchungen gemessene Lesezeit veränderte sich aber nicht; also neigt der Zeitungsleser jetzt stärker dazu, das Angebot der Zeitungen an Information und Unterhaltung selektiver zu nutzen.

Auch beim Fernsehen lief die Ausweitung des Angebotes an Sender- und Sendungsangeboten nicht parallel mit der Zunahme der Sehzeiten und ähnliche Strukturen finden sich auch im Markt der Publikumszeitschriften.

5. Die Menge genutzter Quellen an Information und Unterhaltung und die Intensität
   der Nutzung ist in der Bevölkerung nicht gleich verteilt:

   Es gibt eine Gruppe, welche das Medienangebot stark überdurchschnittlich nutzt
   und ebenso eine, für die ein extrem niedriger Medienkonsum typisch ist; der
   'Rest' schwankt um eine durchschnittliche Nutzungsintensität.

   Man kann sich darüber streiten, wo man nun den Schnittpunkt für Abgrenzungen
   legt, aber überschlägig kann man sagen, daß vielleicht ein Drittel der erwachsenen Bevölkerung mehr als die Hälfte bis zu zwei Dritteln der Medienkontakte
   'verbraucht'.

6. Die steuernden Faktoren für den Medienkonsum sind Alter, Bildung und sozio-
   ökonomischer Status.

   Über alle Medien hinweg findet man die Gruppe der intensiven Mediennutzer bei
   den jüngeren Leuten mit höherer Bildung und überdurchschnittlichem sozio-
   ökonomischen Status und je älter, weniger gebildet und 'ärmer' die Leute sind,
   umso weniger extensiv ist ihr Medienkonsum.

   Diese Erkenntnisse sind sehr wichtig, wenn es darum geht, abzuschätzen, wo
   'neue' Medien zuerst ihre Nutzer finden werden.

   Und auch, ob solche neuen Medien die Chance bieten, bisher mit Kommunikation
   unterproportional versorgte Gruppen besser zu bedienen.

7. Eine Exklusiv-Nutzung eines Mediums oder einer Mediengattung gibt es praktisch
   nicht: immer geht es um die Kombination mehrerer Medien und auch immer um
   die Kombination von gedruckten und elektronischen Medien.

   Dabei gibt es offensichtlich eine 'Grundausstattung' an Medien, welche auch für
   die Wenig-Nutzer gilt: die regionale Tageszeitung plus Fernsehen; dazu oft noch
   BILD oder andere Kaufzeitungen, meist noch eine Programmzeitschrift und vielleicht eine Publikumsillustrierte - und im 'Hintergrund' der Hörfunk.

   Bei den Vielnutzern von Medien werden diese Kombinationen opulenter und
   komplizierter, aber sie bauen auf der gleichen Grundausstattung auf.

   Das bedeutet: Bei der Beurteilung der gegenwärtigen wie der zukünftigen Markt-
   struktur geht es immer um die Pluralität, um die Kombination von Medien und

darum, wie diese Medien, wie diese kommunikativen Angebote, zusammenwirken bei ihrem Empfänger.

8. Damit stellt sich die Frage, nach welchen Kriterien sich der Einzelne 'seine' Kombination von Medien selektiert.

Dies richtet sich nach den Funktionen, welche die verschiedenen Medien - und innerhalb dieser Medien wiederum ihre vielfältigen Kommunikationsangebote - haben, für i h n haben.

In diesen Funktionsstrukturen lassen sich, stark vereinfacht, drei Ebenen abgrenzen:

- die Polarität von 'Information' und 'Unterhaltung';

- das Ausmaß, in welchem lokale, regionale und überregionale Dimensionen berührt werden und

- eine Reihe spezieller Funktionen, welche sicher für die Beurteilung der 'gesellschaftlichen Relevanz' des Medienangebotes bedeutsam sind, zum Beispiel soziale Integration, politische Orientierung, persönliche Selbstbestätigung, 'Escape' oder auch das von den derzeitigen Medien nur unzureichend befriedigte Bedürfnis nach 'dialogischer Kommunikation'.

Das sind notgedrungen Schlagworte und es wäre wichtig, sie präzise mit Inhalten zu füllen, doch dazu fehlt hier die Zeit - die Andeutungen müssen genügen.

9. Aber, erkennbar ist eines: Kein Medium kann allein ein Funktionsspektrum anbieten, welches den Kommunikationsbedürfnissen des Einzelnen gerecht wird und jedes neue Medium hat die Chance, zusätzliche Funktionen anzubieten oder gegebene Funktionsstrukturen zu modifizieren oder zu intensivieren!

10. Ein Selektionskriterium spielt noch eine besondere und gewichtige Rolle: die Kosten, welche Medien bei ihren Nutzern verursachen.

Langjährige Beobachtungen zeigen, daß das Kommunikationsbudget sogar überdurchschnittlich zur Entwicklung der Lebenshaltungskosten gestiegen ist, darin spiegeln sich aber sehr stark die Aufwendungen für Geräte der Unterhaltungselektronik wider.

Die Korrelation zwischen sozio-ökonomischen Status und hohem Medienkonsum wurde bereits erwähnt. Aber unabhängig davon rechnet der Nutzer bei den Medien 'Aufwand' und 'Ertrag' nicht exakt gegeneinander auf, aber es gibt durchaus ein subjektives Wirtschaftlichkeitsdenken.

Dies wird insbesondere dann wirksam, wenn die Entscheidung, ein bestimmtes Medium zu nutzen oder nicht, relativ frei ist: die Gebühren für Hörfunk und Fernsehen und meist auch das Abonnement der lokalen Tageszeitung gelten fast als 'Fixkosten', der Rest ist dann flexibel - und diese Flexibilität ist schichtabhängig, abhängig vom verfügbaren Einkommen.

Das bedeutet, daß die Chancen für einzelne neue Medien mit abhängig sind von den Kosten, welche sie als Grundinvestition oder als Dauerbelastung verursachen.

11. Bei den gedruckten und elektronischen Medien gibt es im Prinzip keine Marktpotentiale an 'neuen' Nutzern - das natürliche Heranwachsen neuer Zielgruppen ausgenommen.

Die weitesten Nutzerkreise von Gattungen kommunikativer Angebote sind relativ stabil und die Marktbewegungen spielen sich durch Wechsel innerhalb der Gattung ab und/oder durch Veränderung der Nutzungsfrequenz beziehungsweise -intensität.

Neue Titel und Programme finden ihre Nutzer eher im 'Kern' der Gattung - beziehungsweise der Gattung, welcher sie nach redaktioneller Struktur und Funktion am nächsten kommen - als bei denen, welche eher am Rande stehen, aufgrund einer Inhalts- und Interessen-gesteuerten Selektion.

Das heißt zum Beispiel, daß eine neue Frauenzeitschriftn ihre Leserinnen bei denen am ehesten findet, welche jetzt schon intensiver Frauenzeitschriften nutzen; daß eine neue Kaufzeitung besonders attraktiv ist für die Leser bereits bestehender Kaufzeitungen oder auch, daß eine neue Krimi-Serie oder Show ihre Zuschauer eher bei denen findet, welche für Sendungen dieses Typs ohnehin eine Präferenz haben - und einen attraktiven Krimi auch dann einschalten, wenn es im anderen Programm ein Kontrastprogramm gibt, das sie vielleicht auch interessieren würde.

12. Das bedeutet auch, daß jemand, der stark an 'Unterhaltung' interessiert ist, ein zusätzliches Angebot an Medien nutzen wird, um mehr Unterhaltung zu konsumieren und derjenige, der sich für anspruchsvolle Information interessiert, wird in dieser Sparte das gleiche tun.

Die 'Form', in welcher sich neue Medien präsentieren, ist fast sekundär: wesentlich ist, ob sie neue Inhalte anbieten, Inhalte besser, umfangreicher, unterhaltender, aktueller, kompetenter, zielgruppengerechter.

13. Maßstab für die Beurteilung neuer Angebote im Medienmarkt sind die bestehenden: Das gilt für ihre funktionale Einordnung, wie für ihre 'ökonomische' Bewertung.

Dieser Maßstab ist wirksam bei neuen Zeitungen oder Zeitschriften, aber auch bei allem, was im Bereich der elektronischen Medien an Neuem anstehen kann.

Wobei sich erweist, daß die Terminologie bezüglich der 'neuen' Medien nicht besonders präzise ist: Weder das Kabel- noch das Satellitenfernsehen können im Grunde etwas Neues bieten, sondern nur eine andere, komfortablere Form des Transportes und eine Vermehrung bereits bekannter Angebote - sie stellen ein Zusatzangebot, Zubehör, nichts eigentlich Neues dar.

Und auch Videorecorder oder Bildplattensysteme bieten 'Fernsehen' als Konserve an - mit unterschiedlichem Manipulationsspielraum.

Um 'neue' Medien im engeren Sinne des Wortes handelt es sich nur bei Video- und Bildschirmtext und innerhalb von Kabelsystemen bietet, unter entsprechenden Voraussetzungen, der Rückkanal einen neuen Kommunikationsweg.

Damit bin ich aber, von dem Versuch einer Bestandsaufnahme, schon in den Bereich von Spekulationen darüber gekommen, wie denn das Angebot an neuen Medien wirken könnte.

Die dargelegten allgemeinen Kriterien der Medienselektion geben für solche Vermutungen sicher schon wichtige Anhaltspunkte.

Um aber zu Prognosen zu kommen, ist es aber zusätzlich notwendig, sich zu vergegenwärtigen, wie es heute mit der 'Öffentlichen Meinung' über und mit den Einstellungen gegenüber neuen Medien steht.

III. ZUR GEGENWÄRTIGEN AKZEPTANZ NEUER MEDIEN
ERGEBNISSE DER INFRATEST-STUDIE 1979

Wolfgang Ernst

Seit 1975, als wir im Auftrage der KtK die erste Untersuchung zu den 'neuen' Medien durchführten, sind mehr als vier Jahre vergangen.

Ohne von dritter Seite beauftragt zu sein, hielten wir es für interessant, einmal in eigener Regie zu untersuchen, wie sich dann Mitte 1979 die Bevölkerung in der Bundesrepublik und in West-Berlin in ihren Einstellungen im Laufe dieser viereinhalb Jahre verändert hat - verändert insbesondere, was die Kenntnisse und die Akzeptanz neuer Medien anbelangt.

Wir haben dazu einige Fragen aus der KtK-Studie 1975 wiederholt und um neue Fragestellungen ergänzt.

Kurz die wichtigsten Inhalte der Studie - wobei im Rahmen dieses Referates keine Zeit mehr verbleibt, auch noch die Feinheiten methodischer Details und Überlegungen darzustellen.

1.   Erhoben wurde das Interesse an neuen Medien, wobei wir hier nicht nur das Kabel- und Satellitenfernsehen, Bildschirm- und Videotext in der Befragung angesprochen haben, sondern auch das Bildtelefon und die eigentlich nur als 'Zubehör' den neuen Medien zuzurechnenden Systeme Videorecorder und Bildplatte.

2.   Schließlich hat uns interessiert, wieweit sich der Informationsstand über neue Medien seit 1975 verändert hat - es ist ja inzwischen einiges publiziert worden, und man darf erwarten, daß sich entsprechende Kenntnisse auch in der Bevölkerung angesammelt haben.

3.   Bei der Auswertung der Daten galt das besondere Augenmerk der Struktur der verschiedenen Interessengruppen, also der Frage, inwieweit sich Personengruppen, die neuen Medien positiv gegenüberstehen, in ihren soziodemographischen Merkmalen von denjenigen unterscheiden, welche sich gegenüber den neuen Medien verweigern.

4. Ein nicht unwesentliches Argument für die Einführung von Breitbandkommunika-
tionssystemen ist die dadurch mögliche Verbesserung von Empfangsbedingungen
für eine größere Zahl von Fernsehprogrammen.

Wir haben die gegenwärtig bestehenden Empfangsverhältnisse exakt erhoben und
überprüft, inwieweit die Zahl der gegenwärtig empfangbaren Programme im Verhältnis steht zur aktuellen Nachfrage nach Kabelfernsehen.

5. Erfaßt haben wir auch die Nutzung sowohl des Fernsehens als auch der gedruckten
Medien.

Hier war die These zu prüfen, ob die intensive Nutzung der bestehenden Medien
in Beziehung steht zur potentiellen Nachfrage nach neuen Medien.

6. Unser Interesse galt auch den gegenwärtigen Einstellungen gegenüber einer Ausweitung des Informations- und Unterhaltungsangebotes im Fernsehen.

Hier wurde sowohl die persönliche Meinung erhoben wie auch die von dem Befragten vermutete Einstellung des näheren und weiteren sozialen Umfeldes.

7. Schließlich können auch prinzipielle Einstellungen gegenüber dem technischen
Fortschritt in Zusammenhang stehen mit der Nachfrage nach neuen Medien.

Völlig vergleichbar zu einer 1975 gestellten Frage haben wir auch hier erhoben,
inwieweit sich mit technischen, wissenschaftlichen und wirtschaftlichen Entwicklungen positive Zukunftserwartungen, oder umgekehrt auch Zukunftsängste, verbinden.

Ein technischer Hinweis noch: Die Ergebnisse, über die ich jetzt sprechen werde,
wurden bei einer bevölkerungsrepräsentativen Stichprobe gewonnen: insgesamt wurden
dazu, im Juli/August 1979, 2.000 Interviews durchgeführt.

Erste und wichtige Erkenntnis: Trotz wesentlich verbessertem Informationsstand hat
sich die aktuelle Nachfrage nach neuen Medien seit 1975 nicht verändert.

1979 stehen rund 30% der Bevölkerung den neuen Medien positiv gegenüber; 70% verhalten sich neutral oder ablehnend.

Der 'harte Kern' der Befürworter neuer Medien ist auf rund 14% zu veranschlagen,
das ist rund jeder Sechste in der Bevölkerung, fast jeder Zweite steht den neuen Medien ablehnend oder desinteressiert gegenüber.

Natürlich ist das eine Momentaufnahme, die abhängig ist vom aktuellen Stand der Dinge. Denn wir stehen vor dem Problem, daß wir in solchen Untersuchungen die neuen Medien zwar sinnvoll beschreiben können, daß es aber an Erfahrungen im Umgang damit fehlt, wir sind auf Vorstellungen angewiesen. Dementsprechend können sich diese Einstellungen im Laufe der Zeit ändern, wenn aus Vorstellungen Erfahrungen werden.

Immerhin muß man aber wohl davon ausgehen, daß die neuen Medien keineswegs auf ein weit verbreitetes Interesse, auf allgemeine Zustimmung in der Bevölkerung rechnen können und daß zumindest für einen mittelfristigen Zeitraum sie bei einer Mehrheit der Bevölkerung auf Kritik oder Interesselosigkeit stoßen.

Den bisherigen Erfahrungen der Kommunikationsforschung entsprechend ist die Akzeptanzchance für neue Medien bei den Personengruppen am stärksten, welche die bestehenden Medien bereits besonders intensiv nutzen.

Das gilt für das Fernsehen genauso wie für die gedruckten Medien.

Mit anderen Worten: Neue Medien sind vor allem Medien für den jetzt schon besonders gut informierten Teil der Bevölkerung.

Sie werden auf lange Sicht weniger dazu dienen können, Personengruppen, die mit den bestehenden Medien schlechter versorgt sind, zukünftig besser zu erreichen und in den Kommunikationsprozeß zu integrieren.

Hoffnungen auf eine Verbesserung der Chancengleichheit im Kommunikationsbereich lassen sich aus diesen Daten nicht ableiten.

Wir haben bisher nur pauschal über neue Medien gesprochen: Es ist daher nachzuholen, wie stark sich das Interesse an verschiedenen neuen Kommunikationssystemen inzwischen ausgebildet hat.

Wir können den Daten entnehmen, daß ein bereits bestehendes System, wie der Videorecorder (- über den noch in diesem Jahr rund 4% der Haushalte verfügen werden -) ebenso viel Interesse auf sich zieht wie die ferner liegenden Systeme Kabel- und Satellitenfernsehen.

Bildschirmtext und Videotext folgen mit großem Abstand.

Die Bildplatte wird es wohl zunächst sehr schwer haben, sich neben dem in Ansätzen schon etablierten System des Videorecorders zu behaupten. Dies ist nicht allein durch den verfrühten und mißglückten Versuch der Markteinführung noch unausgereifter Systeme zu erklären; ins Gewicht fällt vielleicht auch die Tatsache, daß die Bildplatte, anders als der Videorecorder, keine 'Eigenproduktion' von Software ermöglicht.

Vergleicht man die Gesamtbevölkerung mit dem Personenkreis, welcher sich generell für neue Kommunikationsformen interessiert - also mit der Gruppe von 14% der Bevölkerung, die wir gegenwärtig als Kernzielgruppe des Angebotes neuer Medien erkennen - so ergeben sich nochmals andere Akzente:

Diese Kernzielgruppe interessiert sich, im Vergleich mit der Gesamtbevölkerung, stärker für solche Medien, die nicht nur passiv konsumierbar sind, sondern auch aktive Eingriffe zulassen.

Dies gilt insbesondere für Systeme wie Videorecorder, aber auch für Video- und Bildschirmtext.

Wir haben eingangs schon darauf verwiesen, daß sich der Informationsstand der Bevölkerung über neue Medien in den letzten vier bis fünf Jahren verbessert hat.

Quantitative Vergleiche sind natürlich nur für die Medien möglich, welche 1975 und 1979 abgefragt wurden.

Es sind heute - absolut - 26% mehr als 1975, welche konkrete Vorstellungen über Videorecorder haben und sich auch in der Lage fühlen, anderen Leuten die Funktionsweise dieses Systems zu erklären.

Beim Kabelfernsehen hat sich der Kenntnisstand der Bevölkerung bei 15% verbessert.

Das Bildtelefon hingegen scheint nicht mehr so stark wie früher präsent zu sein.

Interessant ist hier wohl, daß das neue Medium den stärksten Zuwachs an Präsenz hat, welches es auch schon relativ weit verbreitet gibt und das man zumindest in jedem Fachgeschäft in natura begutachten kann: der Videorecorder.

Der Vergleich der sozio-demographischen Strukturen der Gruppe, die an neuen Medien besonders stark interessiert ist mit solchen, die ihnen ablehnend gegenüberstehen, bestätigt die Befunde der 1975 im Auftrage der KtK durchgeführten Untersuchungen:

Die Interessierten rekrutieren sich vor allem aus den oberen und mittleren sozialen Schichten, jüngeren Leuten, es sind Personen mit höherer Formalbildung, die über ein überdurchschnittliches Haushaltseinkommen verfügen.

Es mag in diesem Zusammenhang interessant sein, darauf hinzuweisen, daß wir bei der Einführung des Fernsehens solche strukturellen Zusammenhänge nicht beobachten konnten:

Das Publikum des Fernsehens war schon nach sehr kurzer Zeit (- nachdem etwa
250.000 Geräte angemeldet waren -) nur unwesentlich von der des Durchschnitts der
Bevölkerung verschieden.

Wir sehen auch in diesen Daten eine Bestätigung grundsätzlicher Erkenntnisse der
Kommunikationsforschung, wonach Medien, die in ihren Inhalten oder in ihrer Handhabung 'anspruchsvoll' sind und die außerdem überdurchschnittliche Aufwendungen erfordern, untere soziale Schichten kaum erreichen.

Dies läßt sich auch noch auf andere Weise demonstrieren:

Vergleichen wir die an neuen Medien Interessierten mit den daran Desinteressierten anhand von Kriterien wie der Besitz oder die Anschaffungspläne von technisch anspruchsvolleren Installationen im Bereich der Unterhaltungselektronik, so ergeben sich außerordentlich starke Unterschiede.

Besonders deutlich werden diese bei Telespielen, Videorecordern und Citizen-Band-Funk,
also auch hier wieder 'Medien', welche eine eher aktive Beschäftigung damit erfordern.

Die Unterschiede bezüglich des Umgangs mit dem derzeitigen Fernsehangebot sind weniger dramatisch: die an den neuen Medien stark Interessierten sehen etwas länger fern
als die Desinteressierten und sie schalten zwischen den Fernsehprogrammen auch etwas
häufiger hin und her, sind also stärker auf Selektion bedacht.

Dies hat allerdings auch mit den Empfangsbedingungen zu tun.

Auch diese waren Inhalt der Erhebung: Die Mehrheit der Bevölkerung kann mehr als
zwei Fernsehprogramme empfangen (79%), ein knappes Drittel vier und mehr.

Kriterium war hier nicht die einfache Möglichkeit, ein Programm zu bekommen, sondern
Empfang bei subjektiv als gut empfundener technischer Qualität.

Die Nachfrage nach dem Kabelfernsehen erfolgt nun nicht, wie vielleicht anzunehmen
wäre, am ehesten bei den Personengruppen, die nur wenige Fernsehprogramme empfangen können, sondern am stärksten dort, wo bereits jetzt schon überdurchschnittlich
viele Programme gut empfangen werden können.

Auch dieses Ergebnis stützt die vorherigen Befunde ab, wonach neue Medien am ehesten
interessant sind für diejenigen, die bereits jetzt über viele Informationsquellen verfügen
und diese entsprechend nutzen.

Wohl auch, weil sie die Erfahrung gemacht haben, daß mehr Informationsquellen ihnen größere Chancen geben, die individuellen Bedürfnisse nach Information, Bildung und vor allem Unterhaltung zu befriedigen.

Eine unserer Hypothesen war, daß die Einstellungen zu neuen Medien abhängen von der prinzipiellen Bewertung des 'technischen Fortschritts'.

Hier haben sich, wie der Vergleich 1975 und 1979 zeigt, beträchtliche Veränderungen vollzogen:

Die Vorstellung, daß technische, wissenschaftliche und ökonomische Entwicklungen unser Leben zukünftig lebenswerter machen, hat an Attraktivität eingebüßt.

Heute ist die Zahl derer, die dem technischen und wirtschaftlichen Fortschritt skeptisch gegenübersteht, weit größer als die Gruppe derer, welche diesen Fortschritt positiv bewertet.

Dieser Trend erklärt wahrscheinlich zum Teil, warum trotz verbessertem Informationsstand die erkennbare Nachfrage nach neuen Medien in den letzten viereinhalb Jahren keine nennenswerte Veränderung erfahren hat.

Unsere Untersuchung gibt die Möglichkeit, diese Hypothese zu überprüfen, indem wir vergleichen, ob die an den neuen Medien stärker Interessierten auch 'fortschrittsgläubiger' sind im Vergleich mit den Desinteressierten.

Die Zusammenhänge sind offensichtlich: Die an den neuen Medien stark Interessierten stehen dem technischen Fortschritt weit positiver gegenüber als ihre Gegengruppe.

Allerdings: Auch bei ihnen ist es nur eine Minorität, welche uneingeschränkte Fortschrittsgläubigkeit bekundet.

Anzeichen für eine Polarisierung in den Einstellungen der Bevölkerung finden wir auch bei der Frage, wie man sich zu einer Ausweitung von Informations- und Unterhaltungsangeboten im Fernsehen stellt.

Hier haben wir zwei Ebenen abgefragt, die Einstellung dazu des Befragten selbst und seine Vermutungen über die Einstellungen des sozialen Umfeldes.

Nimmt man die persönliche Meinung oder die vermutete Einstellung des sozialen Umfeldes des Befragten: Die Gegner und die Befürworter einer Ausweitung von Programmangeboten halten sich die Waage.

Und die Dissonanzen zwischen der eigenen Einstellung und der vermuteten des sozialen Umfeldes sind relativ stark.

Hier ist anzufügen, daß wir aus anderen Untersuchungen wissen, daß die Furcht vor
negativen Einflüssen eines sehr stark ausgeweiteten Fernsehangebotes auf das Familien-
leben stärker durchschlägt, als das positive Argument von der Ausweitung der Meinungsvielfalt durch Ausweitung der Informationsangebote.

Nun ist das wohl ein sehr wichtiger Faktor und wir haben versucht, die Befunde noch
weiter zu vertiefen, indem wir die Einstellungen gegenüber der Ausweitung des Informa-
tions- und Unterhaltungsangebotes im Fernsehen korrelierten mit dem Interesse an den
neuen Medien und der Formalbildung.

Es zeigt sich, daß sich diejenigen, welche an den neuen Medien besonders stark interessiert sind, auch durch eine positivere Haltung gegenüber einer Angebotserweiterung
des Fernsehens 'auszeichnen'.

Daß andererseits die gebildeten Bevölkerungsschichten sich hier eher negativer artikulieren, war insoweit überraschend, als - wie schon gezeigt wurde - die an den neuen
Medien interessierten sich überdurchschnittlich stark aus den oberen Bildungsschichten
rekrutierten.

Also war es notwendig, hier die Analyse noch zu vertiefen.

Die Tabelle ist jetzt ein wenig kompliziert: Wir haben das unterschiedliche Interesse an
den neuen Medien verbunden mit dem Grad der formalen Bildung, und innerhalb der so
gebildeten sechs Gruppen zeigen sich nennenswerte Unterschiede.

Es sind in der Tat vor allem die formal weniger Gebildeten, welche einer Ausweitung
des Fernsehangebotes besonders positiv gegenüberstehen, während hier Personen mit
Hochschulbildung oder zumindest Abitur wesentlich zurückhaltender urteilen - selbst
wenn sie generell neuen Medien gegenüber aufgeschlossen sind.

Auch zeigt sich, daß in der oberen Bildungsschicht durchgehend der Widerstand gegen
eine Ausweitung des Fernsehangebotes tendenziell stärker ausgeprägt ist als die Zustimmung.

Dies scheint uns ein weiterer Hinweis darauf zu sein, daß es strukturelle Unterschiede,
in Abhängigkeit von der Formalbildung, bei der Nachfrage nach neuen Medien gibt.

Die letzte Tabelle - beschränkt auf die an den neuen Medien allgemein stark Interessierten - gibt dazu noch weitere Informationen im Detail, also bezüglich der einzelnen
neuen Medien:

Innerhalb der stark Interessierten sind es die besser Ausgebildeten, also Personen
mit Hochschulbildung oder zumindest Abitur, welche ein überdurchschnittliches

Engagement gegenüber den neuen Medien zeigen, welche eine eher 'aktive' Beschäftigung damit erfordern, also Videorecorder, Video- und Bildschirmtext.

Daß diese Trends nicht ganz durchgehend sind, wäre sicher ein Anlaß, sich noch intensiver mit solchen Zusammenhängen zu beschäftigen.

Ich möchte nun, ohne der Zusammenfassung vorzugreifen, die mein Mitreferent noch geben wird, auf einige mir wichtig erscheinende Punkte hinweisen:

1. Eine wesentliche Aufgabe der Markt- und Sozialforschung besteht darin, durch rechtzeitige Information Fehlinvestitionen sowohl im privatwirtschaftlichen wie öffentlichen Bereich zu verhindern. Auch übereilte Investitionen können Fehlinvestitionen sein. Und aus den vorliegenden Ergebnissen scheint mir deutlich zu werden, daß die Aufnahmebereitschaft für neue Medien in Privathaushalten noch relativ gering ist. Ich warne also vor Übereilung und unangemessener Euphorie.

2. Das gilt nicht in gleichem Maße für alle Medien. Noch vor fünf Jahren - einige von Ihnen werden sich daran erinnern - wurde von verschiedenen Experten der Bild-Platte eine große und unmittelbar bevorstehende Zukunft prognostiziert. Ich hielt das damals für eine Fehlprognose - und so war's dann auch - schon weil die Zukunft der Bildplatte damals an der unzureichenden Technik scheiterte. Und auch heute ist ungewiß, was sich in den nächsten 5-10 Jahren mit ihr tut. Zunächst wird der Markt dem Video-Recorder gehören, schon weil es die Bildplatte erst in einigen Jahren geben wird und sie sich im Markt gegen und/oder neben ihm durchsetzen muß.

3. Die noch vor Jahren verbreitete Wunsch- und Zielvorstellung, neue Medien würden dazu beitragen, bestehende Ungleichheiten in der Medienversorgung der Bevölkerung durch diese neuen Medien zu reduzieren oder gar zu beseitigen, dürften eine Illusion bleiben.

4. Neue Informationstechniken werden weiterhin expandieren und umfassende Veränderungen nach sich ziehen - im Bereich von Wirtschaft und Verwaltung. Im privaten Bereich jedoch - das ist mein Eindruck - hat die Zukunft noch nicht begonnen.

IV.   ZUSAMMENFASSUNG UND SCHLUSSFOLGERUNGEN

Dr. Otmar Ernst

Die Ergebnisse der Infratest-Untersuchung gaben eine Reihe von sehr aufschlußreichen
Informationen über das Wissen über und die Einstellungen gegenüber den neuen Medien.

Man muß sich bewußt sein, daß wir hier Meinungen messen, Meinungen über einen
Gegenstand, der sich in den Vorstellungen der Bevölkerung noch unzureichend profiliert
hat und demgegenüber es auch weitgehend noch keine sehr akzentuierten Bedürfnisse
gibt.

Das liegt in der Natur der Sache, denn die meisten neuen Medien gibt es ja im Markte
noch nicht und zum anderen ist vieles an diesen 'neuen' Medien gar nicht so neu.

Das erschwert den Versuch, Prognosen darüber abzugeben, wie es weitergehen wird.

Das Angebot der neuen Medien trifft auf eine Medienlandschaft, in der eigentlich jeder
schon jetzt seine Bedürfnisse nach Information, nach Unterhaltung, nach Bildung erfüllen
kann.

Aber auch auf eine Medienlandschaft, welche seit Jahren durch ein stark expandieren-
des Angebot an Kommunikation bestimmt war und noch weiter bestimmt ist.

Also ein Markt, in welchem auch weitere Medien noch ihren Platz finden können.

Es fragt sich, mit welcher Dynamik und bei welchen Zielgruppen?
Und es fragt sich auch, mit welchen Konsequenzen für die bestehenden "alten" Medien,
insbesondere die gedruckten Medien Zeitungen und Zeitschriften. Dazu wäre sicher
vieles zu sagen und muß noch viel gesagt werden.

Aber das ist nicht Thema unseres Referats; also bleiben diese Probleme "außen vor",
wie man in Hamburg sagt.

Die repräsentativen Befunde deuten auf einige Handicaps hin, welchen die neuen Medien
zur Zeit noch ausgesetzt sind:

-   Zunächst können sie zum gegenwärtigen Zeitpunkt nicht, zumindest noch nicht, auf
    eine breite Resonanz, auf großes Interesse in der Bevölkerung rechnen.

    Nur knapp ein Drittel zeigt starkes bis mittleres Interesse an neuen Medien,
    rund die Hälfte der Bevölkerung steht ihnen interesselos, ein weiteres Viertel nur
    mit geringem Interesse gegenüber.

Zwar kann man sich auf den Standpunkt stellen, daß schon die Minorität der sehr stark Interessierten, umgerechnet in absolute Größenordnungen sind das nämlich rund 7 Millionen, genügt, um ein hinreichendes Marktpotential für solche Angebote darzustellen, aber langfristig genügt das sicher nicht.

Zudem das Potential bei den einzelnen neuen Medien unterschiedlich groß ist.

- Eine gewisse Barriere für die Akzeptanz der neuen Medien stellt auch die sich weiter ausbreitende Skepsis gegenüber den Segnungen des technischen Fortschritts dar.

  Es mag auch hinzukommen, daß von den potentiellen Nutzern der Innovationsgrad dieser neuen Medien weit geringer eingeschätzt wird als von den Technikern.

  Mit Sicherheit wird der Erfolg neuer Medien nicht durch die Faszination des Technischen bedingt sein, sondern durch die Faszination der Inhalte und Funktionen, welche sie anzubieten haben.

Dynamisch werden die Märkte wohl erst dann - der Markt der Videorecorder zeigt das - wenn neue Medien konkret im Markt angeboten werden, wenn man sie tatsächlich kaufen, tatsächlich nutzen kann.

Auf der Funkausstellung in Berlin konnte man zum Beispiel beobachten, wie schnell die Besucher 'lernten', mit den bis dahin wohl meist unbekannten Systemen von Bildschirm- und Videotext umzugehen, wie schnell sie begriffen, was diese neuen Medien überhaupt anboten.

Unabhängig von diesen Voraussetzungen kann man aus den Untersuchungsbefunden ableiten, bei welchen Zielgruppen das Angebot neuer Medien erfolgreich sein kann.

- Die Nachfrage nach den neuen Medien konzentriert sich vor allem auf die Schichten, die bereits gegenwärtig überdurchschnittlich gut mit Informations-, Unterhaltungs- und Bildungsangeboten versorgt sind.

  Die Faktoren Alter, Bildung und sozio-ökonomischer Status entscheiden auch hier.

- Prototypisch für die an neuen Medien stark Interessierten sind jüngere Männer, mit höherer Bildung und überdurchschnittlichem Einkommen, und es läßt sich aus den Ergebnissen keine Vermutung stützen, das Angebot neuer Medien werde vielleicht den kommunikativ Unterversorgten zugute kommen.

- Im einzelnen ist die Nachfrage nach neuen Medien nicht homogen: je nach sozio-ökonomischem Status werden neuen Medien unterschiedliche Qualitäten abverlangt.

Tendenziell korreliert hier höhere Formalbildung auch mit einer Präferenz für neue Medien, welche eine stärkere Eigeninitiative im Umgang mit ihnen voraussetzen, also Videorecorder, Bildschirm- und Videotext.

- Was die zusätzlich über Kabelsysteme oder auch per Satellit angebotenen Fernsehprogramme anbelangt, so besteht hier zur Zeit sicher kein 'Nachfragedruck'. Würden jedoch mehr Programme angeboten werden, so kann man von der Hypothese ausgehen, daß sie von den Zuschauern 'assimiliert' werden: die größere Freiheit der Auswahl wird man schätzen und sein Sehverhalten danach einrichten.

Mehr Programme führen zu stärkerer Selektivität, einer Selektivität, welche interessengesteuert ist.

Es hängt dann vom jeweiligen weltanschaulich-politischen Standpunkt des Betrachters ab, ob er meint, diese Freiheit werde mißbraucht, oder der 'mündige' Bürger wisse wohl richtig damit umzugehen.

- Was die neuen Medien anbelangt, die etwas anderes tun, als 'nur' viele Fernsehprogramme komfortabel zu übertragen, so sind Prognosen über deren Chancen relativ unsicher.

Für Videorecorder und die dazugehörige Software zeichnen sich schon in unmittelbarer Zukunft äußerst interessante Märkte ab.

Ob die Bildplatte damit unmittelbar konkurrieren kann und wird, oder ob sie sich ihre eigenen, speziellen Marktnischen suchen muß, entscheidet sich in den kommenden Jahren - in jedem Fall hat sie das Handicap, daß sie nach dem Videorecorder auf den Markt kommt.

Bildschirm- und Videotext wiederum haben spezielle Funktionen, welche solche Systeme attraktiv für bestimmte Marktsegmente machen.

Aber bei allen diesen Angeboten muß man wohl damit rechnen, daß sie sich, aufgrund der technischen wie der marktstrukturellen Voraussetzungen nur langsam entwickeln und es ist wohl Skepsis angebracht gegenüber Erwartungen, daß von den neuen Medien schon mittelfristig, also in den nächsten zehn bis fünfzehn Jahren, ähnliche Impulse für einen Massenmarkt ausgehen können, wie wir das beim Fernsehen in den fünfziger und sechziger Jahren erlebt haben.

Was jenseits dieser Zeitspanne liegt, ist noch stärker eine Frage der Spekulation und des Optimismus oder Pessimismus, mit dem man unserer technisierten Zukunft entgegensieht.

Es mag sein, daß uns das neue Jahrtausend das Zeitalter der totalen Kommunikation beschert, es mag sein, daß sich dann im Grunde auch nicht so viel verändert hat, nur daß wir eben mehr Fernsehprogramme empfangen können, daß eine ganze Menge Leute einen Videorecorder haben, daß mit den meisten Fernsehgeräten Videotext empfangen werden kann und die Leute es nicht tun, daß sich der Bildschirmtext zu einem fast semi-professionellen Kommunikationssystem elitärer Zielgruppen entwickelt hat und daß man Bildplatten an jedem Zeitungskiosk kaufen kann.

Wir müssen das wohl abwarten.

Und die Frage nach den Chancen für die neuen Medien in einigen Jahren noch einmal stellen, wenn wir mehr wissen, wenn wir etwas mehr Erfahrungen gesammelt haben.

Vielleicht können wir sie dann präziser beantworten als heute!

Inhalte der Infratest-Studie 1979

1. Interesse an neuen Medien

2. Informationsstand: Kenntnis der neuen Medien

3. Struktur der verschiedenen Interessengruppen

4. Empfangsbedingungen für Fernsehprogramme

5. Nutzung von Fernsehen und Printmedien

6. Einstellungen gegenüber einer Ausweitung des Informations- und Unterhaltungsangebots im Fernsehen

7. Zukunftsängste und optimistische Zukunftsschau

Zu 1., 2. und 7.: Vergleiche zur Infratest-KtK-Studie 1975

Stichprobe: Bevölkerungsrepräsentativ, Random-Verfahren, 2.000 Interviews

Nachfragepotential für neue Medien

	1975 Bevölkerung	1979 Bevölkerung	Veränderung 1975-1979

Interesse[+] an neuen
Medien ist

stark	12%)	14%)	
	) 30%	) 30%	$\pm$ 0
mittel	18%)	16%)	
gering	18%)	25%)	
	) 70%	) 70%	$\pm$ 0
Kein Interesse	52%)	45%)	

[+] Ergebnisse eines Punkt-Bewertungssystems

Infratest Medienforschung

Schaubild 3

Interesse an neuen Medien - in Abhängigkeit von der Nutzung
des Fernsehens und der Print-Medien

	Personen, die -			
	das Fernsehen		die Print-Medien	
	intensiv nutzen	wenig nutzen	intensiv nutzen	wenig nutzen
Interesse an neuen Medien ist				
stark	● 23%	11%	● 24%	10%
mittel	26%	13%	18%	12%
gering	21%	26%	27%	23%
Kein Interesse	29%	● 49%	31%	● 55%

Grad des Interesses an einzelnen, ausgewählten
neuen Medien

- Bevölkerung -

	Interesse ist – sehr stark	stark	Summe
1. Kabelfernsehen	9%	24%	33%
2. Videorecorder	9%	19%	28%
3. Satellitenfernsehen	7%	20%	27%
4. Bildtelefon	7%	15%	22%
5. Videotext	4%	13%	17%
6. Bildschirmtext	3%	12%	15%
7. Bildplatte	2%	7%	9%
Interesse an durchschnittlich ... von 7 neuen Medienange-boten	0.4	1.1	1.5

Sehr starkes Interesse an einzelnen, ausgewählten neuen Medien
- in Abhängigkeit von einem allgemein starken Interessen an
neuen Kommunikationsformen

	Von der Bevölkerung sind sehr stark interessiert	Von den Personen, die sich allgemein stark für neue Kommunikationsformen interessieren, sind sehr stark interessiert an
1. Kabelfernsehen	9%	35%
2. Videorecorder	9%	● 47%
3. Satellitenfernsehen	7%	31%
4. Bildtelefon	7%	36%
5. Videotext	4%	● 23%
6. Bildschirmtext	3%	● 19%
7. Bildplatte	2%	16%
Sehr starkes Interesse an durchschnittlich ... von 7 neuen Medienangeboten	0.4	2.1

Veränderungen des Informationsstandes:
Kenntnisse über neue Medien (Auswahl)

	1975 Bevölkerung	1979 Bevölkerung	Veränderung 1975-1979
Es besitzen Kenntnisse (konkrete Vorstellungen) über			
Bildtelefon	46%	42%	– 4%
Videorecorder	29%	55%	● + 26%
Kabelfernsehen	21%	36%	● + 15%

Soziale und ökonomische Struktur der Personengruppen,
die sich für neue Medien stark bzw. nicht interessieren

	Bevölkerung	Personen, die sich für neue Medien stark interessieren	Personen, die sich für neue Medien nicht interessieren
Männer	46%	● 62%	35%
Frauen	54%	38%	● 65%
14 bis 44 Jahre	54%	● 75%	39%
45 Jahre und älter	46%	25%	● 61%
Haushaltseinkommen			
DM 2.500 und mehr	40%	● 49%	28%
unter DM 2.500	60%	51%	● 72%
Abitur/Hochschule	11%	● 16%	7%
Mittelschule	25%	● 38%	16%
Volksschule	64%	46%	● 77%

Schaubild 8

Besitz- und Verhaltensmerkmale der Personengruppen,
die sich für neue Medien stark bzw. nicht interessieren

	Bevölkerung	Personen, die sich für neue Medien stark interessieren	Personen, die sich für neue Medien nicht interessieren
Es besitzen oder planen die Anschaffung von			
Hifi-Stereoanlage	54%	78%	36%
Schmalfilmkamera	19%	34%	12%
Telespiele	11%	23%	5%
Videorecorder	10%	28%	2%
CB-Funk	6%	18%	3%
Farbfernseh-Standgerät	71%	80%	63%
Farbfernseh-Portable	10%	16%	6%
Es sehen im allgemeinen 3 Stunden und mehr pro Tag fern	27%	30%	25%
Es schalten zwischen den Fernsehprogrammen häufig hin und her	46%	50%	44%

Empfangsbedingungen für Fernsehprogramme
und Interesse an Kabelfernsehen

- Bevölkerung -

Es können <u>gut</u>
empfangen

		davon interessieren sich für Kabelfernsehen:	
4 und mehr Fernsehprogramme	30%;		37%
3 Fernsehprogramme	49%;	davon interessieren sich für Kabelfernsehen:	34%
1-2 Fernsehprogramme	15%;	davon interessieren sich für Kabelfernsehen:	27%

Beurteilung zukünftiger gesellschaftlicher Veränderungen
durch technologische, wissenschaftliche und ökonomische
Einflüsse

	1975 Bevölkerung	1979 Bevölkerung	Veränderung 1975–1979
Positive Einstellung zur Zukunft	28%	23%	– 5%
Neutrale Einstellung zur Zukunft	39%	32%	– 7%
Negative/skeptische Einstellung zur Zukunft	33%	45%	+ 12%

Beurteilung zukünftiger gesellschaftlicher Veränderungen
durch technologische, wissenschaftliche und ökonomische
Einflüsse - bei Personengruppen, die sich für neue Medien stark bzw. nicht interessieren

	Personen, die sich für neue Medien stark interessieren	Personen, die sich für neue Medien nicht interessieren
Positive Einstellung zur Zukunft	● 36%	18%
Neutrale Einstellung zur Zukunft	30%	34%
Negative/skeptische Einstellung zur Zukunft	34%	● 48%

Positive und negative Einstellungen zur Frage der
Ausweitung von Informations- und Unterhaltungsangeboten im Fernsehen

- Bevölkerung -

Einstellungen

der eigenen Person	des sozialen Umfeldes	
+	+	18%[+)]
+	-	33%
-	+	34%
-	-	14%

Saldo ++ /
-- insgesamt   + 4

+) Lesebeispiel:
18% der erwachsenen Bevölkerung stehen einer Ausweitung
des Fernsehangebots positiv gegenüber u n d sind zugleich der Auffassung, daß auch ihre soziale Umgebung
diese Auffassung teilt oder zumindest teilen sollte.

Infratest Medienforschung

Schaubild 13

Positive und negative Einstellungen zur Frage der Ausweitung
von Informations- und Unterhaltungsangeboten im Fernsehen
- bei Personengruppen, die sich stark bzw. nicht für neue Medien interessieren sowie bei Personen mit unterschiedlicher
Formalbildung

		Interesse an neuen Medien		Formalbildung	
		stark	kein Interesse	Volks- schule	Abitur/ Hochschule
Einstellungen					
der eigenen Person	des sozialen Umfeldes				
+	+	● 23%	17%	● 25%	11%
+	-	43%	28%	31%	29%
-	+	27%	35%	30%	38%
-	-	6%	● 18%	13%	● 19%
Saldo ++ / -- insgesamt		+ 17%	- 1%	+ 12%	- 8%

Infratest Medienforschung

Schaubild 14

Positive und negative Einstellungen zur Frage der Ausweitung von
Informations- und Unterhaltungsangeboten im Fernsehen - in Abhängigkeit vom Interesse an neuen Medien und von Formalbildung

		Personen, die sich für neue Medien stark interessieren			Personen, die sich für neue Medien nicht interessieren		
Einstellungen		Volks- schule	Mittel- schule	Abitur/ Hoch- schule	Volks- schule	Mittel- schule	Abitur/ Hoch- schule
der eigenen Person	des sozialen Umfeldes						
+	+	● 28%	22%	● 15%	● 20%	15%	● 3%
+	-	42%	45%	46%	28%	23%	29%
-	+	21%	29%	34%	35%	39%	35%
-	-	8%	5%	4%	16%	23%	28%
Saldo ++ / -- insgesamt		+ 20%	+ 17%	● + 11%	+ 4%	- 8%	● - 25%

Infratest Medienforschung

<u>Schaubild 15</u>

Sehr starkes Interesse an einzelnen, ausgewählten neuen
Medien bei allgemein stark an neuen Medien Interessierten,
<u>unterteilt nach Bildungsgrad</u>

- An neuen Medien allgemein stark Interessierte -

	Gesamt	Volks- schule	Mittel- schule	Abitur/ Hochschule
1. Kabelfernsehen	35%	30%	41%	39%
2. Videorecorder	47%	44%	47%	● 51%
3. Satellitenfernsehen	31%	27%	● 37%	32%
4. Bildtelefon	36%	33%	38%	34%
5. Videotext	23%	21%	18%	● 39%
6. Bildschirmtext	19%	20%	15%	● 29%
7. Bildplatte	16%	14%	● 19%	16%
Sehr starkes Interesse an durchschnittlich ... von 7 neuen Medienangeboten	2.1	1.9	2.2	2.4

Die Förderung der personalen Kommunikation durch ein neues Programmkonzept

W. Schätzler
Bonn

Minister Matthöfer hat in der Zeit, in der er Forschungsminister war, festgestellt, daß es empfehlenswert sei, sich die Technik der neuen technischen Kommunikationssysteme klarzumachen, "um die Gestaltungsaufgaben zu erkennen, die vor uns liegen."

Die technischen Entwicklungen sind hinreichend bekannt, aber es fehlt weitgehend die Überlegung, was denn nun zu tun sei und welche Vorbereitungen zu treffen seien, um die daraus sich ergebenden Möglichkeiten sinnvoll zu nutzen. Es genügt nicht, über eventuelle schädliche Folgen dieser Entwicklung nachzudenken, sondern man muß fragen, welche Möglichkeiten und Chancen bieten diese neuen technischen Kommunikationsmittel und wie müssen sie genutzt werden. Ausgangspunkt dieser Überlegungen ist: Durch die neuen Medien ergeben sich qualitative Veränderungen der bisherigen Kommunikationsszenerie. Diese neuen Medien schließen die Lücke zwischen massenmedialer und individueller Kommunikation. Der Rezipient kann Kommunikator und der Kommunikator Rezipient werden.

Weiter ermöglichen die Massenmedien zwar eine Teilnahme am großen Weltgeschehen, aber zu den Lösungen der Alltagsprobleme der einzelnen tragen sie nur wenig bei. Die Programme der neuen Medien können aber gerade zu letzterem etwas beitragen. Voraussetzung ist, daß sie nicht ein Abklatsch und eine rein quantitative Ausweitung der bisherigen Programme sein dürfen. Die Diskussion um die Organisationsstrukturen, so wie sie heute geführt wird, legt die Vermutung nahe, daß die bisherigen Positionen nur fortgeschrieben werden sollen, um das bisher Errungene nicht in Gefahr zu bringen. Dies schafft, wie man feststellen kann, gegenüber den neuen Medien ein sehr restriktives Klima. Damit aber ist die Gefahr gegeben, daß der mögliche und notwendige Neuansatz für ein Programmkonzept verfehlt wird. Um diese restriktiv geführte Diskussion aufzubrechen, kann man die Fragestellung als Ansatzpunkt verwenden, inwieweit ein neues Programmkonzept die Förderung der personalen Kommunikation verfolgen kann. Über diesen Ansatzpunkt

und diese Zielsetzung kann man bei allen Einigkeit erzielen, ganz
gleich, ob sie den neuen Medien mit Skepsis oder mit Optimismus gegenüberstehen. Nun wird allenthalben konstatiert, daß die neuen Medien
ein mediales Bindeglied zwischen massenmedialer und individueller Kommunikation sein können. Daraus ergibt sich die vermehrte Chance und
die gesteigerte Möglichkeit, daß personale Kommunikation in den neuen
Medien gefördert werden kann. Es ist sicher realistisch anzunehmen,
daß ebenso gesteigerte Gefahren für die personale Kommunikation in
dieser Entwicklung liegen. Die Gefahr einer fremdbestimmten Gesellschaft nimmt sicher zu. Aber gerade dem kann entgegengesteuert werden durch die Nutzung der positiven Möglichkeiten, das heißt durch
die Entwicklung der dialogischen Ansätze in den Programmen, die eine
Förderung der personalen Kommunikation vorbereiten und ermöglichen.

Daß ich als Vertreter einer Kirche darüber reflektiere und spreche,
resultiert aus der Annahme, daß diese positiven Möglichkeiten, die
eben angedeutet wurden, nur über eine weitere und intensivere Beteiligung der gesellschaftlichen Kräfte und Gruppen realisiert und genutzt werden können. Es geht hier nicht um ein stärkeres Mitsprache-
recht bzw. Mitbestimmungsrecht der einzelnen Gruppen innerhalb des
organisatorischen Gefüges dieser neuen Medien, sondern vielmehr darum,
daß die gesellschaftlichen Kräfte noch mehr als bisher ihre Impulse
und kreativen Kräfte in das Programm einbringen. Es wird das Grundprinzip der Loccumer Leitsätze von 1955, die von beiden Kirchen formuliert wurden, auf die neuen Medien angewandt: "... daß der Rundfunk
im Dienst des kulturellen Lebens und der Freiheit der Meinungs- und
Willensbildung des gesamten demokratischen Volkes steht. Er muß daher von allen Kräften des gesellschaftlichen Lebens getragen werden."
Dieses Grundprinzip resultiert aus der Überzeugung, daß die grundsätzliche Freiheit der Pflege der Kultur auch auf das Rundfunkwesen über-
tragbar ist und Aufgabe der freien Volkskräfte zu sein habe, wie es
die Deutsche Bischofskonferenz schon zwei Jahre früher formulierte.
Es stünde um die Programme der Fernsehanstalten besser, wenn man dieses Grundprinzip in der Vergangenheit stärker berücksichtigt hätte.
So vermitteln die Fernsehprogramme doch oft den Eindruck eines zufällig zustandegekommenen Konglomerats, das den Vorwurf produziert hat,
in der Bundesrepublik sei keine eigenständige Fernsehkultur entwickelt
worden. Die neuen Medien bieten nun die Möglichkeit, durch die leichter handhabbare und kostengünstigere Aufnahmeelektronik die Programmerstellung zu "entprofessionalisieren". Damit sind bessere Voraussetzungen gegeben, den einzelnen und die gesellschaftlichen Kräfte und

Gruppen in verstärktem Maße in die Programmerstellung mit einzubeziehen und damit auch zu erreichen, daß diese Programmangebote deren Le-
bens- und Erfahrungszusammenhänge besser treffen. Dem einzelnen und
den Gruppen wird dadurch auch geholfen, die Lebens- und Erfahrungszusammenhänge besser zu durchschauen. Programme dieser Art, die in
den neuen Medien dargeboten werden können, werfen den Menschen nicht
auf eine Privatisierung zurück, die ihn anfällig für Manipulationen
machen würde, sondern bauen die Isolierung des einzelnen ab. Man wird
sicher in diesem Zusammenhang die kommunikative Kompetenz sowohl der
Gruppen wie der einzelnen durch entsprechende pädagogische Maßnahmen
entwickeln und steigern müssen.

Außerdem bin ich der festen Überzeugung, daß die quantitative Ausweitung der Programme nur dann bewältigt werden kann, wenn die gesellschaftlichen Gruppen in der Programmerstellung mitwirken. Mit anderen
Worten: Die Kanäle können auf Dauer nur dann sinnvoll mit Programmen
gefüllt werden, wenn alle gesellschaftlichen Kräfte mithelfen.

Von diesen Prämissen ausgehend möchte ich einige Überlegungen entwik-
keln, die sich auf einzelne Programmfelder beziehen.

Die bisherigen, ökonomisch meist aufwendigen Massenprogramme sollten
besser dadurch genutzt werden, daß sie in Massenauflage auf festen
Programmträgern, sei es Bildplatte oder Videokassette, zusätzlich zur
Ausstrahlung vertrieben werden. Auch die Möglichkeiten, die die Satel-
litenübertragung bietet, können zur kostengünstigeren Nutzung dieser
Massenprogramme eingesetzt werden. Eine verstärkte Konzentration bzw.
Kooperation der Fernsehanstalten untereinander und mit privaten Produzenten empfiehlt sich. Dadurch werden Finanzmittel frei, die Sendeformen mit dialogischem Ansatz weiterzuentwickeln und zu vermehren
helfen. Wesensmerkmal dieser Programme mit dialogischem Ansatz ist,
daß sie notwendigerweise stark zielgruppenorientiert sind. Nur wenn
das berücksichtigt wird, können sie auf nachhaltige Resonanz stoßen,
bzw. können diese Programme mehr als eine unspezifische Aktivierung
der Zuschauer erreichen. Die Aktivierungsschübe können in fruchtbares
und sinnvolles gesellschaftspolitisches Handeln vor allem dann umge-
setzt werden, wenn diese Impulse auf eine institutionalisierte Grup-
pen- und Gemeinschaftsbildung treffen. Eine organische und lebendige
Gemeinschaftsbildung existiert auf der Ebene der Kirche und der Ver-
bände. Ich verstehe in diesem Zusammenhang das öffentlich-rechtliche
Rundfunksystem als ein System, das von den gesellschaftlichen Kräften

getragen wird, auf ihnen aufruht und für sie da ist. Bei diesen Zielgruppenprogrammen muß es also zu einer verstärkten Zusammenarbeit der
Rundfunkanstalten mit den gesellschaftlichen Kräften kommen. Das ist
nicht nur eine Herausforderung an die Rundfunkanstalten und an die
Programm-Macher, sondern auch an die gesellschaftlichen Kräfte und damit an die Kirchen.

Ein exemplarisches Beispiel einer solchen Zusammenarbeit aus dem mo-
mentanen Programmangebot sind die Fernsehübertragungen der Eucharistiefeier. Es gab heftige Auseinandersetzungen um die Ausweitung und Vermehrung dieser Übertragungen. Man sah darin eine unziemliche und überzogene Selbstdarstellung der Kirche im laufenden Fernsehprogramm. Zu
dieser Denkweise kann nur kommen, wer den weiterführenden dialogischen
Ansatz, den solche Übertragungen in sich haben, nicht sieht und nicht
ernst nimmt. Zunächst muß man davon ausgehen, daß hier bei aller theo-
logischen und auch kommunikationstheoretischen Problematik ein Dienst
an einer Minderheit geleistet wird. Damit wird man aber dem dialogischen Ansatz, der in dieser Sendeform steckt, noch nicht gerecht. Es
mußten pastorale Wege gefunden werden, diese mediale Teilnahme an der
Eucharistiefeier auf eine personale Ebene hin auszubauen. Was bedeutet das für diese Minderheit, die alten Menschen, die Kranken und Behinderten? Sie können nicht am Gottesdienst in der Gemeinde teilneh-
men, daher muß die Gemeinde zu ihnen kommen. Die bisher aus Anlaß
dieser Übertragungen erfolgten telefonischen und brieflichen Kontakte
mit dem Sender, der Redaktion und dem kirchlichen Beauftragten am Sender müssen, wenn dies möglich und sinnvoll ist, in personale und pastorale Kontakte auf Gemeindeebene einmünden. Die mediale Teilnahme
an der Eucharistiefeier, die keine vollgültige ist, kann durch den
Einsatz von Kommunionhelfern, die in der Zeit der Eucharistieübertra-
gung oder im direkten Anschluß daran zu diesen Behinderten und Kranken kommen, zu personalen und direkten realen Kontakten weiterent-
wickelt werden. Der dialogische Ansatz, der in dieser Sendeform steckt,
wird dadurch aufgegriffen.

Dies ist nun ein sehr spezieller Fall, aber für die Sendeformen mit
dialogischem Ansatz kann daraus das entscheidende Wesensmerkmal erse-
hen und abgelesen werden:
Die medialen Dialogansätze können nur auf der Basis von Gruppenaktivi-
täten lebendig entwickelt und in einen realen, personalen Dialog um-
gewandelt werden.

Entscheidende Veränderungen in der lokalen Kommunikation ergeben sich durch die Ermöglichung der Lokalprogramme. Dieses Programmfeld darf nicht nur unter dem Gesichtspunkt einer erweiterten Berichterstattung über lokale Ereignisse betrachtet werden. Das Stichwort "Offener Kanal", ganz gleich welche Funktion man ihm zudiktiert, weist darauf hin, daß dem lokalen Rundfunk eine über die bisherige Funktion der Lokalberichterstattung hinausgehende Funktion zuwächst. Einige Stichworte seien dazu genannt:
Der lokale Rundfunk kann die Orientierung im Nahbereich, das heißt im eigentlichen realen Lebensbereich, erleichtern, er kann den Abbau von Fremdheitsbarrieren bewirken und dadurch zu einer Kontakterleichterung zwischen den Menschen bzw. zur Kontaktherstellung beitragen. Das Nachbarschaftsbewußtsein, das Grundlage für ein Engagement bei lokalen bzw. bei lokalpolitischen Problemen ist, kann gestärkt und aufgebaut werden.

Ein Programmkonzept, das sich an dieser Funktion des lokalen Rundfunks orientiert, hat ebenso die sozialen Gegebenheiten und Umstände, in denen der einzelne lebt, wie die Bedürfnisse des Individuums zu berücksichtigen. Es geht von den realen Verhältnissen aus, die es am Ort antrifft. Nimmt man das als Prämisse, dann wachsen diesem Medium im Hinblick auf den einzelnen und die kirchliche Gemeinde bzw. Gemeinschaft folgende Aufgaben und Verpflichtungen zu:
Das Programm muß eine informative Orientierung über die Kirche am Ort bringen, das heißt über kirchliche Veranstaltungen, Aktivitäten, Absichten, Planungen und deren Hintergründe. Dem einzelnen wird dadurch die Rolle der Kirche als Teil und Faktor des kommunalen Lebens bewußt gemacht und damit ist für ihn die Möglichkeit gegeben, seine konkrete Aufgabe und Verantwortung in diesem Geflecht des kommunalen Lebens auszumachen und zu finden. Er findet durch diese Information über die lokale Kirche seinen Standort in einem Teilbereich des lokalen Lebens.

Im folgenden sollen an einem Beispiel kurz die Möglichkeiten und die Zielsetzung eines Programms dieser Art erläutert werden:
Das Feiern von Festen ist ein Bedürfnis und eine Notwendigkeit für jeden Menschen. Diese Fähigkeit degeneriert zunehmend. Die kirchlichen Feste bieten eine Verwirklichungsmöglichkeit für dieses menschliche Grundbedürfnis. Es besteht auch kein Zweifel darüber, daß das gelungene Feiern von Festen personale Kontakte fördert und entwickelt. Bei der bisherigen Praxis des Fernsehprogramms wird auf den Festinhalt

und die Intention des Festes nur am Rande eingegangen. Zwar entspricht
das Gesamtprogramm an solchen Tagen in etwa dem Gemütston und dem Ge-
mütsakzent des gefeierten Festes. Im übrigen aber werden fast nie Beiträge gebracht, die auf das Fest vorbereiten und es erschließen. Die
Unfähigkeit, Feste zu feiern, wird dadurch nicht behoben, sondern verstärkt.

Ein Lokalprogramm muß die Verknüpfung der medialen Darbietung mit den
Lebensvorgängen des einzelnen, der Gruppen und der Pfarrgemeinde herstellen. Um bei dem Beispiel des Festes zu bleiben, muß die Vorberei-
tungszeit des Festes genutzt werden, um aufzuzeigen, daß das Fest einen Bezug zur Lebenssituation des einzelnen hat. Das kann sehr wohl
durch zentral produzierte Programmteile erfolgen, bei deren Einsatz
aber die Besonderheiten des lokalen Lebens mit berücksichtigt werden
müssen. Nimmt man z. B. das Osterfest, dann sind das Programmbeiträge,
die nicht nur über die Bräuche des Ostereierbemalens, der Speisenseg-
nung, des Ostermahles, der Osterkerze und des Osterspaziergangs informieren, sondern zugleich die Teilnahme des einzelnen an gemeinsamer und lebendiger Realisierung in der Pfarrgemeinde stimulieren und
vorbereiten. Über die lokalen Möglichkeiten und Initiativen muß dabei informiert werden. Für die Feier des Osterfestes wird eine Orientierung geboten, werden Kontakte erleichtert und hergestellt und wird
Nachbarschaftsbeziehung lebendig aufgebaut. Fernsehbeiträge, die in
diesem Zusammenhang eingesetzt werden, werden sich auch formal von
den gewohnten Fernsehbeiträgen unterscheiden. Ruhige, lange Bildse-
quenzen ohne schnelle Schnittfolgen werden dominieren. Es wird keine
Illustration mit bewegten Bildern um jeden Preis angestrebt. Auch
Stehbilder werden vermehrt ihren Platz bei solchen Beiträgen haben.
Diese formalen Entwicklungslinien kommen selbstverständlich auch der
Entprofessionalisierung der Programmerstellung entgegen. Programme
dieser Art produzieren auch nicht eine eigene Fernsehwelt mit einer
Realität aus zweiter Hand, die für die Freizeitunterhaltung sicher
ihren Wert und ihre Bedeutung hat, sondern sie beleben die lokale
Kommunikation. Die Funktionen des Lokalprogramms erschöpfen sich nicht
in der Vermittlung von Unterhaltung, Information und Bildung, sondern
unterstützen instrumental das kommunale Leben. Dieser Lokalrundfunk
kann daher nur von den das kommunale Leben konstituierenden und tra-
genden Kräften bestritten und geführt werden. Die Organisationsform
muß von diesen Erfordernissen her gefunden und gewählt werden.

Das Programmangebot, das für die Textinformationssysteme entwickelt werden muß, muß daraufhin angelegt sein, eine umfassende Information über die einzelnen Bereiche, und damit auch über die Kirche, zu geben. Dies legt nahe, daß über die breite Palette sozial-caritativer Leistungen und das seelsorgliche Angebot der Kirche lückenlos informiert wird. Daß hier nicht Bereiche ausgespart werden, legt eine der Kommunikationsgerechtigkeit verpflichtete Informationspolitik nahe, da im Gegensatz zu anderen Informationsquellen allen ein leichter Zugang zu diesen Informationen möglich ist. Knappe Sachinformationen dürften den Vorrang haben. Sowohl hinsichtlich der Auffindungsmöglichkeit der Informationen wie auch hinsichtlich der Verständlichkeit der Texte dürfen keine unnötigen Barrieren aufgerichtet werden.

Bei den Inhalten wird es systembedingte Beschränkungen geben. Es ist wohl nur experimentell herauszufinden, welche Grenzen hier bestehen. Beim Einstieg in die Nutzung dieses Informationssystems durch den Anbieter Kirche ist sicherlich in der ersten Phase eine selbstverordnete Beschränkung der Informationsquantität zugunsten einer besseren Orientierungsmöglichkeit angebracht. Diese Beschränkung wird ohnehin durch die Praxis diktiert, denn wir haben schon bei den Vorversuchen "Bildschirmtext" gesehen, daß die Nutzung dieses Systems eine recht mühevolle und langsame Einarbeitung voraussetzt.

Für ein so akzentuiertes Programmkonzept, wie es hier in Umrissen vorgestellt wurde, können die interaktiven Möglichkeiten, die der Rückkanal bietet, die dialogischen Ansätze weiterfördern. Wenn sich Gleichgesinnte über die Nutzung des Rückkanals - um ein Beispiel anzuführen - zu einem Osterspaziergang zusammenfinden, dann kann dadurch eventuell Isolation abgebaut werden. So instrumental genutzt wird der Rückkanal auch nicht die Gefahr einer plebiszitären Knopfdruck-Demokratie heraufbeschwören.

Es ist nicht leicht, "die Gestaltungsaufgaben, die vor uns liegen, zu erkennen", wie Minister Matthöfer forderte. Aber ich glaube, wenn der Denkansatz bei den Bedürfnissen der Menschen gewählt wird und darüber nachgedacht wird, welche Programme dem Menschen nützen, dann dürfte auch die Diskussion um die neuen Medien anders, das heißt, vernünftiger und weniger emotional verlaufen als bisher. Benötigt werden bei dieser Diskussion nicht Librettisten für eine Oper mit dem Titel "Der Untergang des Abendlandes", sondern Leute, die sich etwas einfallen lassen und die die Herausforderung der neuen Medien bereit sind anzunehmen.

Information overload: Is there a problem?

G. Blumler
Leeds

This paper discusses three questions:

1. Is there a problem of 'information overload' and, if so, how should
   it be defined?
2. Will the newer communication technologies tend to ease or aggravate
   this condition and, if so, how?
3. What policy implications, if any, flow from these concerns?

For a term that sounds as if so technically exact, 'information overload' is
a strangely elusive concept, to which my own reactions are quite mixed and ambiva-
lent. On the one hand, I applaud its broadly humanitarian thrust. References to
'overload' are welcome cries of sympathy for the supposedly beleaguered, over-
burdened and bewildered receiver of too much unsatisfying data. It is a curious
fact, however, that we really do not know whether many audience members see themselves in this light and therefore truly deserve our expressions of sympathy. Sub-
jective reactions of communication discomfort have so far received very little
attention from social scientists. But if we do think that many people are in some
sense 'informationally overloaded', perhaps we should be trying to put that hypo-
thesis to empirical test by developing ways of monitoring the more negative reactions
of audiences to major information sources in the modern world.

On the other hand, the concept of 'information overload' is open to much abuse.
I have time to mention but two forms of such misuse, the first only briefly. Some
writers on this topic vastly over-extend its focus of concern, treating 'overload'
as rather like nuclear reactors that have got out of control, pouring out masses
of data that pollute every corner of the environment and causing or exacerbating a
very wide range of social problems. One example is the author who opined some years
ago in an article entitled 'Information Input Overload and Psychopathology', that
'the many blatant and competing sources of information - radio, television, movies,
magazines and newspapers - contribute to the increased tension [characterising] our
age'[1] without even mentioning the frequency of many people's uses of these same
media predominantly for purposes of entertainment, escape and release from tension.
Other pundits go even further, managing somehow to link information overload with
motorways, coercive work situations, poverty, and almost any other social condition
where a great deal of noise might be generated. But when 'information overload' is
so indiscriminately caught up in such a mood of <u>weltschmerz</u>, all possibility of using
the term precisely is hopelessly lost.

But secondly, the form of misuse I want to dwell on at somewhat greater length

is that which, perhaps naturally but nonetheless naively, treats 'information overload' as simply a _quantitative_ condition. A quite perverse example of this tendency
appeared a few years ago in an article that was entitled, 'Surfeit of Attractive
Information Inputs: A Hallmark of our Environment'. According to its author, 'a
major feature of the affluent, technological and open society is that it exposes its
members to an overload of attractive stimuli' - literally as if they could have too
much of a good thing. This, he claimed, often resulted in psychological stress,
causing the victims to adopt various unsatisfactory coping strategies in turn - like
blotting out some of the siren stimuli, or feverishly but clumsily trying to approach
as many tempting goals at once as possible, or indulgence in what he called 'stale-
mate characterised by relative inaction, helplessness, frustration and apathy or
resentment'.[2] To that author, then, the plight of modern affluent man was epitomised
by the parable of Buridan's ass, who, when placed between two stacks of hay, could
not decide which of them to approach and therefore died of starvation! But surely
the fault in that case resided not in the bales of hay but in the stupid ass' inabi-
lity to solve such a patently simple problem. I would add that the author also
neglected to mention an obvious coping strategy open to people who are confronted
with more attractive goods than they can simultaneously consume - namely that of a
pre-planned _phased_ approach to them, taking them one at a time rather than all at
once.

A more plausible quantitative version of overload takes the form of 'the piled-
up in-tray' or 'the ordeal of the experts'.[3] Every participant in this conference
will immediately recognise the problem from this published account of it:

> The stack of journals on the desk grows higher. The research
> reports arrive with increasing frequency and are tucked away for
> reading during the next holiday. Catalogues, brochures, confe-
> rence proceedings, and sundry documents find their way to poten-
> tial readers, purchasers and users. The information explosion
> is a daily occurrence, not a one time phenomenon, and the serious
> professional who tries to keep up to date on developments in the
> field seems to fall further behind until he resigns himself to a
> process of selective negligence.[4]

But if most of us here suffer from this condition, few of us, I suspect, would give
it a very high place on our agenda of world-significant problems. It arises, of
course, because we occupy roles, the effective performance of which demands a know-
ledgeable familiarity with a large quantity of ever-to-be-updated information. And
it follows that responsibility for the amelioration of this condition falls on the
professional organisations that represent holders of the affected roles - for example
by holding conferences at which the implications of new information can be presented
and digested, by commissioning reviews of the literature and 'state of the art' arti-
cles, summarising what is known in selected portions of a given field, and by devising indexing and retrieval systems which can help people conveniently to peruse
needed bodies of information.

In more general terms, information overload, defined quantitatively, pictures the individual as like a system in imminent danger of breakdown, because more information than it can effectively process is being imposed on it. Such a model is misleading, however, first, because it mistakes a perennial condition for a novel one, and secondly, because it ignores the existence of numerous mediating mechanisms which help man and society to cope with it. After all, there always _was_ more potentially relevant information on tap than people could spare the time to monitor and digest. That is why at the individual level they have invariably relied on practices of selective attention. As a Swedish medical authority once pointed out, the human brain itself is so constituted that, 'Only a small share of information which is received by sensory organs reaches the level of consciousness - probably only one out of 1,000,000 messages.'[5]

But in any case none of us are lone swimmers, forced to fend for ourselves in the turbulent and ever-rising informational seas. As Anthony Downs pointed out many years ago in his classic _Economic Theory of Democracy_, it is as if we delegate to other full-time specialist agents much of the job of information gathering, assimilation and evaluation that is relevant to public decision taking. Such delegation is natural, he argued, because it enables the individual to profit from the economies of scale and expert knowledge that specialists can marshal as well as to hear the informed views on public questions of sources whose outlook he trusts. In Downs' words, 'Professional information gatherers and promulgators relieve consumers of the overwhelming burden of surveying everything before picking out the few things that are sufficiently relevant to merit consideration.'[6]

That is why I am _not_ impressed with experimental evidence that has been produced, purporting to show, in support of information overload propositions, that when people tackling some task are exposed at speed to very large amounts of information about it, they suffer strain and make mistakes. Such research is literally unrealistic: It does not take account of the load-reducing function of all those mediating agencies that stand between us and the raging informational blizzard. What should concern us, then, is not the sheer amount of information that is supposedly being generated, but how well-equipped our mediating agents are to give us the various forms of informational service that we require.

Thus, if the concept of information overload is to point to a serious problem needing policy attention, it will first have to be redefined. I personally see such a problem as stemming not so much from an _excess of information_, for the proper processing of which we should be able to turn to many agencies; nor from an _excess of noise_, which even when mildly disagreeable can usually be more or less ignored; but rather from a subtle _increase in the number of only partially useful messages_ in many people's informational environments. Such messages are pernicious insofar as they tend to by-pass the receiver's selective attention barrier and then fail to

satisfy him. Though they offer momentary rewards for his attention, they fail to
provide more lasting fulfilment. Cumulatively, they may generate feelings of social
and political alienation, due not only to disenchantment with message sources but
also to a fear that the problems highlighted in only partially useful messages can
never be solved - a combination, then, of two basic dimensions of alienation: mean-
inglessness and hopelessness.

In fact, several powerful trends have converged in recent years to increase the
supply of 'partially useful messages'. Let me mention two of these. One arises
from the increasing professionalisation of communication roles _per se_ - in the mass
media, advertising agencies, campaign consultancies, public relations agencies, etc.
For the touchstone of such professionalisation is often ingenuity in devising ways
of initially securing people's attention for messages which they might have otherwise ignored - whether it be in a party broadcast, an advertisement or a news report.
Thus, much of the professional effort is expended on packaging - that is, on having
attractive presenters; talking in a lively, breezy and punchy language; highlighting
dramatic and exciting encounters; and relying on fast-moving changes of scene so
that boredom won't set in. I do not mean automatically to castigate such devices
in a puritanical spirit, especially if they do manage to attract people to ideas
which they will have been glad in the event to have encountered. But in the modern
approach to professional communication, there seems to lurk an ever-present danger
that form will overwhelm content, that the arousal of momentary interest will too
rarely be followed by lasting insight, and that receivers may even come to resent
being treated too often with disrespect.

Another potent generator of merely partially useful messages is more complex
in origin and effect. Its root lies in the fact that nowadays we are exposed to a
much greater _multiplicity and variety of message sources_ than we used to be. Partly
this is because we are receiving more communication from geographically remote cor-
ners of the world. If Inga Thorsson, the then Swedish Under-Secretary of Foreign
Affairs, was right to remark, when opening a conference on Man in the Communications
System of the Future in 1974, that, 'People, voices and events have been transmitted
across Continents and seas at an ever more intense tempo', she was on balance wrong
to claim that, 'Technology has [thus] drawn us closer to each other.'[7] Eric
Severeid was nearer the mark when he pointed out that, 'Now you can bring every ill
in the world into everybody's ken.'[8]

Domestically, exposure to more varied and conflicting message sources stems
from the way in which higher income levels and increased opportunities for disc-
retionary spending have been translated into a proliferation of life-style options.
Increasingly, each sub-group of society has not only developed its own distinctive
leisure habits, speech styles, music signatures, and fashions of dress and appear-
ance, but it has also come to express these in communication forms and outlets that

simultaneously reinforce their identities to themselves and project them outward towards the other members of society. Hence, 'We live in an era of conflicting life-styles, in which communication has made people more aware of differences.'[9]

But why should the increased variety of message _sources_ entail the production of more _messages_ that seem only partially useful? Basically, this is because we find it more difficult to weave a pattern of sense out of the messages concerned. For one thing, when the number of message sources that a mass medium might cover increases, the less sustained and continuous will be the attention that it can pay to it - thereby reducing the chances of building up a coherent pattern of meaning over time. You might care to think in this connection of the sudden attention that was recently paid to the European Parliament by the mass media of many Common Market countries, which was relatively heavy during the European election campaign but not before or after it - a pattern, then, of here today, absent yesterday, and gone tomorrow. For another, it is inherently difficult to make coherent sense out of the different ideas, claims, social-problem definitions and values that derive from such a variety of quarters. Partly this is a function of how communication over a great distance deprives the receiver of any chance of relating his own personal experience to what he has been shown and told and in that way to impart a personal meaning to the message. In great part, it is also a problem of aggregation and integration - the greater difficulty of seeing how the social and political world can possibly function as a whole when so many pieces of the jigsaw puzzle have got somehow to be fitted together. As Margaret Mead once remarked, 'This is the first age that has not had the chance to edit.'[10]

So will the increasing diffusion and adoption of newer communication technologies tend to ease or to aggravate information overload, as I have sought to redefine it in this paper? I expect that many members of this audience would be inclined to give an optimistic answer to that question. Purposive information seekers, you would say, should be better placed to get the material they want in frameworks of meaning they can understand. And I can well see that many applications of the new communication technologies, about which we have heard so informatively at this conference, should add tremendously to the speed, precision and power of the data-processing facilities that can be put at the disposal of those individuals, holding particular roles or pursuing particular interests - like office managers, technicians, editors, designers, shoppers, disabled people, etc. - whose informational needs are tolerably well-defined and are clearly specifiable in advance. But I wonder what will happen in the new communications era to those services, mainly provided today by the mass media and especially by the broadcast media, which cater for man in his most general role of all - for his role as a citizen of the nation state, who needs to be kept aware, not only of its main problems of the moment but also of issues preoccupying peoples well beyond its borders in this increasingly interdependent

world. Presumably we cannot automatically assume that the new communication technologies will serve that general citizen role well, first because its informational
requirements are far more diffuse than those, say, of engineers, technicians, firemen trainees, shoppers, etc., and secondly, because it demands the existence of
competent, responsible and well-resourced agents able to act for us by scanning the
social and political environment and drawing our attention to what we need to know.
Which button on the keyboard of his domestic computerised video-display screen should
the citizen press in order to be kept in touch with the issues of the day?

Meanwhile, the informational services provided for citizens by the mass media
may be at risk in the coming period of communication abundance. We can already see
the writing on the wall in those European societies that are in a relatively advanced
state of channel multiplication like Belgium and Italy. In the former, for example,
the RTB share of the TV audience went down from 65% to 43% over a recent three-year
period, while in the latter, RAI's share of the radio audience dropped from 71% to
48% over two recent years.

At least three values of the present media system could be at risk if such trends gained a foothold in other countries and deepened further. First, public exposure to serious information on social and political questions might diminish with
the corresponding danger that in the new media economy the very organisations that
provide such information would also decline. As a British current affairs broadcaster posed such a prospect to his professional colleagues at the Edinburgh Television Festival this year, 'Would Weekend World, TV Eye, Panorama and Look Here survive in a market economy against an unregulated diet of Moonraker, Kerry Packer's
world cup cricket and Linda Lovelace (or her daughter)?'[11]

Second, the possibility of widening people's horizons and trying to generate
a cultural dynamic by surprising an audience, and involving it in subjects it would
not have thought worth pursuing, will be lost the more one moves into a situation
where only people interested in ballet will pay for and choose to watch ballet.

Third, and here we return to our redefined notion of information overload, the
ability of television to function as what has been called a 'national debating cham-
ber'[12] and a source of social integration, both communicative and substantive, could
be undermined. At present it is chiefly through broadcasting that all the main
claimants to public attention can appear, be heard, and have their contributions
related, side by side as it were, to alternative policy choices and visions of the
common interest. It is true that its success in interpreting the numerous voices
that make up a modern society is always problematic. But in the new communication
era, that integrative function could slip through everybody's fingers and so disappear by default.

All this bears, finally, on the issue of whether the electronic media should
be de-regulated or continue to be regulated as and when communication channels multi-

ply further. In the past, the case for regulation seemed to rest on one or both of
two main grounds: frequency scarcity and paternalism - in the latter case the aim
as Lord Reith once put it 'to carry into the greatest possible number of homes' by
the brute force of broadcast monopoly 'everything that is best in every department
of human endeavour and achievement'.[13] Well, frequency scarcity has now more or
less disappeared, and paternalism seems incompatible with the egalitarian spirit
of mass democracy. But in the argument of this paper I have hinted at a third type
of justification for keeping telecommunication developments under public policy review and regulation. This is not in order to deprive the individual receiver or
audience member of his freedom of choice on the demand side but rather to guarantee
the availability to him on the supply side of strong, responsible and free information agents that can serve him well as a citizen of modern society.

References

[1] James G. Miller, 'Information Input Overload and Psychopathology', _American Journal of Psychiatry_, Vol. 116, 1960, pp. 695-704.

[2] Z.J. Lipowski, 'Surfeit of Attractive Information Inputs: A Hallmark of Our Environment', _Behavioral Science_, Vol. 16, 1971, pp. 467-471.

[3] Orrin E. Klapp, _Opening and Closing: Strategies of Information Adaptation in Society_, Cambridge University Press, Cambridge, 1978.

[4] Donald P. Ely and Barbara B. Minor, 'Information: How to Cope with the Deluge', _Educational Broadcasting International_, June 1979, pp. 87-89.

[5] David H. Ingvar, 'The Human Being as a Receiver of Information', in _Man in the Communications System of the Future_, Swedish Cabinet Office, Stockholm, 1974.

[6] Anthony Downs, _An Economic Theory of Democracy_, Harper and Row, New York, 1957.

[7] Inga Thorssen, 'Our Future - Global Future' in _Man in the Communications System of the Future_, op. cit.

[8] Eric Severeid, cited by Arthur Unger, _Christian Science Monitor_, August 19, 1976.

[9] Klapp, op. cit.

[10] Margaret Mead, 'Generation Gap', oral presentation to a San Diego symposium, June 2, 1969.

[11] Rod Allen, 'Killer Satellites?', address to Edinburgh International Television Festival, August 1979.

[12] John Birt, 'Freedom and the Broadcaster', _The Listener_, September 13, 1979.

[13] John Reith, _Broadcast over Britain_, Hodder and Stoughton, London, 1924.

Informationsnachfrage zur Steuerung der Informationsversorgung

E. Witte
München

1. Die "unvollkommene" Information

Die Wirtschafts- und Sozialwissenschaften gehen in ihren
klassischen Denkmodellen davon aus, daß der Homo oeconomicus
über eine vollkommene Information zur Lösung seiner Ent-
scheidungsprobleme verfügt. Auf dieser Prämisse bauen die
rational orientierten Theorien für das ökonomische Verhalten
von Unternehmungen, Konsumenten und sogar Staaten auf.
Andererseits zeigt die Alltagserfahrung, daß sowohl der
Produzent als auch der Konsument (und schließlich auch der
datensetzende Staat) im Regelfall Entscheidungen treffen,
ohne über sämtliche, für eine Optimierung notwendige Informationen (insbesondere Prognosedaten) zu verfügen. Deshalb
geht die moderne Entscheidungstheorie von der Prämisse der
"unvollkommenen Information" aus.

Der Begriff assoziiert eine Unzulänglichkeit und damit eine
Bedürftigkeit, dem Informationsmangel abzuhelfen. Es wird
implizit gefordert, den im Wirtschafts- und Sozialleben
handelnden Institutionen und Personen *mehr* Informationen
zuzuleiten, damit sie dem Ideal der vollkommenen Information näherkommen. Zumindest steht dahinter die Hypothese,
daß der besser Informierte gegenüber dem schlechter Informierten einen Vorteil genießt.

2. Die Informationsflut

Das Gefühl des Informationsmangels und die Bereitschaft
der Informationsanbietenden, ihre Nachrichten "an den Mann
zu bringen", führten in den vergangenen Jahrzehnten zu
einer Informationsflut (information overload). Dadurch
wurde das Annehmen, Speichern und Verarbeiten vorgefertigter
Nachrichten zu einem erheblichen Teil des Arbeitsumfanges
von Informationsempfängern. Da offensichtlich die umfang-
reiche Informationsversorgung viele ungeeignete, dem
subjektiv bestehenden Informationsbedürfnis nicht entsprechende Informationen enthielt, entwickelte sich ein
Abwehrverhalten gegenüber der Informationsflut.

Das Übermaß an Informationsversorgung gegenüber der Informationsnachfrage kam auch deutlich in empirischen Untersuchungen von Entscheidungsprozessen zum Ausdruck, die
mein Institut in den Jahren 1965 bis 1970 durchführte.[1] Die
Informationsversorgungsaktivitäten lagen (mengenmäßig) etwa
doppelt so hoch wie die Informationsnachfrageaktivitäten.[2]
Je mehr sich die Schere schließt, die Informationsversorgung sich also der Informationsnachfrage annähert,
desto höher war die Entscheidungseffizienz.

---

[1] Witte, E.: Das Informationsverhalten in Entscheidungsprozessen; Tübingen 1972

[2] Abb. 1: Vgl. Witte, E.: a.a.O., S. 55

Die gleichgewichtige Informations-Aktivität

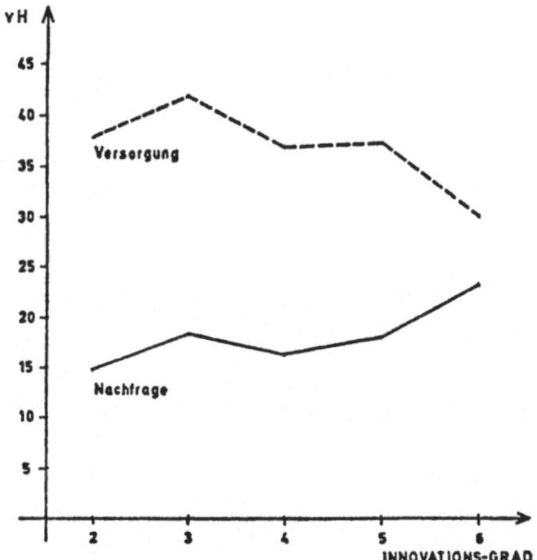

Abbildung 1 : Gegenüberstellung der durchschnittlichen Informations-Versorgungs-Aktivität und der durchschnittlichen Informations-Nachfrage-Aktivität mit dem Innovations-Grad (Maß für die Effizienz)

3. Die Informationsnachfrage als Steuerungsinstrument

Um dem Problem der unangemessenen Informationsversorgung
bei geringerer Informationsnachfrage systematisch nach-
gehen zu können, haben wir Laborexperimente mit Führungs-
kräften aus der Wirtschaftspraxis und mit Studenten durchgeführt. Es wurden Entscheidungssituationen simuliert und
die zur Problemlösung sachlich geeigneten Informationen
angeboten (jedoch nicht ungefragt geliefert). Es zeigte
sich, daß die Informationsnachfrage lediglich 6 bis 10 %
der problemadäquaten Informationen umfaßte, obgleich die
"vollkommene Information" erreichbar gewesen wäre. Zur Vermeidung eines "automatisierten Datenfriedhofs" wurde im
Experiment versucht, die Informationsnachfrage zu beleben.
Damit konnte die nachgefragte Informationsmenge bis zu
20 % der vollkommenen Information gesteigert werden.[1]

---

[1] Abb. 2: Vgl. Witte, E.: a.a.O., S. 81

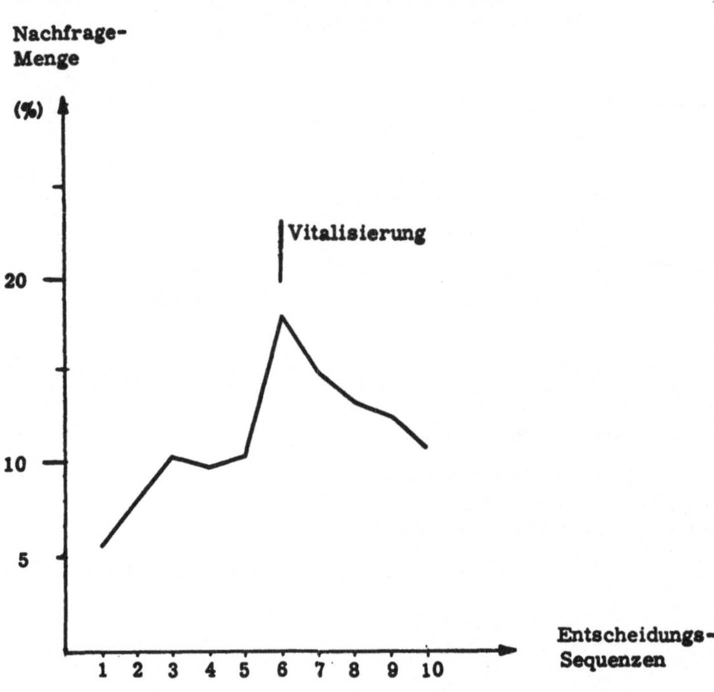

Abb. 2: **Gesamtnachfrage** in v. H. des Angebots

Ein anderes Bild bot sich hinsichtlich der Qualität der Informationsnachfrage.[1] Während zu Beginn des Experimentes
sowohl die Studenten als auch die Führungskräfte der Praxis
ungenaue, fehlerhafte und irreführende Nachfragen artikulierten, wuchs nach Bereitstellung eines Inhaltsverzeichnisses
der vorgehaltenen Informationen die Befähigung, die gewünschte Information systemgerecht zu benennen. Nach relativ kurzer
Zeit lernten alle Beteiligten, ihren Informationsbedarf
eindeutig zu äußern (Kontrollgruppe ohne Vitalisierung).[2]

---

[1] Abb. 3: Vgl. Witte, E.: a.a.O., S. 83
[2] Abb. 4: Witte, E.: Informationsverhalten in Informationssystemen; in: Grochla/Szyperski: Management-Informations-
systeme; Wiesbaden 1971, S.842

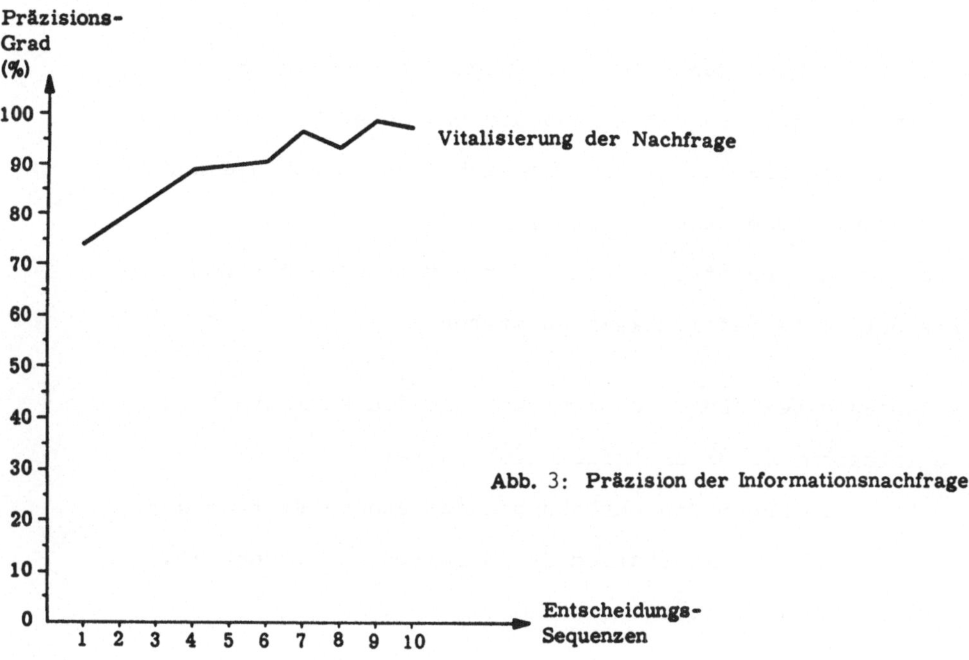

Abb. 3: Präzision der Informationsnachfrage

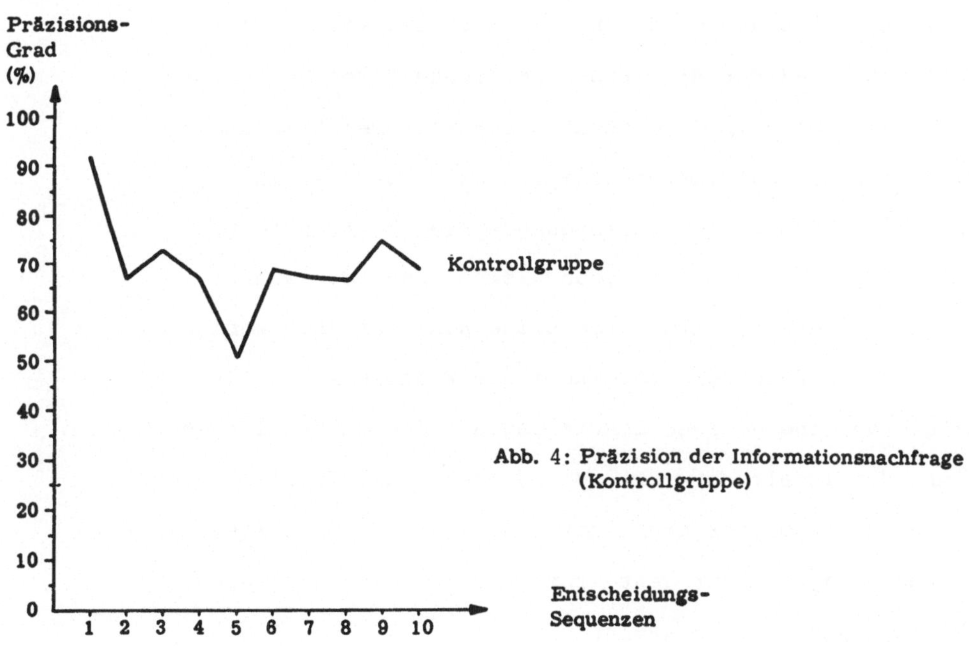

Abb. 4: Präzision der Informationsnachfrage
(Kontrollgruppe)

4. Konsequenzen für die Gestaltung von Kommunikationssystemen

Die wichtigste Konsequenz der wissenschaftlichen Untersuchungen ist darin zu sehen, daß die ungebetene Informations-
versorgung unterbleibt, das System sich lernend auf die Nachfrage einstellt und dadurch sowohl von der Angebotsseite
als auch von der Nachfrage- und Verarbeitunsseite her positive
Effekte der Wirtschaftlichkeit entstehen.

Diese Aussagen beziehen sich zunächst auf den kommunikativen
Dialog in automatisierten Informationssystemen. Sie lassen
sich mit nur geringen Einschränkungen auf andere Systeme der
Zweiweg-Individualkommunikation (Bildschirmtext, Videotext,
Telefax, Teletex) übertragen.

Für die zur Diskussion stehenden neuen Systeme der Massenkommunikation[1] bedeutet der hier vertretene wissenschaftliche Ansatz, daß der Mitwirkungsmöglichkeit des Teilnehmers
die zentrale Rolle im Gesamtsystem zukommt. Der "Konsument"
von Inhalten der Massenkommunikation wird zur Zeit mit
einem reinen Informationsversorgungssystem konfrontiert.
Er hat lediglich die Entscheidung, sich ein- oder auszu-
schalten. Allenfalls wird durch seine Wahl zwischen wenigen
Programmen und durch die teleskopische Erfassung von Einschaltquoten eine gewisse Einwirkung auf die zukünftige Gestaltung der Inhalte bewirkt. Mit dieser schwerfälligen Rück-
kopplung konnte bisher nicht erreicht werden, den Bürger
aktiv und engagiert zur Gestaltung und Weiterentwicklung
der Medienlandschaft zu gewinnen.

---

[1] Im einzelnen: Witte, E.: Strukturwandel des Kommunikationssystems der Bundesrepublik Deutschland; in: Hamburger
Jahrbuch für Wirtschafts- und Gesellschaftspolitik;
23. Jahr, 1978

5. Der Rückkanal als Kommunikationsweg der Nachfrage

Durch die Einrichtung eines Rückkanals vom Teilnehmer zur
Zentrale wird es in zukünftigen Kommunikationssystemen
möglich, die Nachfrage des Teilnehmers zeitlich unmittelbar
zur quantitativen und qualitativen Steuerung der Kommunika-
tionsversorgung heranzuziehen. Dabei ist sowohl die Einzel-
nachfrage gegenüber bestimmten Informationsinhalten oder
einzelnen Sendungen als auch die Nachfrage gegenüber ganzen
Programmgattungen (z.B. Abonnement bestimmter Zielgruppen-
programme) und schließlich - wie bisher - die Nachfrage
nach allen angebotenen Vollprogrammen möglich.

Dadurch wird vermieden, daß der Kommunikationsbürger
gezwungen wird, seine Nachfrage im einzelnen zu artikulieren.
Er kann sich durchaus - wenn er es möchte - auch weiterhin
passiv verhalten und gleichsam das umfassende Menü der
Massenkommunikation ein- und abschalten. Soweit darüber
hinaus ein Bedürfnis nach Zielgruppenprogrammen besteht, kann
er einen spezifischen Kanal abonnieren. In noch genauerer
Bezeichnung der Nachfrage besteht schließlich die Möglichkeit, einzelne Sendungen und einzelne Auskünfte (Daten,
Texte und Festbilder) abzurufen. Damit kann erreicht werden,
daß dem augenblicklich bestehenden System der reinen Kommu-
nikationsversorgung nicht ein ebenso extremes System der
reinen Nachfragesteuerung gegenübergestellt wird. Es soll
dem Kommunikationsbürger freistehen, inwieweit er an den
Informationsinhalten mitwirken möchte.

6. Die Nachfrage als Gegenstand der Kommunikationspolitik

Die bisher vorliegenden wissenschaftlichen Aussagen zur
begrenzten Informationsnachfrage lassen erkennen, daß
keineswegs eine Explosion der Kommunikationsinhalte zu erwarten ist. Im Gegenteil: die von der Nachfrage gesteuerte
Programmübermittlung kann durchaus unter der Menge der
bisher ungefragten Informationsversorgung liegen. Sie ist
jedoch individueller und insofern subjektiv "besser", weil
sie dem tatsächlichen Bedürfnis des Kommunikationsbürgers
entspricht.

Soweit von einigen Seiten befürchtet wird, daß eine Erhöhung der Angebotsvielfalt von Fernsehprogrammen zu einer
Versorgungsschwemme führt, kann unter Hinweis auf die
wissenschaftlich nachgewiesene begrenzte Nachfrageaktivität
also festgestellt werden, daß in einem Zweiweg-Fernsehsystem
ein Konsumzwang ausgeschlossen ist.

Soweit andererseits befürchtet wird, daß ein nachfrage-
orientiertes System eine Bevorzugung unterhaltender Inhalte
bewirkt und die staatspolitisch erwünschte Unterrichtung
des Bürgers zu Gegenwartsfragen einschränkt, kann mit Hilfe
der wissenschaftlichen Verfahren der Nachfragebelebung ein-
gegriffen werden. Diese medienpolitische Maßnahme respektiert
den Freiheitsspielraum des Bürgers wesentlich mehr als ein
einseitiges Versorgungssystem, das dem Bürger zu bestimmten
Sendezeiten keine andere Wahl läßt, als die gewünschte
politische Information entgegenzunehmen. Die Vitalisierung

der Nachfrage ist im übrigen der erfolgversprechendere Weg,
weil der Empfänger eine größere Chance erhält, die politische
Botschaft dann entgegenzunehmen, wenn er nach dem Rhythmus
seines Tagesablaufes dazu Zeit und Lust hat.

Barrieren für die Informationsnachfrage im Mensch-Maschine-Dialog

J. Hauschildt
Kiel

1. Der Gegenstand der Insuffizienz-Analyse: die "unvollkommene" Informations-
   Nachfrage

Die betriebswirtschaftliche Entscheidungs- und Informationstheorie gingen und gehen
noch von der Prämisse aus, das Streben müsse darauf gerichtet sein, dem Entscheidungsträger in Unternehmen, Behörden und Verbänden, aber auch dem Konsumenten noch mehr,
noch bessere, noch aktuellere Informationen zu liefern. Sie unterstellen ein *Infor-
mations-Defizit*. Ihr Anliegen ist es, die Informations-Versorgung zu verbessern.

Kritik an dieser Prämisse regte sich unter dem Stichwort des "information-overload".
Der Streß der Informationsschwemme wurde und wird vielen Entscheidungsträgern zunehmend bewußt. "Strategien der Informationsselektion", "Steuerung der Informationsverarbeitung", "Organisation von Entscheidungsprozessen" wurden als Management-
Techniken gutgehende Produkte von Unternehmensberatern und Seminarveranstaltern.

Wittes empirische Untersuchungen ganzer, komplexer Entscheidungsprozesse gaben den
erstaunlichen Hinweis, daß es für die Effizienz der Entscheidung in Betrieben möglicherweise viel weniger auf die Informations-Versorgung ankomme als auf die *Informations-Nachfrage* oder vielleicht auf ein Gleichgewicht beider auf einem bestimmten
Mindest-Niveau.[1] Das scheint zumindest für relativ komplexe betriebliche Aufgaben
und für Entscheidungsträger in relativ hochrangigen Positionen zu gelten.

Auf jeden Fall rückte durch diese Untersuchungen die Informations-Nachfrage, verstanden als *das aktive, gerichtete und artikulierte Begehren eines Entscheidungsträgers nach problemspezifischen Informationen*, in das Zentrum der Betrachtung. Wir
gehen von diesem Ansatz aus und wenden unser Forschungsinteresse jetzt vornehmlich
der Informations-Nachfrage zu. Wir tun das allerdings nicht ganz ohne innere Vorbehalte, denn die Ausgangshypothese, wonach die Effizienz der Entscheidung im Zweifel
eher von der Informations-Nachfrage als von der Informations-Versorgung bestimmt sei,

---

[1] Eberhard Witte (Hrsg.): Das Informationsverhalten in Entscheidungsprozessen,
J.C.B. Mohr (Paul Siebeck) Tübingen 1972

sollte noch gründlicher geprüft werden.

Wenn wir aber diese Hypothese vorläufig als bestätigt annehmen, können wir die Ausgangsposition für unsere Forschung markieren: Die Effizienz betrieblicher Entscheidungs- und Beurteilungsprozesse wird durch die Fähigkeit des Entscheidungsträgers bestimmt, Informations-Nachfrage zu artikulieren. Oder im engeren Zuschnitt dieses Kongresses formuliert: *Die Effizienz wird durch die Fähigkeit und den Willen des problemlösenden Benutzers eines Informationssystems bestimmt, eine sach- und systemgerechte Informations-Nachfrage zu artikulieren.* Damit ist die Forschungsaufgabe vorgezeichnet: Was kann getan werden, um diese sach- und systemgerechte Informations-Nachfrage zu entwickeln und zu verbessern?

Die Auswertung der Literatur läßt sich indessen geraten erscheinen, diese Forschungsfrage zunächst in einer anderen Form zu stellen. Denn wer so fragt, unterstellt, daß der Systemnutzer fähig sein kann und willens ist, die Informations-Nachfrage auch tatsächlich zu artikulieren. Wittes zuvor vorgetragene Befunde zeigen indessen, daß diese Unterstellung jedoch keinesfalls realistisch ist. Sie gilt zumindest nicht in jeder Entscheidungssituation. Der Systemnutzer sieht sich vielmehr einer Fülle von *Barrieren* gegenüber, die er erst zu überwinden hat, ehe er in der Lage ist, Informationen sach- und systemgerecht zu erfragen. Es gilt, diese Barrieren zu erforschen. Oder um die oben gestellte Frage aufzugreifen: Was kann getan werden, um eine "unvollkommene", d.h. eine *nicht* sach- oder *nicht* systemgerechte Informations-Nachfrage zu verhindern?

Wir gehen damit nach dem Insuffizienz-Konzept der Forschung vor. Das *Insuffizienz-Konzept* ist ein forschungsstrategisches Konzept, das in der Wirtschaftswissenschaft traditionell unterschätzt wird. Man zieht dort das umfassendere *Effizienz-Konzept* vor. Das Effizienz-Konzept sucht nach Möglichkeiten, einen gegebenen Zustand fortlaufend zu verbessern, im Extrem stets nach dem Maximum zu streben. Das Insuffizienz-Konzept fragt nach Schwachstellen, nach Unvollkommenheiten. Beide Konzepte können auf dieselben Resultate hinauslaufen, müssen es aber nicht: Das Insuffizienz-Konzept fragt im allgemeinen konkreter, es akzeptiert zufriedenstellende Anspruchniveaus, zwingt zur bindenden Angabe, welcher Zustand als unzureichend auf jeden Fall geändert werden muß und fordert somit zur Setzung von Prioritäten heraus.

Man geht in der Insuffizienz-Analyse von einer als unzureichend beurteilten, als nicht funktionsgerecht eingestuften, als dysfunktional klassifizierten Aufgaben- oder Problembewältigung, konkret in unserem Falle: von der *"unvollkommenen" Informations-Nachfrage* aus:

Als "unvollkommen" gilt *mehrdeutige, synonyme, falsch adressierte, redundante, unpräzise, nicht zeitgerechte, zu enge, zu häufige, nicht beantwortbare, empirisch falsche und illegitime Informations-Nachfrage.* Hier gilt es weiter zu fragen: Gibt es weitere Formen der Unvollkommenheit? Welche Fehlleistungen, welche Schwachstellen charakterisieren - im Urteil von Experten - die Unvollkommenheit der Informations-Nachfrage? Welchen Ausprägungen der Insuffizienz kommt die größere Bedeutung zu?

2. Struktur der Barrieren

Mit der Feststellung der Unvollkommenheit ist es nicht getan. Die weitergreifende Frage lautet: - Welche Barrieren im Informationsprozeß, speziell im Mensch-Maschine Dialog, sind für derartige Insuffizienzen verantwortlich?

- Welche Einflüsse bestimmen ihrerseits Existenz und Höhe der Barrieren?

Eine an meinem Institut erarbeitete Studie (Möllhoff) hat diese Barrieren in folgender Weise klassifiziert[1]:

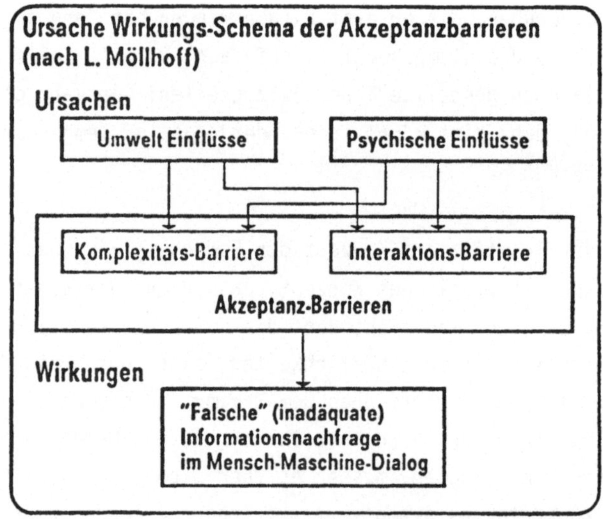

---

[1] Lutz Möllhoff: Unvollkommenes Informations-Nachfrage-Verhalten im Mensch-Maschine-Dialog, C.E. Poeschel Stuttgart 1978.

2.1. Die *Komplexitätsbarriere* betrifft das Verhältnis des Problemlösers zu seinem Problem: Die zu lösende Entscheidungsaufgabe ist oder erscheint ihm - gemessen an seinem Wissenstand und seinen Problemlösungsroutinen - als zu "komplex". *Unfähigkeit* und *Unwissenheit* bestimmen ihn, Informationen in unvollkommener Weise nachzufragen. Verstärkt wird diese kognitive Komponente durch eine Aktivierungskomponente: Die Unfähigkeit und die Unwissenheit paart sich mit *fehlendem Willen* oder mit *Resignation*. Die Komplexitätsbarriere existiert losgelöst von der Existenz und der Nutzung eines Informationssystems. Sie wäre auf den ersten Blick hier gar nicht zu behandeln. Dennoch ist sie bei der Existenz eines Informationssystems ungeheuer wichtig. Denn das System dient oft als Vorwand, den fehlenden Willen oder das mangelhafte Wissen zu kaschieren. Vermeintliche oder behauptete Schwierigkeiten mit der Technik werden vorgeschoben, um die Auseinandersetzung mit der inhaltlichen Problematik der Entscheidungsaufgabe zu vermeiden. Die Prüfung, ob ein Informationssystem dysfunktional genutzt wird, hat zunächst sicherzustellen, daß es hier nicht an elementarem Wissen und Willen fehlt.

2.2. Die *Interaktionsbarriere* betrifft das Verhältnis von Systemnutzer zum Informationssystem. Selbst wenn sicher ist, daß der Problemlöser die Struktur des Entscheidungsproblems voll durchschaut (und damit die Komplexitätsbarriere überwunden hat), ist nicht sichergestellt, daß die Informations-Nachfrage systemgerecht erfolgt. Möllhoff hat aus einer Fülle von Untersuchungen u.a. die folgenden Ursachen für das Entstehen von Interaktions-Barrieren herausgezogen:

<table>
<tr><td colspan="2">Psychische Einflüsse</td><td colspan="2">Umwelt-Einflüsse</td></tr>
<tr><td>Kognitive Prozesse</td><td>Aktivierende Prozesse</td><td>Interaktions-Normen des Informations-Systems</td><td>Soziale Einflüsse</td></tr>
<tr>
<td>— Unzulängliches Wissen: inadäquate Begriffe
— Problemlösungsprogramme
— inadäquate Sprache
— Wertansätze</td>
<td>— falsche Aktivierung: trial-and-error-Haltung
Überschätzung der eigenen Leistungsfähigkeit
konfliktgerichtetes Interaktionsinteresse
— Interaktionsfeindliche Einstellungen:
Gefährdung subjektiver Sicherheit,
Statusinkongruenz,</td>
<td>— Mangelnde oder beschränkte Kapazität des Systems
— Interaktions-Protokolle
— Interaktions-Kosten
— Komplizierte Handhabung
— Hohe sprachliche und quantitative Anforderungen</td>
<td>— Negative Einstellung zur System-Benutzung seitens des Benutzers oder seiner Bezugsgruppen
— Negative Sanktionen bei falscher Systembenutzung oder falscher Informationsnachfrage
— positive Sanktionen bei Nicht-Nutzung des Systems (z.B. Sparprämien)</td>
</tr>
</table>

Diese Ursachen sollen im folgenden kurz charakterisiert werden:

2.2.1. Als *psychische Einflüsse* lassen sich alle von kognitiven und aktivierenden Prozessen des Entscheidungsträgers bestimmten Ursachen für das unvollkommene Informationsverhalten bezeichnen: Der Systemnutzer verwendet inadäquate Begriffe im Mensch-Maschine-Dialog. Er kennt die gespeicherten Problemlösungsprogramme nicht. Er beherrscht die Verknüpfungsregeln der Begriffe nicht, spricht nicht die gleiche Sprache wie das System. Er stimmt mit den in das Programm eingegangenen Wertansätzen nicht überein. Er ist oder wird *falsch aktiviert:* Statt systematisch vorzugehen, "probiert" er in einer trial-and-error Mentalität. Er überschätzt seine eigene Leistungsfähigkeit mit den üblichen Frustationsfolgen. Auch Systeminteraktion in der Absicht, Konflikte mit Kollegen auszulösen oder auszutragen, führt zur Insuffizienz. Hinzukommen schließlich interaktionsfeindliche, innere Einstellungen des Systemnutzers, wie Furcht vor der Gefährdung einer subjektiv empfundenen Sicherheit, die scheinbare Unvereinbarkeit der Systemnutzung mit dem eigenen Status sowie die durch Abbau der Exklusivität von Informationsverfügung hervorgerufene Interaktionsaversion.

2.2.2.Als die wichtigsten *Umwelteinflüsse* auf Existenz und Höhe der Interaktionsbarrieren nennt die Literatur die folgenden:

Zum einen sind es bestimmte Interaktions-Normen des Systems, die die Informationsnachfrage behindern: Kapazitätsschranken, Nutzungskosten und die Sprachnormen des Systems. Die Interaktion mit dem System wird schließlich durch Protokollierung der Systemnutzung behindert, die von den Nutzern als Kontrollinstrumente begriffen werden. Noch hinderlicher scheinen die sozialen Einflüsse für die Interaktion mit dem System zu sein: Negative Einstellungen gegenüber dem Informationssystem, sowie überzogene negative Sanktionen bei falscher Systemnutzung bis hin zur Belohnung der Nicht-Nutzung des Informationssystems.

Eine Fülle theoretischer Vermutungen über die Existenz von Barrieren einer Informations-Nachfrage wird so durch die Literatur präsentiert. Diese Literaturaussagen müssen auf die *harte empirische Probe* gestellt werden, in Laborexperimenten, in Modellversuchen und schließlich in großangelegten Pilotprojekten. Insbesondere gilt es zu erklären, welche dieser Barrieren wirklich einen nachhaltigen Einfluß auf die Informations-Nachfrage ausüben, welche dieser Einflüsse sich überlagern und verstärken, welche sich aber auch gegenseitig kompensieren.

Die empirische Forschung darf aber nicht allein bei der Inventur des unvollkommenen Informations-Nachfrageverhaltens und bei der *Erklärung* der Insuffizienz verharren. Vielmehr soll sie zwei Arten konkreter *Gestaltungsempfehlungen* ermöglichen: zunächst Bestimmung von solchen Problemen und Aktivitäten, die ohne Schwierigkeiten in einen Mensch-Maschine-Dialog überführt werden können, bzw. umgekehrt: Feststellung solcher Entscheidungsprozesse, die ausgesprochen dialogfeindlich sind, sodann Bestimmung von Strategien zur Überwindung der als bedeutsam erkannten Barrieren für die Informations-Nachfrage.

Zur Lösung dieser Forschungsaufgaben wird derzeit ein *Informations-Laboratorium* am Institut für Betriebswirtschaftslehre der Christian-Albrechts-Universität zu Kiel aufgebaut, in dem die einzelnen Aspekte der unvollkommenen Informations-Nachfrage im betrieblichen Mensch-Maschine-Dialog empirisch bestimmt und unter kontrollierten Bedingungen experimentell erforscht werden sollen.

Ergebnis der Diskussion
„Gesellschaftliche Wirkung der Telekommunikation"
P. Lerche
München

Rede und Antwort standen neben Herrn Staatsminister Jaumann, CSU, die
Parteipolitiker Senator Dr. Glotz, SPD, Herr Dr. Schwarz-Schilling, medienpolitischer Sprecher der Opposition, Herr Verheugen, Generalsekretär der
FDP. Herr Stephan, Mitglied des Bundesvorstandes des DGB, erläuterte die
gewerkschaftliche Position. Diskussionsleitung: Prof. Lerche/München.

Die Zuwendung zur Frage der Dienlichkeit der neuen Medien für den Menschen,
insbesondere ihrer gesellschaftlichen Chancen und Gefahren, war gemeinsamer
Boden der Stellungnahmen und Diskussionsäußerungen. Auffällig war, daß die
politischen Äußerungen nicht nur formulierte Positionen verdeutlichten, sondern -
bei Festhaltung vorhandener Grundströmungen - vor allem dadurch neue Akzente
setzten, daß zu überfällig-aktuellen Problemen nähere Stellung bezogen wurde,
wie z. B. zur kommenden Entscheidung über die Pilotprojekte zur Erprobung von
Formen der Breitbandkommunikation, ebenso wie zu solchen Problemen, deren
volles Ausmaß erst in absehbarer Zukunft deutlich werden dürfte (etwa zur Frage,
wie die künftige Position der Bundespost in diesem Bereich zu beurteilen sein
wird), oder zu solchen Problemen, die möglicherweise Ansatzpunkte bieten zu
(begrenzten) Gemeinsamkeiten innerhalb der verschiedenen Standpunkte (z. B.
Förderung einer aktiven Medienpädagogik). Nach wie vor traten freilich grundlegende Unterschiede, teilweise weltanschaulich gespeist, deutlich zu Tage,
namentlich bei der Frage, welches Ausmaß (wieweit, nicht, ob überhaupt!) die
staatliche Regelungskompetenz gegenüber technisch erschlossenen bzw. er-
schließbaren individuellen (bzw. kollektiven) Kommunikationsmöglichkeiten
legitimerweise beanspruchen darf (aktualisiert etwa bei der Frage, ob der staatliche Regelungsvorbehalt im Rundfunkgebiet, wie er die bisherige Rundfunkstruktur
trägt, auch unter Einrechnung der neuen Medien weiterbesteht oder sich reduziert;
oder z. B. in der Frage, ob zwischen privaten und kommerziellen Sendungen ge-
schieden werden muß u. a. m.). Aus der Art der Betonung des Legitimations-
zwangs für Einschränkungen individueller Freiheiten konnten wiederum gewisse
Übereinstimmungen herausgehört werden, deren nähere Konturen wohl sogar quer
durch die verschiedenen politischen Parteien verlaufen könnten . -

Die Bedeutung der Telekommunikation für Staat und Wirtschaft

A. Jaumann
München

Die gesellschaftlichen Wirkungen der Telekommunikation, ein Thema,
das bis vor kurzer Zeit nur einen relativ kleinen Kreis von Fach-
leuten beschäftigt hat, wird mehr und mehr zum Gegenstand öffentlicher Diskussion.

Ausgelöst durch das Phänomen Mikroelektronik kommen in der technischen Kommunikation neue Entwicklungen auf uns zu, die unser
Leben erheblich verändern werden. Das Tempo dieser technologischen
Veränderungen verunsichert viele Menschen, das ist keine Frage. Sie
reagieren mit Zurückhaltung, Unbehagen, bis hin zur offenen Abwehr.
Viele dieser Empfindungen und Gefühle resultieren dabei aus einem
gewissen Unverständnis gegenüber technischen Zusammenhängen heraus.
Mit ein Grund dafür ist die Unverständlichkeit und Kompliziertheit
der technischen Sprache mit all den vielen neuen Wortschöpfungen. Es
ist für einen Nichtfachmann heutzutage oft sehr zeitraubend und
schwer, wenn nicht gar unmöglich, technische Entwicklungen zu verstehen und zu durchschauen. Hinzu kommt manchmal der mangelnde Mut einzelner Verantwortlicher, die notwendigen Entscheidungen zu treffen.
All dies trägt, wie gesagt, zur offenen Abwehr vieler Leute gegenüber technischen Entwicklungen bei.

Soweit sich die skeptische Einstellung einzelner Gruppen gegenüber
Innovationen durch ein entsprechendes Verhalten auf dem freien
Markt abreagieren kann, ist alles in Ordnung. Schließlich steht es
z.B. jedem frei, sich das eine oder andere elektronische Gerät zu
kaufen oder nicht.

Wenn aber zu befürchten ist, daß gesamtwirtschaftlich wichtige Innovationen sich nicht entwickeln können - möglicherweise sogar öffentliche Hemmnisse vorhanden sind -, dann muß gehandelt werden. Wir
können nicht zulassen, daß die langfristige Kontinuität der Wirtschaftskraft unseres Landes auf's Spiel gesetzt wird. Man kann nicht
verlangen, daß jede weiterreichende technologische Neuerung vor ihrer
Einführung möglichst immer erst von der ganzen Gesellschaft oder
einem Großteil davon akzeptiert werden muß. Wo wären wir heute, wenn
sich unsere Vorfahren so verhalten hätten? Vermutlich gäbe es weder
Eisenbahn, noch Auto, noch Telefon und schon gar keinen Computer. Der

Freiraum für technologischen Wandel muß offengehalten werden. Es ist
unerträglich, wenn man versucht, hier Hemmnisse einzubauen. Durch
eine Überbetonung der Forderung nach gesellschaftlicher Akzeptanz
würde dieser Freiraum eingeengt werden - mit der Folge, daß auch die
unternehmerische Risikobereitschaft abnimmt, denn das hängt damit
zusammen.

Die Entscheidungsfindung für politisch notwendiges Handeln in diesem
Raum wird natürlich umso schwieriger, je komplexer die technischen
Zusammenhänge und je vielschichtiger die daraus resultierenden gesellschaftlichen Wirkungen sind. Im Falle der Telekommunikation häufen
sich die Probleme aber auch noch dadurch, daß die bestehende Rechts-
situation in Teilbereichen in Frage gestellt wird. Die Kommission
für den Ausbau des technischen Kommunikationssystems hat sich seiner-
zeit die Pilotprojekte als Mittel der politischen Entscheidungshilfe
einfallen lassen. Die Bayerische Staatsregierung hat diese Empfehlung aufgegriffen und mit der Projektierung eines solchen Pilot-
versuchs in München unterstützt. Was aber ist bisher daraus geworden?
Wir mußten die Erfahrung machen, daß es in unserer Gesellschaft nicht
ohne weiteres möglich ist, solche Groß-Experimente in der Öffentlichkeit durchzuführen. Es hat sich zumindest als sehr zeitraubend
erwiesen, die gegenläufigen politischen Tendenzen und Auffassungen
wenigstens für die Durchführung eines Versuchs auf einen gemeinsamen
Nenner zu bringen. Wenn wir uns nicht in die eigene Tasche lügen
wollen, was ist bisher geschehen? Noch immer sind im Zusammenhang mit
der Durchführung der Pilotprojekte mehr Fragen offengeblieben als
bisher beantwortet wurden. Wesentliche Probleme, vor allem das der
Finanzierung, müssen erst noch gelöst werden.

Trotz aller Schwierigkeiten steht jedoch die Bayerische Staatsregierung zu dem in München geplanten Projekt.Dies hat Ministerpräsident
Dr. Strauß am 11. Oktober vor dem Landtag erneut bekräftigt und nicht
zuletzt mit der zunehmenden Bedeutung der Telekommunikation für
Staat und Wirtschaft begründet. Die Frage ist nur, wie lange wir den
derzeitigen Zustand noch in der Schwebe halten können.

Meine Damen und Herren,
wir beobachten eine zunehmende Verflechtung von Nachrichtentechnik,

Computertechnik und Unterhaltungselektronik. Die daraus entstehende
neue Kommunikationstechnologie wird unserer gesamten Gesellschaft,
ähnlich wie heute die Elektrizität, als Informations-Infrastruktur
zur Verfügung stehen. Das Vordringen der Telekommunikation im privaten und öffentlichen Bereich ist daher als Basisinnovation der 80er
Jahre für Staat und Wirtschaft Chance und Aufgabe zugleich.

Wir sind davon überzeugt, daß die neuen Kommunikationssysteme eine
enorme Triebkraft für einen immer besseren Austausch von Wissen und
Meinungen zwischen den verschiedensten Wirtschaftszweigen sein werden. Hierin eröffnet sich ein ungeahntes Feld der Möglichkeiten zu
mehr Markt, zur gezielten Vermittlung von aktueller Information in
einer konkurrierenden Wirtschaft.
Viele Industrieländer versuchen heute im Zeichen der ölpreisbedingten
Zahlungsbilanzdefizite ihre Weltmarktposition durch verschärften
Technologiewettbewerb auszubauen. Japan ist vielleicht das bekanntes-
te Beispiel. Zugleich haben Länder an der Schwelle vom Entwicklungs-
zum Industrieland in den letzten Jahren große Fortschritte als Anbieter von Industrieerzeugnissen gemacht. Südkorea und Brasilien
können als Beispiel dienen. Und schließlich werden lohnintensive
Standarderzeugnisse deutscher Produktion hart von Konkurrenzprodukten
aus Niedriglohnländern bedrängt. Marktanteile, die in diesem Wettbewerb verlorengehen und nicht durch Erfolge auf anderen Gebieten aus-
geglichen werden, kosten Arbeitsplätze und Wohlstand. Die Steigerung
der Innovationskraft und der Innovationsbereitschaft ist deshalb in
unserer Wirtschaft von zentraler Bedeutung. Der erreichte Lebensstandard, weiteres Wachstum und vor allem unsere zukünftigen Handlungs-
möglichkeiten hängen davon ab.

Angesichts der anwachsenden Flut von Fachliteratur auf der ganzen
Welt wird es entscheidend darauf ankommen, das vorhandene Infor-
mationsmaterial und technische Know-how mit Hilfe modernster Daten-
und Vermittlungssysteme jederzeit und für jeden denkbaren Anwendungs-
zweck verfügbar zu haben.

Geist und Kreativität, ein unerschöpfliches Potential des Menschen,
werden durch leistungsfähige Informationssysteme in ihrer Wirkung
verstärkt. Hierin liegt eine Chance, die uns heute sehr schwierig
erscheinenden Probleme, etwa im Energie- und Rohstoffbereich, in
befriedigender Weise zu meistern.

Die Rolle der Telekommunikation als Innovationsauslöser ist naturgemäß für die elektronische Industrie von besonderer Bedeutung.
Um den Schwierigkeiten begegnen zu können, die sich z.B. aus der
für Mitte der 80er Jahre vorhergesagten Vollversorgung der bundes-
deutschen Haushalte mit Fernsprechern, aus einer zunehmenden Markt-
sättigung bei Fernsehgeräten und dem steigenden Importvolumen aus
Billig-Lohn-Ländern ergeben, brauchen wir grundlegende Innovationen, wie sie derzeit nur in den Kommunikationstechnologien erkennbar sind. In der Nachrichtentechnik und auch Datenverarbeitung haben
solche Innovationsschübe bereits deutliche Wirkung gezeigt. So nimmt
man an, daß innerhalb der Elektroindustrie die Nachrichten- und
Informationstechnik mit einem Umsatzanteil von heute 25% im Lauf
der 80er Jahre an die Starkstromtechnik anschließen wird. Die
Gründe für dieses Wachstum sind dabei nicht nur im Aus- bzw. Aufbau
von Kommunikationsnetzen, sondern auch im Bau und Verkauf neuer
Endgeräte infolge der Einführung neuer Dienste zu sehen. Als Beispiel,
um welche wirtschaftliche Größenordnungen es sich hierbei handelt,
sei daran erinnert, daß das bundesdeutsche Fernsprechnetz mit rund
19 Mio Anschlüssen einen Wiederbeschaffungswert von ca. 90 Mrd. DM
darstellt. Dieser Betrag entspricht damit in etwa dem doppelten
Wiederbeschaffungswert für unser gesamtes Autobahnnetz (ca.7000 km).
In der Bundesrepublik Deutschland erzielte die nachrichtentechnische
und die Unterhaltungselektronik-Industrie im Jahre 1978 ein Produk-
tionsvolumen von 17,0 Mrd. DM, wovon 6,5 Mrd. DM in den Export
gingen. Experten schätzen, daß die Nachfrage nach Informationssystemen in naher Zukunft zu jährlichen Wachstumsraten von 15-30% führt.

Die Nutzung neuer Telekommunikationsformen in der Wirtschaft darf
keineswegs nur eine Domäne großer Unternehmen sein. Bei ihrer
Entwicklung müssen auch die Bedürfnisse kleiner und mittlerer Betriebe berücksichtigt werden. Denn auch die mittelständische Wirtschaft
ist auf Dauer nur überlebensfähig, wenn sie auf dem Innovationssek-
tor voll aktiv ist. Das Innovationspotential mittelständischer
Unternehmen wird aber teilweise nicht ausgeschöpft, weil es betriebs-
größenspezifische Innovationsbarrieren gibt. Die Erfahrungen zeigen
immer wieder, daß diese Betriebe besondere Schwierigkeiten haben,
wenn es darum geht, sich die nötigen Informationen und Daten für ihre
Arbeit zu beschaffen. Bei der Innovationspolitik für mittelständische
Unternehmen hat daher die Förderung der Informationsbeschaffung und
- aufbereitung besondere Bedeutung. Hier könnte sich die Telekommunikation als nützliches Hilfsmittel für einen effektiveren Technologie-

transfer erweisen, wie es überhaupt in der Mittelstandspolitik
darum gehen muß, die geistige Beweglichkeit zu erhöhen.

Veränderungen in der Telekommunikationstechnik betreffen natürlich
auch den Staat als Anwender unmittelbar.

Die staatliche Verwaltung kann die ihr gesetzten Aufgaben umso
effektiver bewältigen, je leistungsfähiger und moderner ihr Informationssystem ist. Die vom Staat zu lösenden Aufgaben und Probleme
werden immer komplexer und vielschichtiger. Eine wirksamere Unterstützung durch technische Kommunikationseinrichtungen wird von den
dort arbeitenden Menschen sicherlich gerne angenommen, wenn durch
diese Hilfsmittel die Arbeitsbedingungen verbessert und die Arbeitsweise humaner gestaltet werden kann.

Für die Bevölkerung könnte die Telekommunikation im Umgang mit
Ämtern und Behörden Vorteile und Erleichterungen bringen. Besonders
bei speziellen Anliegen wäre eine Erleichterung bei der Suche nach
der zuständigen Behörde, nach dem richtigen Sachbearbeiter, zu wünschen.
In vielen Informations- und Beratungsangelegenheiten könnte der oft
zeitraubende Behördengang - besonders in peripheren Gebieten - ent-
behrlich werden. Dem häufig erhobenen Ruf nach mehr Bürgernähe, nach
der Dezentralisierung von Verwaltungsaufgaben würde damit sicherlich
entgegengekommen.

Auch unter dem Aspekt der regionalen Strukturpolitik können von den
modernen Kommunikationsverfahren neue Impulse ausgehen. Nach dem
Prinzip der Chancengleichheit für alle muß es ein wichtiges Anliegen
der Wirtschaftspolitik sein, die Nachteile strukturschwacher Gebiete
außerhalb von Ballungsräumen abzubauen. Dies hängt auch mit dem sehr
verständlichen Wunsch zusammen, die Arbeitsplätze zu den Menschen
zu bringen. Die regionale Strukturpolitik ist damit ja im Grunde ein
Stück Humanisierung der Arbeitswelt, da sie dem arbeitenden Menschen
seine Heimat erhält, den Abwanderungsdruck verringert und das Pend-
lerproblem mildert. Schon jetzt gibt es Unternehmensbereiche, wie
z.B. Banken, Versicherungen sowie ganz allgemein Betriebe mit Außen-
stellen, die einen hohen externen und internen Informationsaustausch

haben. Aber auch sonst wird es künftig wohl keinen Betrieb geben,
der nicht in irgendeiner Form zunehmend auf einen immateriellen
Informations- und Datenaustausch angewiesen ist. Hier kann die Telekommunikation helfen, daß zumindest im Bereich des Kommunikations-
und Informationswesens räumliche Entfernungen keine entscheidende
Rolle mehr spielen und damit Betriebe in peripheren Randgebieten die
gleichen infrastrukturellen Voraussetzungen wie in Ballungszentren
vorfinden. Die dadurch bedingte Stärkung der Wirtschaftskraft strukturschwacher Räume sichert die bestehenden Arbeits- und Ausbildungs-
plätze und verbessert das entsprechende Angebot in qualitativer und
quantitativer Hinsicht.

Neue und interessante Anwendungsmöglichkeiten ergeben sich schließlich auch auf dem Bildungssektor, vor allem dann, wenn der an Fortbildung Interessierte mit Hilfe des Rückkanals erstmals aus seiner
passiven Rolle als Konsument heraustreten kann. Wir alle wissen,
daß es heute nicht mehr genügt, nur einmal im Leben, sei es in der
Schule oder im Beruf, etwas zu erlernen. Gerade im Bereich der Er-
wachsenenbildung, in dem es gilt, die neben beruflicher Tätigkeit,
häuslicher Arbeit und Hobby-Ausübung verbleibende Zeit optimal zu
nutzen, könnten durch entsprechende Telekommunikationsdienste neue
Akzente gesetzt werden. Darüberhinaus wird ein erweitertes und auch
differenzierteres Informations- und Bildungsangebot viel gezielter
die entsprechenden Wünsche und Bedürfnisse des Bürgers bzw. einzelner
gesellschaftlicher Gruppierungen ansprechen und damit die Bereitschaft zur Weiterbildung erhöhen.

Meine Damen und Herren,

durch die moderne Nachrichten- und Übertragungstechnik schrumpfen
Raum und Zeit auf ein Minimum zusammen. Ereignisse und Informationen
aus aller Welt sind in Sekundenschnelle verfügbar. Es war ein faszi-
nierendes Erlebnis, als 1969 die ganze Welt dabei sein konnte, wie zum
ersten Mal ein Mensch seinen Fuß auf den Mond setzte. Das globale
Telefonnetz mit derzeit rund 450 Millionen Anschlüssen kann ohne
Übertreibung als der größte Apparat der Welt bezeichnet werden. Damit
kann über Landesgrenzen hinweg jederzeit auch das entlegenste Fleck-
chen Erde erreicht werden. Über Satelliten bringt uns das Fernsehen
aktuelle Ereignisse selbst aus fernen Kontinenten noch zur selben
Stunde ins Haus. Die moderne Kommunikationstechnik mit ihrem weltweiten Verbreitungssystem leistet damit sicherlich auch einen wesentlichen Beitrag als völkerverbindendes Element in den Beziehungen der

Staaten untereinander. Nur wenn man voneinander weiß, kann man
Kontakte finden und anknüpfen.

Bei der großen Bedeutung der Telekommunikation für Wirtschaft und
Staat ist es nur logisch, daß in der Bundesrepublik Deutschland
Inhalt und Grenzen der Fernmeldehoheit, wie sie heute von der
Deutschen Bundespost ausgeübt wird, in das allgemeine Interesse ge-
rückt sind.

Im Mittelpunkt dieser Diskussion steht die Frage, ob das Postmonopol
in seiner heutigen Form auch in Zukunft Bestand haben soll.
Dieses Thema ist seit März 1979 Gegenstand eines Arbeitskreises der
Wirtschaftsminister der Länder, der voraussichtlich Ende dieses
Jahres oder Anfang nächsten Jahres mit Beschlußempfehlungen an die
Wirtschaftsministerkonferenz herantreten wird.
Ich möchte der Empfehlung dieses Gremiums zur Frage der zukünftigen
Rolle der Deutschen Bundespost als Telekommunikations-Unternehmen
hier nicht vorgreifen. Nur eines: Wenn die weitere Entwicklung des
Postmonopols dazu führt, daß die Dynamik und Wettbewerbsfähigkeit
der Wirtschaft beeinträchtigt wird, darf das Postmonopol nicht
so bestehen bleiben.

Das zukünftige Telekommunikationssystem wird sich vermutlich zu einem
Masseninformationsmittel für alle Bevölkerungsschichten entwickeln.
Die sich daraus ergebenden gesellschaftspolitischen Wirkungen und
Veränderungen dürfen nicht verharmlost werden.

Ein Mehr an Information darf z.B. nicht zu Lasten der Qualität gehen.
Es muß darauf geachtet werden, daß der Vorteil eines größeren und
besseren Informationsangebotes nicht durch eine zunehmende Orientie-
rungslosigkeit wieder verspielt wird. Damit ist gemeint, daß man sich
eine kritische Distanz zu den in großer Fülle angebotenen Programminhalten neuer Übertragungssysteme bewahren muß. Es darf nicht soweit
kommen, daß der Mensch die Übersicht verliert und infolge von
Reizüberflutungen den Problemen einer Scheinwelt erliegt. Dies gilt
in besonderem Maße für den Bereich Jugend und Familie. Wir dürfen die
Familie unter gar keinen Umständen einer noch größeren Auflösungs-
gefahr aussetzen, als dies bereits heute teilweise der Fall ist.
Die Frage ist nur, wie können wir dieser Auflösung entgegenwirken?

Ist dafür überhaupt das oft zitierte Fernsehen verantwortlich?
Ich habe da meine eigene Auffassung. Ein Mehr an Programmen wird
nicht zu einem wesentlich größeren "Fernsehkonsum" des einzelnen
Menschen führen. Je größer das Programmangebot, umso größer ist vielmehr der Zwang zur Auswahl. Wir müssen nur auf den mündigen Bürger
vertrauen und sich ihn entwickeln lassen.

Meine Damen und Herren!

Gestatten Sie mir abschließend noch eine Bemerkung. Was muß getan
werden, um das Ganze voranzutreiben? Die Antwort hierauf kann nur
lauten: Wir müssen aus dem Stadium des Redens und Debattierens
endlich herauskommen und schnellstens an die Verwirklichung der
geplanten Pilotprojekte gehen. Nur wenn jetzt gehandelt wird, können
diese Experimente noch ihren Sinn und Zweck erfüllen, nämlich die
Weichen stellen für eine auf den Menschen ausgerichtete Anwendungs-
form der Telekommunikation. Noch haben wir die Möglichkeit, entsprechend dem vom Münchner Kreis am Ende seines diesjährigen
Kongresses gezogenen Resumees zu handeln: "Mut zur Telekommunikation!".

Gesellschaftliche Wirkungen der Telekommunikation

P. Glotz
Berlin

I.

Die Diskussion um die Anwendung neuer Technologien ist in Europa in
ein neues Stadium getreten. Zwar hat es immer, selbst im aufkläre-
rischen, später positivistischen 19. Jahrhundert Fortschrittserwar-
tung und Furcht vor der Wissenschaft nebeneinander gegeben; und eine
fortwährende Diskussion zwischen den eher optimistischen naturwis-
senschaftlichen und den eher skeptischen geisteswissenschaftlichen
Eliten. Aber unbestreitbar dominierte in den letzten 150 Jahren
doch die Hoffnung, daß der technische Fortschritt das Leben der Menschen entlasten und erleichtern werde. In den letzten Jahren beginnt
dieser Glaube zu schwinden - jedenfalls bei immer größer werdenden
Minderheiten. "Das Programm des 'discours de la méthode'", so sagt
der Philosoph Alfred Schmidt, "es komme darauf an, durch Wissenschaft und Technik zum 'maître et possesseur de la nature' zu werden, bedarf der Revision /1/". Die Furcht, daß der Mensch sich dadurch, daß er alles das, was er erforscht, auch anwendet, in krampf-
hafter Selbstüberforderung rettungslos verbiege, greift um sich -
nichts zeigt dies markanter als die Debatte um die Kernenergie. Man
braucht kein Prophet zu sein, um vorauszusagen, daß die Frage, welche der neuen Telekommunikationstechniken wir anwenden wollen (und
in welcher Form) der nächste Gegenstand einer ebenso kontroversen
und leidenschaftlichen öffentlichen Debatte werden wird. Die Frage
ist, ob Wissenschaft und Politik auf diesem Feld die Fehler vermeiden werden, die bei der Debatte um die Kernenergie zu einem fast
ausweglosen Gegeneinander von ungestörter Technokratie und irratio-
naler Technikfurcht geführt haben.

Ich leiste zu der Diskussion um die Anwendung der neuen Telekommunikationstechniken hier einen Beitrag als sozialdemokratischer Politiker, und ich will die Voraussetzungen, von denen ich ausgehe, unge-
schminkt benennen. Ich bin der Auffassung, daß wir in unserem politischen System die Forschung - von ganz wenigen, die physische

Existenz der Menschen betreffenden Forschungsfeldern einmal abgesehen - völlig unkontrolliert arbeiten lassen müssen; daß wir uns
aber als Politiker genaue Gedanken darüber machen müssen, welche
Forschungsergebnisse wir zur Anwendung bringen wollen und welche
nicht. Nicht alles, was technisch möglich ist, ist auch wünschbar -
und so subjektiv die Entscheidung darüber, was wünschbar ist und
was nicht, sein mag - wir müssen den Mut zu solch subjektiven Entscheidungen aufbringen, denn wir tragen die Verantwortung für die
Folgen. Und diese Verantwortung kann uns die empirische Wissenschaft
mit noch so vielen Pilotprojekten und Demonstrationsvorhaben nicht
abnehmen.

Schon diese sehr allgemeine Feststellung dürfte in unserer Gesellschaft heftige Kontroversen auslösen. Zwar werden nur wenige soweit
gehen wollen, den Staat sozusagen zwangsweise dazu zu verpflichten,
alle neuen Technologien durch Forschungsförderung, Subventionen und
Investitionszuschüsse zu unterstützen; das Recht des Staates aber,
die private Ausnützung neuer Technologien zu begrenzen oder bestimmten parlamentarischen oder öffentlich-rechtlichen Kontrollen zu unterwerfen, führt uns sofort tief in den Streit der Meinungen. Bei
den Telekommunikationstechniken ist dieser Streit auch ohne Zweifel
berechtigt; die Entscheidung der Sowjetunion beispielsweise, Kopier-
automaten nur in ganz wenigen staatlichen Zentralstellen zuzulassen
/2/, nicht aber - wie bei uns - in jedem Ladengeschäft um die Ecke,
hat natürlich den eindeutigen Sinn, Zensur auszuüben - und Zensur
wäre mit der in Art. 5 des Grundgesetzes garantierten Meinungsfreiheit nicht vereinbar. Sind die Regierungen und Parlamente also nicht
geradezu verpflichtet, alle Voraussetzungen für die breite Anwendung
sämtlicher Telekommunikationstechniken zu schaffen?

Genau diese Auffassung wird heute in der Bundesrepublik immer nach-
drücklicher geäußert. "Der Rundfunkempfänger hat einen Anspruch darauf" - hat ein ordentlicher Professor für öffentliches Recht kürz-
lich geschrieben - "daß der Staat jede mögliche Innovation, die zu
einer Verbreiterung des Rundfunkangebots führen kann, zuläßt, d. h.
sich hier nicht unnötig hindernd in den Weg stellt /3/." Wenn
dies richtig wäre, wären Überlegungen, wie ich sie hier anzustellen
gebeten wurde - über gesellschaftliche Wirkungen der Telekommunikation - herzlich überflüssig. Welche Wirkungen die Telekommunikation
auch entfalten würde - die Regierungen und Parlamente müßten diese
Frage ungestellt und unbeantwortet lassen. Und genau dies ist ja

auch die Auffassung der runden Hälfte derer, die sich dazu äußern.
Ich finde es deswegen notwendig, sich erst einmal mit dieser Auffassung auseinanderzusetzen, bevor ich langwierige Erwägungen über
eben diese gesellschaftlichen Wirkungen anstelle.

II.

Ich bestreite nachdrücklich, daß der Gesetzgeber aufgrund der neueren technischen Entwicklung gezwungen sei, den gesetzlichen Regelungsvorbehalt angesichts der neuen Technologien fallen zu lassen
und private Veranstalter zuzulassen. Die Behauptung eines solchen
Automatismus - ob sie sich nun auf Art. 5 oder auf Art 12 des Grundgesetzes stützt - ist rechtlich abwegig und würde politisch den
Handlungsspielraum der Parlamente auf Null einengen.

Zur Begründung dieser Behauptung führe ich zwei Argumente an.

A. Die Sondersituation im Bereich des Rundfunks

Das Bundesverfassungsgericht hat in seinem Fernsehurteil von 1961
eine "Sondersituation" im Bereich der Technik als Rechtfertigung für
die öffentlich-rechtliche Struktur des Rundfunks in der Bundesrepublik geltend gemacht. Diese Sondersituation, so wird heute argumentiert, sei aufgrund von Kabel- und Satellitenfunk sowie anderer Telekommunikationstechniken nicht mehr gegeben, so daß sich ein Rechts-
anspruch privater Sende- und Veranstaltungsinteressenten auf die
"Öffnung" des Rundfunkmarktes ergebe.

Für denjenigen, der die möglichen Auswirkungen der modernen Telekommunikationstechnik auf unser Rundfunkwesen kommunikationstheore-
tisch und kommunikationshistorisch analysiert, ist diese Behauptung
erkennbar falsch. Durch die Ausbreitung der Fotokopiergeräte und
der Klein-Offset-Druckmaschinen ist die Kommunikationschance des
Einzelnen über die Printmedien um ein vielfaches größer als im Bereich des Rundfunks. Im Jahr 1976 gab es in der Bundesrepublik allein 6.760 Druckbetriebe; das Entscheidende aber ist, daß man aufgrund vorsichtiger Schätzung den gegenwärtigen Gesamtbestand an
Zeitschriften in der Bundesrepublik auf wenigstens 15.000 Titel veranschlagen muß, die insgesamt eine Gesamtauflage von weit über

300 Millionen Exemplaren je Erscheinungsintervall haben /4/. Dies
bedeutet: Sowohl der Zahl als auch der Finanzierungsmöglichkeit
nach kann jeder Verein, jede Bürgerinitiative, jede kleine Gruppe
ihre Kommunikation über Printmedien verwirklichen; auch bei Anwendung sämtlicher neuer Telekommunikationstechniken wird dies über
Rundfunk niemals möglich sein. Die Behauptung also, daß im Funkbe-
reich keine Sondersituation gegeben sei, kann nicht aufrecht erhalten werden; es gilt nach wie vor, was das Bundesverwaltungsgericht
in einem Urteil vom 10. Dezember 1971 betont hat, nämlich daß die
Rundfunkfreiheit, die auch von Meinungsmonopolen geschützt werden
muß, "nicht den Zugang zum Rundfunk in gleicher Weise (eröffnet)
wie das bei der Presse der Fall ist. Sie kann insoweit der Pressefreiheit, wie diese sich durch die historische Entwicklung heraus-
kristallisiert hat, nicht gleichgesetzt werden."

Beim "Vergleich der beiden Freiheiten" müsse bedacht werden, daß mit
Hilfe der Buchdruckerpresse oder anderer Mittel auch die kleinste
Gruppe ihre Meinung äußern und verbreiten könne, so daß potentieller
Herausgeber von Presseerzeugnissen jeder sein könne, wie die Flut
von Vereinszeitschriften und Flugblättern beweise. Demgegenüber sei
die Zahl der zur Ausstrahlung von Rundfunksendungen zur Verfügung
stehenden Frequenzen beschränkt. Selbst wenn es genug Frequenzen gäbe, "würde die theoretische Möglichkeit noch nicht einmal genügen;
hier müßten die gesellschaftlich relevanten Kräfte auch faktisch
von dieser Möglichkeit Gebrauch machen können ... Das würde aber nur
dann der Fall sein, wenn diese Kräfte auch finanziell zur Ausnutzung
der ihnen gebotenen Chance in der Lage wären /5/".

B. Das Integrationsmodell des öffentlich-rechtlichen Rundfunks

Die herrschende Lehre des Verfassungsrechts und auch das Bundesverfassungsgericht gehen davon aus, daß die öffentlich-rechtliche Organisationsform für den Rundfunk nur durch die schon zitierte "Sondersituation" im Bereich der Technik gerechtfertigt sei. Hinter dieser Vorstellung steht die Idee, daß die privatwirtschaftliche Organisationsform der Medien sozusagen die "natürliche Ordnung" sei.
Dieser Liberalismus der prästabilierten Harmonie ist unter kommuni-
kationstheoretischem Aspekt aber fragwürdig.

"Die These von der Sondersituation" ist schon verfassungsgeschichtlich und rundfunkgeschichtlich nicht haltbar. Als die öffentlichrechtlichen Rundfunkanstalten gegründet wurden, geschah dies weniger, weil diese Organisationsform als Regulativ einer Sondersituation begriffen wurde, sondern weil man darin eine ordnungspolitische Lösung sah, die bestimmte Ziele besser realisiert als andere Organisationsformen. Zu diesen Zielen gehörte nicht zuletzt die Staatsunabhängigkeit, die Unabhängigkeit von ökonomischen Einflüssen und der Föderalismus.

Von dieser historischen Argumentation ganz abgesehen: Aus der neueren Theorie der Massenkommunikation ergeben sich Aspekte, die die These von der "Sondersituation" fragwürdig machen und die verstärkt in die verfassungstheoretische Diskussion eingebracht werden müssen. Eine Rundfunkorganisation, die auf der Kontrolle des Rundfunks durch gesellschaftsrelevante Gruppen basiert, erbringt Leistungen vom Typ der Integration , die das Modell "Wettbewerb" sozusagen nur zufällig - und häufig überhaupt nicht - erbringt. "Vielfalt", in der medienpolitischen Diskussion von Interessenten vielgerühmt, kann auch vielkanalige Isolierung bedeuten. Das deutsche Zeitungssystem war beispielsweise zu einer Zeit am vielfältigsten, in der Kommunikation zwischen den kontroversen gesellschaftlichen Kräften überhaupt nicht zustande kam: nämlich 1932/33, als es in Deutschland auf dem Zeitungsmarkt 4.703 publizistische Einheiten gab. Kurz darauf kollabierte das deutsche Gesellschaftssystem, eben weil wirtschaftlicher und publizistischer Wettbewerb zwischen den Zeitungen der Parteien, des Hugenberg-Konzerns vieler einzelner Provinzverleger eben Integration nicht zustande brachte. Deswegen ist das Gerede vom Monopol der Rundfunkanstalten genauso oberflächlich wie die häufig gehörte Schimpfung vom Monopol des Springer-Verlages oder der Bild-Zeitung /6/. Man muß zwischen kommunikativem und ökonomischem Monopol unterscheiden; auch in einem wirtschaftlich monopolisierten Markt kann vielfältige Kommunikation herrschen; und in einem wirtschaftlich nach dem Modell Wettbewerb organisierten Markt kann kommunikative Einförmigkeit und Konformismus an der Tagesordnung sein.

Eindeutig ist sicher, daß der Gesetzgeber nicht die Freiheit hätte, alle Kommunikation nach diesem Prinzip der Integration zu organisieren; die einzelnen Gruppen und Strömungen in unserer Gesellschaft müssen kommunikativ auch einen eigenen Zugang zur Öffentlichkeit haben und dürfen nicht darauf verwiesen werden, daß ihr Gesprächsan-

teil sozusagen repräsentativ, von anderen in die Kommunikation eingebracht wird. Kommunikation, die nach dem Prinzip Integration organisiert ist, ist ohne Zweifel in der Gefahr, "Ränder" abzuschneiden.
So sehr Kommunikation, die nach dem Modell wirtschaftlicher Wettbewerb organisiert ist, in die Gefahr der Departmentalisierung der
Kommunikation neigt: solche Departmentalisierung gehört auch zu den
Grundrechten der Individuen. Es muß also, auch in der Kommunikation,
neben dem Kaufhaus sozusagen den kleinunternehmerischen Flügel in
der Infrastruktur der Medien geben. Aber genau dies ist im Kommuni-
kationswesen der Bundesrepublik durch ein vielfältiges Zeitungs-
und Zeitschriftenwesen und durch den Film ja breit gewährleistet;
die Chance zu solcher Vielfalt hat sich in den letzten dreißig Jahren sogar entscheidend vermehrt – durch die Entwicklung der Klein-
Offset-Druckmaschinen, der Videosysteme, der low-budget-Filme usw.

Aus diesen Überlegungen schließe ich: Der Gesetzgeber ist nicht verpflichtet, den Rundfunk nach dem Prinzip der Integration zu organisieren. Er kann aber, wenn er in anderen Sektoren der Kommunikation
das Modell wirtschaftlicher Wettbewerb zuläßt, _einen_ Sektor der Kommunikation nach diesem Prinzip ordnen. Ich schließe daraus: Der Gesetzgeber ist nicht an einen Automatismus gebunden, sondern er hat
die Freiheit einer ordnungspolitischen Entscheidung. Dies bedeutet:
Die Frage nach den gesellschaftlichen Wirkungen der Telekommunikation kann vom Politiker sinnvoll gestellt werden. Wir sind zwar
durch das Grundgesetz (durch die Art. 5, 12 sowie die Sozialstaats-
klausel) an bestimmte Grundsätze gebunden; eine generelle Organisation der Kommunikation nach dem Integrationsprinzip, beispielsweise
eine Sozialisierung von Presse und Film neben einer öffentlich-
rechtlichen Organisation des Rundfunks wäre sicher verfassungswidrig. Aber wir sind nicht gezwungen, alle neuen Telekommunikationstechniken für die Nutzung durch private Unternehmer freizugeben; und
wir sind natürlich schon gar nicht verpflichtet, mit staatlichen
Mitteln eine Infrastruktur der Telekommunikation zu schaffen, derer
sich Private dann beliebig bedienen könnten /7/.

III.

Was kommt durch die neuen Telekommunikationstechniken auf uns zu?

Ich warne ebenso vor apokalyptischer Kulturkritik wie vor einer un-
kritischen Technikeuphorie. Die neuen Techniken enthalten Chancen
und Gefahren. Wer ihre Einführung total blockieren wollte, müßte
konsequenterweise dem Plädoyer des amerikanischen Werbespezialisten
Jerry Mander folgen, dessen in Deutschland gerade erschienenes Buch
den Titel "Schafft das Fernsehen ab" /8/ trägt. Man kann aus der
Großtechnik aber nicht aussteigen wie aus einem Pferdewagen.

Ich unterscheide <u>gesellschaftlich</u> zwei große Bereiche, in denen die
neuen Telekommunikationstechniken Bedeutung erlangen werden.

- Einmal ergibt sich die Möglichkeit einer kommunikationstechnischen
  Rationalisierung der Dienstleistungsproduktion (insbesondere durch
  Videotext, Bildschirmtext, Kabeltext etc.).

- Zum anderen wäre eine Verbreiterung des Angebots an journalisti-
  scher Kommunikation möglich. Hiermit meine ich nicht so sehr die
  begrenzten Möglichkeiten, aktuelle Nachrichten, beispielsweise
  über Videotext, den Zuschauern zugänglich zu machen, sondern die
  Möglichkeit zur Vervielfältigung der Zahl der Hörfunk- und Fernsehprogramme über Kabel und Satelliten.

Welche gesellschaftlichen Wirkungen wird die Einführung dieser Telekommunikationstechniken mit sich bringen? Wer sich darüber äußert,
muß erst einmal den Mut haben, sich zu ganz bestimmten Normen zu
bekennen. Ich habe keinen Zweifel daran, daß sich bestimmte Fragen -
beispielsweise die Frage: Wer wird welche Dienste nachfragen? - in
empirischen Untersuchungen, in sogenannten Pilotprojekten testen
lassen. Ich warne aber vor der in Deutschland weit verbreiteten
Illusion, daß man Organisationsformen durch empirische Experimente
testen könne. Normen sind der empirischen Überprüfung entzogen. Der
nicht endenwollende Streit über die angeblich empirischen Experimente mit der Gesamtschule sollten uns belehren, daß es nicht anderes
als das Bedürfnis zum Aufschieben einer Entscheidung markiert, wenn
man so tut, als ob man seine politischen Grundsätze einer "wissenschaftlichen" Untersuchung unterwerfen wolle. Meine Überlegungen
zu den gesellschaftlichen Wirkungen der Telekommunikationstechniken

sind deshalb nicht "wissenschaftlich", sondern politisch; sie be-
nützen zwar wissenschaftlich gewonnene Beobachtungen, aber sie beanspruchen nicht "wissenschaftliche Beweisbarkeit", sondern sind
Plausibilitätserwägungen. Wenn die Politik warten wollte, bis die
Wissenschaft ihr "Beweise" gebracht hat, hätten wir die meisten modernen Techologien überhaupt noch nicht eingeführt. Bei der einen
oder anderen wäre das zwar unstreitig ein Vorteil; mein Kulturpessi-
mismus ist aber nicht groß genug, daß ich mir dies auf breiter Front
wünschen würde.

a) Bei der kommunikationstechnischen Rationalisierung der Dienstleistungsproduktion muß vor allem die immer stärker werdende Kritik
   am Sozialstaat berücksichtigt werden. Rechts wie links wird dem
   modernen Sozialstaat vorgehalten, daß er zwar ein festgeknüpftes
   soziales Netz konstruiere, daß dieses Netz mit seinen Bürokra-
   tien den Menschen aber fessele und beenge. Das große soziale
   Netz, so lautet die Forderung, müsse durch viele kleine Netze un-
   terfangen werden; man müsse die Gefahr sehen, daß die Aktivität des
   Einzelmenschen nicht durch eine totale Bürokratisierung aller
   Alltagsvorgänge erdrückt werde.

   Wenn sich diese Kritik gegen den Grad an sozialer Versorgung
   richtet, scheint sie mir verfehlt; die Sozialpolitik muß den einzelnen vor den Risiken und herabziehenden Wirkungen des gesellschaftlichen Fortschritts schützen. Wo aber die passivierende,
   aktivitätshemmende Wirkung sozialpolitischer Maßnahmen kritisiert
   wird, scheint mir diese Kritik weitgehend berechtigt. Ich schlage
   vor, als Maßstab für die Beurteilung der Einführung neuer Kommunikationstechniken die Frage zu akzeptieren, inwieweit diese
   neuen Techniken die einzelnen Menschen isolieren oder in die Gesellschaft integrieren.

   Hier bieten sich in der Tat Pilotprojekte an. Die Sozialdemokra-
   ten halten es für richtig, daß die geplanten Pilotprojekte für
   Bildschirmtext in Berlin und Düsseldorf durch die Bundespost und
   die Projekte für Videotext durch die Rundfunkanstalten durchgeführt werden. Beim Bildschirmtext sind breite Möglichkeiten für
   die Beteiligung privater Gruppen gegeben. Videotext wird von uns,
   wie bekannt, als Rundfunk angesehen; deshalb müssen die Versuche
   in der Verantwortung der Rundfunkanstalten verbleiben.

Bei den Untersuchungen sollten eine Reihe von sozialpolitischen Fragen berücksichtigt werden:

- Kurzinformationen, wie Börsenansagen, Programmauskünfte, Reisedienste etc., können ohne Zweifel durch die Substitution von Wegen und Besorgungen eine Entlastung in der täglichen "Beziehungsarbeit" der Menschen bedeuten. Man wird jedoch im einzelnen überprüfen müssen, inwieweit die Verringerung von personalen Kontakten u. U. die Integration des einzelnen in die Gesellschaft behindert.

- Ebenso würde ich dauerhaft eingerichteten Diensten wie Fernmessungen des Energieverbrauchs, Fernsteuerung der Gas- und Wasserversorgung, Verbrechen- und Katastrophenschutz praktische Nützlichkeit nicht absprechen. In solch einer Reorganisation gesellschaftlichen Handelns durch geschlossene sozio-technische Systeme liegt aber auch eine zusätzliche Möglichkeit der Kontrolle. Es wird genau zu prüfen sein, ob diese Kontrollmöglichkeiten die Freizügigkeit alltäglichen Handelns nicht allzusehr einschränken.

- Besondere Aufmerksamkeit verdient der Einbezug qualitativer Dienstleistungen in das technische Mediensystem. Ich meine damit personalintensive und kostspielige Dienste aus den Bereichen Bildung, Gesundheit und soziale Dienste, die bisher vor allem in direkter Kommunikation mit den Betroffenen erbracht wurden. Hier wird sehr genau zu überprüfen sein, inwieweit eine Technisierung hier die humanitäre Gestaltung eines lebenswerten Alltages behindert und inwieweit die neuen Technologien hier Arbeitsplätze vernichten /9/.

Dies bedeutet: Die Befürchtungen, daß die modernen Kommunikationstechnologien die Atomisierung und Unterwerfung des Individuums unter technische Abläufe weiter verstärken könnten, muß ernst genommen werden; sie darf uns aber nicht zu einer totalen Blockade der neuen Technologien verführen, die über gruppenorientierte Dienstleistungsangebote genauso befreiende Wirkungen entfalten können und eine Alternative zu bürokratischen Planungsinteressen darstellen können. Gefahren und Chancen sind gegeneinander abzuwägen. Die Pilotprojekte werden dies ermöglichen.

b) Sehr viel skeptischer ist eine Vervielfältigung der Zahl der
Fernsehprogramme, insbesondere durch private Veranstalter zu be-
trachten. Wenn ich dies sage, spreche ich nicht nur eine private
Vermutung aus, sondern formuliere die Bedenken der überwiegenden
Mehrheit der politisch Verantwortlichen und auch der Mitglieder
meiner Partei.

Es bedarf keinerlei prophetischer Gaben, um folgende Entwicklungen bei der Zulassung privater Veranstalter bei Hörfunk, insbesondere aber bei Fernsehprogrammen zu prognostizieren:

- Die Begrenzung der Sendezeiten auf bestimmte Teile des Tages
  wird sich nicht halten lassen.

- Da neue Programme nur über Werbung finanziert werden können,
  wird sich auch die Begrenzung der Werbezeiten nicht halten lassen; dies wird einerseits den Werbemarkt für Zeitungen und
  Zeitschriften (und damit u. U. deren Existenz) tangieren, und es
  wird weiter ein Sog auf "populäre" Programme folgen.

- Die öffentlich-rechtlichen Rundfunkanstalten, die angeblich in
  der Bundesrepublik niemand abschaffen möchte, werden in ihrer
  Finanzierungsbasis durch neue Konkurrenz auf dem Werbemarkt
  entscheidend geschmälert; sie werden in einen Konkurrenzkampf
  mit kommerziellen Programmen gezwungen, müssen dadurch ihr
  Programm ändern. Die Änderungen werden - ich drücke das ganz
  wertfrei aus - ein populäres Programm, d. h. ein Programm mit
  höheren Einschaltquoten erzwingen. Die Bereitschaft der Bürger,
  an die öffentlich-rechtlichen Anstalten Gebühren zu zahlen,
  wird merklich sinken. Die Rolle der öffentlich-rechtlichen Anstalten wird deshalb entscheidend geschwächt werden.

Angesichts dieser Tendenzen halte ich die jahrzehntelang hin- und
hergewendeten Ergebnisse der sogenannten empirischen Wirkungs-
forschung - erzeugt Gewalt im Fernsehen Aggressionen oder kanali-
siert sie Aggressionen - für weitgehend uninteressant. Schon einige ganz schlichte Fakten sollten die Politiker dazu veranlassen,
mit der Vervielfältigung und Kommerzialisierung in Rundfunkpro-
grammen überaus vorsichtig zu sein. Ich greife ganz wenige solcher
"schlichten Fakten" aus der Fülle der wissenschaftlichen Beobachtungen heraus:

- In den Vereinigten Staaten stellen Vorschulkinder die größte Gruppe
  von Fernsehzuschauern. Sie verbringen eine größere Zahl von Stunden oder einen größeren Prozentsatz ihrer wachen Stunden vor dem
  Bildschirm als jede andere Altersgruppe. Einer 1970 durchgeführten Untersuchung zufolge sehen Kinder in der Altersgruppe von zwei
  bis fünf Jahren wöchentlich 30,4 Stunden fern, während die Ange-
  hörigen der Altersgruppe sechs bis elf 25,5 Stunden wöchentlich
  vor dem Bildschirm zubringen /10/.

- Zwischen 1950 und 1975 stieg der tägliche Fernsehkonsum in den
  Vereinigten Staaten pro Haushalt von vier Stunden fünfundzwanzig
  Minuten auf sechs Stunden acht Minuten. Im Jahr 1964 waren laut
  einer Erhebung der National Association for better Radio and Television bereits 200 Sendestunden pro Woche der Darstellung von Ver-
  brechen vorbehalten, und auf der häuslichen Mattscheibe spielten
  sich 500 Morde ab. Dies bedeutete eine 20 %ige Zunahme von Gewalt-
  darstellungen im Fernsehen gegenüber 1958 und eine 90 %ige Zunahme
  gegenüber 1952 /11/.

- Nach Schätzungen, die die Bundesrepublik betreffen, wird bei den
  drei- bis dreizehnjährigen Kindern bei dem zeitlich erweiterten
  Fernsehangebot eine Steigerung der täglichen Fernsehdauer von
  15 bis 20 % angenommen.

Im Unterschied zu vielen anderen Politikern habe ich in meiner gegenwärtigen Aufgabe fast täglich mit der nachrückenden Generation
zu tun. Die Generation derer, die heute in die Universitäten kommt,
unterscheidet sich grundsätzlich von vorhergehenden Generationen:
Diese jungen Leute sind schon von frühester Jugend dem Einfluß des
Fernsehens ausgesetzt gewesen. Bruno Bettelheim hat diese Generation
charakterisiert: "Kinder, die man gelehrt hat oder die konditioniert
wurden, den größten Teil des Tages passiv dem verbalen Kommunika-
tionsstrom zu lauschen, der vom Bildschirm ausgeht, und sich der
starken emotionalen Wirkung der sogenannten Fernsehpersönlichkeiten
zu überlassen, sind oft unfähig, auf wirkliche Personen zu reagieren,
weil diese weit weniger Gefühle freisetzen als ein guter Schauspie-
ler. Was noch schlimmer ist, sie verlieren die Fähigkeit, von der
Realität zu lernen, denn die eigenen Lebenserfahrungen sind viel
komplizierter als die Ereignisse, die sie auf dem Bildschirm sehen
/12/."

Ich behaupte mit keinem Wort, daß ich mit solchen Beobachtungen irgendwelche "Beweise" für die verderblichen Wirkungen des Fernsehens, insbesondere des kommerziellen Fernsehens, vorgelegt hätte. Aber es sind Indizien; und es kann keinen Zweifel geben, daß wir die Einführung anderer Technologien - beispielsweise von Kabinenbahnen, von Blockheizkraftwerken oder Rundsteuerungssystemen bei Energieverbrauch - schon bei weniger ins Gewicht fallenden Indizien strikt ablehnen würden. Mag sein, daß wir die Risiken der Einführung neuer kommerzieller Fernsehprogramme überschätzen; aber warum diese Risiken eingehen? Das Interesse einiger kapitalstarker Gruppen, mit Hilfe der neuen Telekommunikationsmöglichkeiten Gewinnchancen zu erzielen und auch das sicher mehr ins Gewicht fallende Interesse der nachrichtentechnischen Industrie in der Produktion von Endgeräten und Kupfer- bzw. Glasfaserkabeln kann dafür nicht ausschlaggebend sein. Wer jemals die heute neu in die Universitäten strömende Generation gesehen hat, wie sie erstmals in eine Universitätsstadt kommen, erstmals keinen Fernsehapparat und kein Telefon haben und wie sie plötzlich isoliert, entfremdet, kontaktschwach in die Krise geraten - der wird, auch ohne wissenschaftliche "Beweise" zusätzlichen Programmen mit großer Skepsis gegenüberstehen. Und man sollte bedenken: Diese nachrückende Generation ist in der Bundesrepublik nicht den rund um die Uhr laufenden kommerziellen Programmen, wie sie in den Vereinigten Staaten üblich sind, ausgesetzt gewesen, sondern "nur" den Programmen öffentlich-rechtlicher Rundfunkanstalten.

Ich kenne das Gegenargument, das wie aus der Pistole geschossen gegen solche Überlegungen vorgebracht wird: Der "mündige" Mensch. Aber ganz abgesehen davon, daß ich mich darüber wundere, wie häufig vom mündigen Menschen gesprochen wird, wenn man ihm etwas verkaufen will - und wie selten, wenn ihm zusätzliche Partizipation verschafft werden soll -, ist dies ein schwaches Argument. Auch wenn man nicht in Abrede stellt, daß - z. B. ein vernünftiges, pädagogisch vorgebildetes Elternpaar auch bei einem rund um die Uhr laufenden Angebot von kommerziellen Fernsehprogrammen seine Kinder diesem Einfluß entziehen kann - angesichts der 100.000en Familien, in denen beide Elternteile arbeiten, angesichts der sozialen Bedingungen in den Hochhausvorstädten unserer Städte, angesichts der abnehmenden gruppenbildenden Kraft unserer Gesellschaft kann eine Sozialpolitik, die nicht nur hinterher Schäden reparieren will, sich von der Zulassung weiterer kommerzieller Programme nichts versprechen. Man kann natürlich der Meinung sein, daß es ganz unsicher ist, ob ein drei- oder

vierstündiger täglicher Fernsehkonsum für Vorschulkinder schädlich
ist. Aber dieser Zynismus hat in der Bundesrepublik keine Mehrheit.

IV.

Natürlich muß der die Vor- und Nachteile der Einführung neuer Technologien bedenkende Politiker auch ökonomische und technologiepoli-
tische Überlegungen anstellen. Eine Gesellschaft, die nicht auf Null-
wachstum umschalten will und kann, kann nicht gleichzeitig den Individualverkehr begrenzen, die Technologien der Kernenergie blockieren und in der Nachrichtentechnik alle Innovationen stoppen. Fragen
nach den ökonomischen Wirkungen bestimmter Entscheidungen müssen also sorgfältig abgewogen werden.

Auf dem Feld der ökonomischen Prognose soll man sich bei Aussagen,
die mehrere Jahrzehnte umgreifen, hüten.

Für heute sind immerhin folgende Feststellungen möglich:
- Hochaktuell ist zur Zeit die augenblickliche Entwicklung des Heim-
  AV-Marktes. Erst jetzt wird auf dem deutschen Markt das Geschäft
  mit Video-Rekordern interessant; erst jetzt beginnen die Absatz-
  zahlen sich zu verdoppeln. So rechnet man für den Inland-Markt,
  auf dem in den vergangenen Jahren rd. 85.000 dieser Geräte abgesetzt werden konnten, für das laufende Jahr mit einer doppelten
  Anzahl. Bis 1982 glaubt man, die 300.000-Einheiten-Marke über-
  schritten zu haben - bei einer 70 %igen Marktfertigung für Farb-
  fernsehgeräte /13/.

Schon dies zeigt: eine vorsichtige, Schritt für Schritt vorgehen-
de Innovationspolitik verursacht zur Zeit keinen Innovationsstau.
Die nachrichtentechnische Industrie hat auch ohne die überstürzte
Einführung neuer Technologien Chancen zur Ausweitung ihres Marktes.

- Zum Thema Kabelfernsehen formuliert ein Experte im übrigen:
  "Jedenfalls ist das gesamtwirtschaftliche Interesse am Kabelfernsehen derzeit nicht groß genug, um die bestehenden politischen
  Schranken zu überwinden. Gerade dieser negative Faktor ist meines
  Wissens bisher in keiner Untersuchung hinreichend dargestellt worden. Es genügt bei der heute bestehenden Wirtschaftsstruktur nicht,
  relativ hohe Anfangsinvestitionen mit weit in die Zukunft reichen-

den Gewinnspekulationen zu rechtfertigen. Konkrete, kalkulierbare
Gewinnerwartungen, insbesondere aufgrund der technischen Möglichkeiten von interaktiven Kabelfernsehsystemen, sind bisher für die
deutsche Wirtschaft nicht nachweisbar.

Diese Innovationsschwelle wird weiter erhöht durch die Tatsache,
daß - wie auch die KTK festgestellt hat - die nachrichtentechnische Industrie für Telekommunikation auf bereits bundesweit und
weltweit installierten schmalbandigen Netzen in den letzten Jahren eine Reihe von technischen Innovationen auf den Markt gebracht hat, mit denen bereits jetzt und ohne Risiko ein Teil der
Leistungen und Rationalisierungseffekte erreicht werden, wie sie
für eine interaktive Kabelfernsehnutzung bisher nur auf dem Papier stehen. Gerade diese Innovationen zeigen, daß das augenblickliche Tempo des wirtschaftlichen und sozialen Strukturwan-
dels nur eine schrittweise und am aktuellen Erfolg orientierte
Einführung von Innovationen zuläßt, sich aber sperrt gegen einen
Innovationssprung, wie ihn die auch versuchsweise Einführung von
kompletten, breitbandigen Telekommunikationssysteme darstellen
würde /14/."

Daraus schließe ich: Die Fortführung der vorsichtigen Technologiepo-
litik im Bereich der Nachrichtentechnik, die die KTK vorgeschlagen
hat, führt nicht zu unzumutbaren Belastungen für die nachrichtentechnische Industrie. Die vermutlich 1982 oder 1983 anlaufenden Kabel-
modellversuche kommen nicht so spät, daß sie einen Innovationsstau
verursachen würden. Bis zum Abschluß dieser Experimente sollten prä-
judizierende Entscheidungen nicht getroffen werden.

Ich halte im übrigen die Durchführung dieser Modellversuche für ver-
tretbar; ich sage aber gleichzeitig offen: Angesichts der hohen Kosten, die auch schon diese Modellversuche verursachen - Ministerpräsident Strauß hat beispielsweise für das Münchner Projekt 500 bis
600 Millionen DM geschätzt - ist die Frage, ob diese Summen hier in-
vestiert werden sollen oder ob solche Investitionen nicht in anderen
Bereichen sinnvoller sind, jedenfalls nicht von der Hand zu weisen.

V.

Ich komme zum Beginn meiner Überlegungen zurück. In der Bundesrepublik wird in der Technologie-Politik gerade auf einem Feld ein Bei-
spielfall durchgeführt, der uns alle abschrecken sollte. Auf dem
Feld der Kernenergie. Dadurch, daß ein rechtzeitiger Dialogversuch
mit der Bevölkerung versäumt wurde, dadurch, daß die Befürworter
der neuen Technologie die Risiken allzusehr herunterspielten, dadurch, daß offene Informationen für lange Zeit blockiert waren, ist
diese Debatte pathologisch geworden. Es gibt heute einen gewissen
Prozentsatz von Bürgern, die einem Wissenschaftler überhaupt nicht
mehr glauben - gleichgültig, was er sagt. Wir müssen vermeiden, daß
durch pathologische Erscheinungen auch die Einführung neuer Telekommunikationstechniken belastet wird.

Ich halte eine Totalblockade der neuen Technologien für genauso
falsch wie die Forderung, alle arbeitenden Kernkraftwerke in der
Bundesrepublik abzuschalten. Aber ich warne vor dem Glauben, daß mit
ein paar juristischen Kniffen und ein paar populistischen Argumenten
die Einführung neuer Telekommunikationstechniken über die Bühne zu
ziehen sei. Die neue technische Entwicklung wird und muß eine breite
politische Debatte in unserem Land auslösen; und diese Debatte wird
quer zu dem klassischen Rechts-Links-Schema unserer Politik verlaufen.

Über eines muß man sich im klaren sein: Der bisher - in den letzten
Jahren allerdings nur mühsam - erhaltene Konsens über die Organisation der gesellschaftlichen Kommunikation in der Bundesrepublik war
eine wesentlicher Faktor für die Stabilität dieses Landes; ebenso
wesentlich wie die Einheitsgewerkschaft oder die Fünf-Prozent-Klau-
sel der Wahlen zum Bundestag oder zu den Landtagen. Wenn auf diesem
Feld mit knappen Mehrheiten das bisherige System zerschlagen werden
sollte, sind erhebliche soziale Konflikte unvermeidlich.

1. Alfred Schmidt, Humanismus als Naturbeherrschung, in Merkur, 375 v. August 1979, S. 830

2. Hans Magnus Enzensberger, Baukasten zu einer Theorie der Medien, in: Kursbuch 20, S. 162

3. Christian von Pestalozza, Rundfunkfreiheit in Deutschland, Notizen aus der Provinz, in: ZRP, 12. Jg. 1979, Heft 2, S. 29

4. Heinz Starkulla, Die Zeitschriften, in: Presse- und Informationsamt der Bundesregierung (Hrsg.), Die öffentliche Meinung, Bonn 1971, S. 76 sowie
W. R. Langenbucher, Der Ausbau des drucktechnischen Kommunikationssystems im Zeitalter der Telekommunikation, Vortrag zur Eröffnung der Imprinta, 14.2.1979 (Msk.)

5. BVervGE 39, 314, NJW 1971, 1739, hier zitiert nach Hans Bausch, Rundfunkanstalten und Zeitungsverleger, Eine medienpolitische Chronik, in epd, Nr. 69 vom 5.9.1979

6. Peter Glotz/Wolfgang R. Landenbucher, Monopol und Kommunikation, in Publizistik, 1968

7. Gegen die These vom Wegfall des gesetzlichen Regelungsvorbehalts angesichts der neuen Technologien spricht auch der immer sichtbarer werdende Zusammenbruch der Kommunikation im italienischen Rundfunkwesen. In Italien stören etwa 2000 Hörfunk- und 300 private Fernsehsender einander. Pikant ist die gemeinsame Argumentationslinie der Befürworter kommerzieller Rundfunkveranstalter durch sich selbst als revolutionär verstehende und durch konservative Gruppierungen. Vgl. Der Spiegel, Nr. 44 vom 29. Okt. 1979, S. 191 sowie Kollektiv A/Traveso, Alice ist der Teufel (Bologna), Merve-Verlag, Berlin, 1977, Vorwort von Felix Guattari.

8. Jerry Mander, Schafft das Fernsehen ab, Eine Streitschrift gegen das Leben aus zweiter Hand, Reinbek b. Hamburg 1979

9. Vgl. hierzu Doris Jansken, Kommunikationstechnik im Alltag, Soziale Folgen im Spektrum technologiepolitischer Einflußmöglichkeiten, Kurzfassung für den Deutschen Sozialtag 1979 (Msk.)

10. Marie Winn, Die Droge im Wohnzimmer, Reinbek b. Hamburg, 1979, S. 16. Die Angaben stammen aus dem Nielsen Television Index, Report on Television Usage, Hackensack, N. J.

11. Winn, a. a. O., S. 104

12. Bruno Bettelheim, The Informed Heart, The Free Press, N. Y. 1960

13. Hugo von Dahlem, Funkausstellung 1979 - Tendenzen gerätetechni-
    scher Entwicklungen, in: Medien-Perspektiven, 8/79, S. 548

14. E. Rupp, Telekommunikationstechnik als Instrument wirtschaftli-
    chen und sozialen Strukturwandels, Vortrag im Heinrich-Hertz-
    Institut für Nachrichtentechnik Berlin GmbH, am 1.4.1979,
    S. 7 (Msk.)

Informationsfreiheit und Meinungsvielfalt in der Gesellschaft der Zukunft

Ch. Schwarz-Schilling
Bonn

A.

Die medienpolitische Diskussion in der Bundesrepublik Deutschland
nimmt seit etwa 3 Jahren ständig an Schärfe zu. Obwohl in anderen
westlichen Industriestaaten die medientechnische Entwicklung sehr
viel schneller vorankommt, ist eine ähnliche Zuspitzung der medienpolitischen Diskussion dort nicht zu konstatieren. Gerade erst Ende
September verglich der Bundeskanzler die Relevanz der künftigen
Medien mit dem Stellenwert, den die Energiediskussion bei uns heute
einnimmt.

Nirgendwo sonst wird eine medienpolitische Diskussion mit so viel
Dogmatismus und Ideologie geführt wie hier in der BRD. Ich begrüße
es daher, daß sich der "Münchner Kreis" der verdienstvollen, aber
schwierigen Aufgabe unterzieht, die einzelnen Teilaspekte wie die
rechtlichen, wirtschaftlichen, politischen und soziologischen wieder
sorgsam voneinander zu trennen, einer rationalen Fragestellung wieder zugänglich zu machen und damit einen Beitrag zu leisten zu umfassender Analyse und begründetem Urteil.

Woran liegt es nun, daß unser Thema gerade in Deutschland eine solche Brisanz gewonnen hat? Mir scheint, daß sich hier zwei voneinander unabhängige Entwicklungstendenzen herausgebildet haben, deren
Bahnen plötzlich und unvermittelt aufeinandergeprallt sind.

1. Unsere öffentlich-rechtlichen Rundfunkanstalten gerieten seit dem
   Ende der 60er Jahre in eine Krise. Im Zuge der Studentenrevolte
   wurden diese von vielen Beteiligten als ein politisches Instrument zur Veränderung unserer Gesellschaft mißverstanden. Darunter
   mußte notgedrungen die eigentliche, nach Verfassung und Rundfunk-
   gesetzen definierte Aufgabe der Rundfunkanstalten leiden. Die

Zurückdrängung des umfassenden Informationsauftrages zugunsten
eines pointierten, häufig einseitig parteiischen Meinungsjourna-
lismus brachte die öffentlich-rechtlichen Anstalten in den Mittelpunkt erbitterter politischer Auseinandersetzungen. Das journalistische Selbstverständnis, die Idee des journalistischen
Treuhänders, der die Vielzahl der Gruppen und Bürger unserer Gesellschaft in seiner Gesamtheit verpflichtet ist, ganz unabhängig
davon, wo der eigene politische Standort ist - war nicht stark
genug, um politischen Einflußnahmen zu widerstehen. So wurde unser Rundfunk zu einem Zankapfel von Regierungen, Parteien und gesellschaftlichen Gruppen. In dieser medienpolitisch aufgeheizten
Atmosphäre ist es dann auch kein Zufall, wenn bei uns allgemeine
medienpolitische und medientechnologische Fragen weniger mit Sach-
verstand und rationalen Argumenten als mit vordergründig politi-
schem Machtdenken angegangen werden.

2. Daneben verlief im Bereich der Medientechnologie eine Entwicklung,
   welche der Kommunikation revolutionäre Möglichkeiten eröffnen.
   Hier stehen uns Umwälzungen bevor, die für die politisch Verantwortlichen, die Verantwortlichen in den Medien und für den Bürger
   in gleicher Weise eine Herausforderung darstellen.

David Bell hat, was den Stellenwert der Kommunikation in unserer Gesellschaft betrifft, einen interessanten und richtigen historischen
Vergleich gezogen; sinngemäß sagt er: was die Dampfmaschine im 19.
Jahrhundert war, ist die Telekommunikation für das 20. Jahrhundert.
Diese Aussage ist es wert, auch unter historischen Gesichtspunkten
einer etwas detaillierteren Prüfung unterzogen zu werden, weil die
Parallelität der Entwicklungen, sowohl was die technologische Innovation wie auch ihre Nutzung durch den Menschen betrifft, sehr deutlich ins Auge fällt.

Die Erfindung der Dampfmaschine - ich darf Ihnen dies in Erinnerung
rufen - hat mehr als jedes andere Ereignis in fast revolutionärer Weise die Mobilität der Menschen und ihr Verkehrsverhalten beeinflußt.
Sie war Ausgangspunkt für die Entwicklung von Massenverkehr überhaupt; die Eisenbahn wäre ohne sie für lange Zeit undenkbar gewesen.
Fortschrittskritiker traten dieser Entwicklung so engagiert und emotional entgegen, wie dies heute etwa im Bereich der Kernenergie zu
beobachten ist. Und die Umwälzungen in gesellschaftspolitischer,
kulturpolitischer und wirtschaftspolitischer Hinsicht waren drasti-

scher als je zuvor. Mobilität durch Verkehr eröffnete neue Horizonte,
eröffnete die Intensivierung direkter Kommunikation und brachte mit-
hin ein Stück mehr Freiheit. Daß damit auch Herausforderungen verbunden waren, denen sich Staat, Wirtschaft und Gesellschaft zu stellen hatten, ist selbstverständlich.Doch auch in der Entwicklung des
Verkehrs war damit kein Schlußpunkt gesetzt. Das kollektive Massen-
verkehrsmittel Bahn mit seiner Schienen- und Fahrplanabhängigkeit
konnte seine exklusive Attraktivität nur solange behalten, als die
technischen Voraussetzungen für schnellen und rationellen Individualverkehr noch nicht gegeben waren. Die Entwicklung von Verkehrsmitteln
für den Individualverkehr, speziell des Autos, schufen erst die
Grundlage für alternative Entscheidungen der Menschen für das eine
oder andere Verkehrsmittel. Diese Alternativen bedeuteten erneut ein
Stück mehr Freiheitsraum für das Individuum. Heute haben wir die
Koexistenz beider Systeme, von Massenverkehrs- und Individualver-
kehrsmitteln, und keines der beiden ist effektiv verzichtbar, obwohl
über Jahre hinweg eine starke Tendenz zur weiteren Individualisierung zu beobachten ist.

Kommen wir zurück zur Kommunikation. Auch hier können wir eine ähnliche historische Entwicklungslinie konstatieren. Mit der Erfindung
der Buchdruckerkunst und der damit nun möglichen Massenansprache via
Buch und Zeitung hat kommunikationspolitisch eine Revolution stattgefunden, die weit in den politischen, gesellschaftlichen und kulturellen Raum hineinwirkte.

An der Freiheit des Wortes - wir würden heute sagen an Informations-
und Meinungsfreiheit - speziell des gedruckten Wortes, schieden sich
damals die politischenLager. Die Freiheit des Wortes wurde zum Synonym für Freiheit überhaupt. Für eine ganze Phase der Geschichte
blieb das Kommunikationsmittel Zeitung jedoch einem relativ kleinen,
elitären Teil der Bevölkerung, den sogenannten Bildungsbürgern, vorbehalten. Die eigentliche Massenkommunikation setzte erst mit der
Erfindung des Radios und noch später mit dem Siegeszug des Fernsehens
ein.

Typisches Merkmal all dieser Kommunikationsformen war: sie sind kollektive Kommunikationsformen zwischen institutionalisierten Kommuni-
kationsvermittlern und relativ passiven Rezipienten.

Radio und Fernsehen haben so lange institutionellen Charakter - sozusagen eine monopolistische Ex-Cathedra-Funktion im Informations- und Meinungsbildungsprozeß - als individuellere Kommunikationsformen, die dem Zuhörer und Zuschauer eine aktivere Rolle und damit mehr persönlichen Freiraum durch Auswahlentscheidungen ermöglichen, nicht existieren.

Es ist jedoch unübersehbar, daß die Entwicklung der Medientechnologie heute eindeutig in Richtung einer verstärkten Individualisierung des Kommunikationsverhaltens geht. Wir werden daher auch im Bereich der Kommunikation uns auf eine Koexistenz der Systeme einzurichten haben. Dieser Prozeß der Individualisierung ist in einer freien Gesellschaft nicht blockierbar. Dies macht den signifikanten Unterschied zwischen freiheitlich-demokratischen und autoritär-totalitären Staatsformen aus.

B.

Das zeitliche Aufeinanderprallen der beiden oben aufgezeigten Entwicklungslinien, nämlich der Krise unseres öffentlich-rechtlichen Rundfunksystems auf der einen Seite und der Entwicklung der Medientechnologie und ihren künftigen Möglichkeiten individueller Telekommunikation auf der anderen, hat die heutige medienpolitische Sonderlage der Bundesrepublik Deutschland geschaffen: die "Neuen Medien" werden einfach in die politischen Positionskämpfe der heutigen Medienlandschaft einbezogen, ehe diese Medien überhaupt die Gelegenheit bekommen haben, das Licht der Welt auf unserem deutschen Boden zu erblicken. Und - eine typische deutsche Untugend - da werden Argumentationsketten anhand von Theorien und Hypothesen aufgestellt, Ergebnisse vorweggenommen. Man kommt um den Eindruck nicht herum, daß hier aus machtpolitischem Kalkül Dinge festgeschrieben werden sollen.

Wie anders ist es zu erklären, daß gerade diejenigen, die die "Neuen Medien" mit Skepsis, ja mit Schrecken betrachten und unabsehbare Konsequenzen für unsere Gesellschaft an die Wand malen, nicht mit Verve für die bereits im Februar 1976 von der "Kommission für technische Kommunikation" (KtK) vorgeschlagenen Pilotprojekte eingetre-

ten sind, um wirklich forschen, entdecken und den Wahrheitsbeweis
ihrer Hypothesen antreten zu können; um dadurch rechtzeitig medienpolitische Weichenstellungen zu ermöglichen, ehe durch "Neue Medien"
Dammbrüche entstehen, die später kaum mehr repariert werden können?!

Der verzweifelte Versuch, das öffentlich-rechtliche Monopol unserer
Rundfunk- und Fernsehanstalten dadurch zu retten, daß man die medientechnologische Entwicklung aufhält, daß man sie verhindert, durch
juristische, technische oder sonstige Tricks an den Grenzen Deutschlands abwehrt und zumindest auf deutschem Boden "unwirksam" macht,
ist naiv und gefährlich zugleich. Naiv, wenn man meint, in einer
freiheitlichen und demokratischen Gesellschaft können solche Mittel
langfristig eine Entwicklung aufhalten, die dem technischen Fortschritt und einem Grundbedürfnis der Bürger entspricht.

Und gefährlich, weil die Verfechter dieser Tricks in der Hitze des
politischen Kampfes offensichtlich gar nicht merken, wie weit sie
sich bereits von freiheitlich-demokratischen Positionen entfernen.

Mit welchem Recht wird dem deutschen Bürger die technisch problemlo-
se Möglichkeit vorenthalten, neben dem Ersten und Zweiten Fernsehprogramm sämtliche deutschen Regionalprogramme, deutschsprachige
Programme unserer Nachbarländer und zwanzig Hörfunkprogramme in stö-
rungsfreier Qualität zu empfangen?

Genau dieses war das Ziel der von der Bundespost projektierten Breit-
bandverkabelung, die nun durch einen verfassungsmäßig äußerst be-
denklichen, wenn nicht gar verfassungwidrigen Akt der Bundesregierung vor einem Monat durch ein politisches Verbot gegenüber der
Bundespost untersagt worden ist. Ist unser Staat befugt, dem Bürger
diese Möglichkeit einfach zu nehmen, weil der Staat den Frequenz-
mangel, auf dem unter anderem nach den Urteilen des Bundesverfassungsgerichtes das öffentlich-rechtliche Monopol beruht, aus politischer Opportunität, trotz technischer Überholtheit, zementieren will,
um einen neuen, möglicherweise verfassungsrechtlich relevanten Tatbe-
stand von vorneherein zu verhindern? Noch grotesker ist das erklärte
Ziel der Bundesregierung, den alsbald durch Satelliten möglichen
Empfang von Programmen europäischer Nachbarländer zu unterbinden.
Wollen wir ausgerechnet im Zeitalter der europäischen Einigungsbe-
mühungen den freien Informationsfluß über die Grenzen behindern, so
wie es Diktatoren seit eh und je getan haben?

Wie verträgt sich dieses mit der feierlichen Erklärung unseres Bundesaußenministers, die dieser am 30.10.1978 vor der UNESCO in Paris abgegeben hat und dabei unter anderem ausführte:

"Das Recht jedes Menschen, seine Meinung frei zu äußern und Informationen frei zu empfangen, ist ein Grundrecht unserer Verfassung. Es ist darüber hinaus jedoch nach internationalem Verständnis eines der fundamentalen Menschenrechte. Ja, die Erste Generalversammlung der Vereinten Nationen hat die Freiheit der Information zum 'Prüfstein aller Freiheiten' erklärt. Daraus wird deutlich, mein Land würde jeden Entwurf für eine Mediendeklaration ablehnen, der die Forderung nach staatlicher Kontrolle der Informationsmedien oder nach sogenannter staatlicher Verantwortung für diese Medien enthält. Den freien Austausch von Ideen durch Wort und Bild zu erleichtern, ist eine der fundamentalen Aufgaben, die der UNESCO in ihrer Satzung zugewiesen sind. Unsere Organisation würde sich im Widerspruch zu ihrer eigenen Satzung begeben, wenn sie jetzt in einer Mediendeklaration der staatlichen Überwachung und Reglementierung des Informationsflusses das Wort reden würde, auch wenn das unter dem Deckmantel staatlicher Verantwortung geschähe ... Gegen verfälschte Information gibt es nur ein Mittel: die Pluralität der Informationen. Die Vielfalt der Informationen und die Vielfalt der Informationsmedien - dies ist der beste, der einzige Schutz gegen verfälschte Berichterstattung und manipulierte Meinungsmache. Nur Pluralität macht objektive Meinungsbildung möglich."

Soweit Außenminister Genscher und die UNESCO. Es wird höchste Zeit, daß die staatlichen Stellen in der Bundesrepublik Deutschland ihre Taten auf medienpolitischem Gebiet selber an diesen Maßstäben messen. Es wird höchste Zeit für die gesunde Entwicklung unserer Demokratie, daß wir uns in der Bundesrepublik wieder auf die fundamentalen Grundlagen unserer Informationsfreiheit besinnen. Wir müssen aufhören, die Neuen Medien ausschließlich unter dem Gesichtspunkt zu beurteilen, "nützen" sie oder "schaden" sie dem öffentlich-rechtlichen Monopol. Die "Neuen Medien" und ihre Chancen für Informationsfreiheit, Meinungsvielfalt und Individualisierung des Telekommunikationsangebotes gegenüber dem Bürger genießen einen eigenen, direkten Schutz unserer Verfassung und sind keineswegs als eine von den bestehenden Medienstrukturen abgeleitete Funktion zu definieren und zu verstehen.

Erst wenn sich diese Sicht durchsetzen wird, kann man unbefangen
über die Gefahren und Risiken Neuer Medien sprechen; denn die Gefahren und Risiken beziehen sich auf die Telekommunikation insgesamt
und haben dann auch die bestehenden Medienstrukturen mit zum Gegenstand. Erst dann wird es möglich sein, die neue Balance zwischen
elektronischen und Printmedien, die Möglichkeiten und Grenzen der
Individualkommunikation im Verhältnis zum gesamtgesellschaftlichen
Erfordernis vernünftig und sachgerecht zu diskutieren. Erst wenn
sich alle maßgeblichen politischen Kräfte auf diese Grundlagen zurück-
besinnen, wird es auch wieder einen "medienpolitischen Konsens" in
unserer Demokratie geben. Im Moment scheint der Weg dahin noch recht
dornenreich zu sein.

Lassen Sie mich dazu eine Zukunftsperspektive aus meiner Sicht geben.
Wie Informationsfreiheit und Meinungsvielfalt in der Gesellschaft
der Zukunft aussehen werden, ist neben der technischen Entwicklung
zunächst eine Frage der politischen Gestaltung der <u>Medienordnung,</u>
welcher Gestaltungsraum den Medien eingeräumt und staatlich garantiert wird, ob und wie die Medien <u>ihre Funktion wahrnehmen und ihren
Auftrag erfüllen</u>, und schließlich eine Frage der <u>Medienpädagogik</u>.

C.

<u>I Medienordnung</u>

Für die Medienordnung gelten wie auch in anderen Bereichen der Gesellschaft zwei Devisen:

1. Freiheit heißt nicht Schrankenlosigkeit,
   und

2. der Staat ist kein Nachtwächterstaat.

Darum gehe ich davon aus, daß der Staat - in der Bundesrepublik die
Bundesländer - die politische Verantwortung hat, den Artikel 5 GG,
der die Informations- und Meinungsfreiheit umreißt, zu schützen und
zu verwirklichen. Das heißt, der Staat besitzt die Kompetenz, den
Ordnungsrahmen der Medien zu definieren, und dafür zu sorgen, daß

dieser Rahmen beachtet und eingehalten wird. Die Entscheidungen bezüglich der Medienordnung können nicht einer sich verselbständigenden Technik überlassen werden. Diese klare Bejahung der Rolle des Staates, wenn es um Informationsfreiheit und Meinungsvielfalt in der Gesellschaft der Zukunft geht, bedarf jedoch der Präzisierung. Der Staat setzt mit dem Ordnungsrahmen Spielregeln, mehr nicht. Er hat weder einen Anspruch noch ein Recht, in das mediale Kräftespiel direkt eingreifen oder sich gar als aktiver Mitspieler beteiligen zu wollen.

Der Staat spielt nicht mit!

Dies ist ja auch die Quintessenz des Urteils des Bundesverfassungsgerichtes von 1961.

Nun ist auch das Recht des Staates, den medialen Ordnungsrahmen zu definieren, kein Freibrief für Willkür, Beschränkung und Blockade oder für die Durchsetzung parteiideologischer Standpunkte und Vorstellungen über das, was eine solche Medienordnung ausmachen sollte.

Damit sind wir mitten in der aktuellen Diskussion um die zukünftige Medienordnung in der Bundesrepublik Deutschland.

Historisch gesehen haben sich immer jene Kräfte Wandlungsprozessen aufs heftigste widersetzt, die ihre Besitzstände gegen eben diesen Wandel verteidigen wollten. So etwa der absolutistische Staat, der sich der Garantierung von Individualrechten und damit der Entwicklung zum liberalen Rechtsstaat widersetzte. In der heutigen Auseinandersetzung um eine neue Medienordnung werden in ähnlicher Form von mächtigen Gruppen der Gesellschaft Begriffe wie "Gesellschaft" oder "Allgemeinwohl" dazu benutzt zu verhindern, die Individualrechte dem fortschreitenden technologischen Wandel entsprechend auszubauen und zu verwirklichen.

Für den Staat dürfen solche Begriffe bei der Definierung der Medienordnung nicht zentraler Punkt der Überlegungen sein. Artikel 5 GG beinhaltet ein Individualrecht des Bürgers und kein Kollektivrecht der Gesellschaft.

Der Versuch, über die Blockade des technisch Möglichen - und genau dies geschieht im Augenblick - die Quantität und Qualität von Information, Meinung und Unterhaltung reglementieren und bestehende institutionelle Strukturen im Medienbereich für sakrosankt erklären zu wollen, ist mit dem Geist von Artikel 5 GG nicht in Übereinstimmung zu bringen. Der Staat hat die Pflicht, der Individualisierung der Kommunikation soweit Rechnung zu tragen, wie die Menschen dies wünschen und soweit die technischen Möglichkeiten dies zulassen. Die bestehende Medienordnung mit einem System öffentlich-rechtlich organisierter Rundfunkanstalten und privatwirtschaftlich strukturierter Presse rechtfertigte sich gemäß dem Urteil des Bundesverfassungsgerichtes von 1961 aufgrund einer Mangelsituation im Bereich der elektronischen Kommunikation. Das Ziel der Zementierung dieser Mangelsituation durch Blockade der technischen Möglichkeiten ist ein manipulativer Eingriff in die Rechte der Bürger und somit verfassungswidrig.

Eine solche Politik ist sowohl rechtlich wie politisch kurzsichtig. Rechtlich, weil die Gerichte - so die Auffassung namhafter Verfassungsrechtler - solchem Taktieren über kurz oder lang einen Riegel vorschieben und einer freiheitlicheren Regelung Bahn brechen werden; politisch, weil die Chance vertan wird, rechtzeitig die politischen Weichen für eine neue Medienordnung zu stellen, die für den Rest dieses Jahrhunderts trägt. Der Effekt der heutigen Blockadepolitik führt fast zwangsläufig zu einem medienpolitischen Dammbruch, den im Interesse von Informationsfreiheit und Meinungsvielfalt wohl niemand herbeiwünschen kann.

Die Bundesländer haben sich der Aufgabe zu stellen, eine neue Medienordnung zu schaffen. Ich meine, daß diese Aufgabe nach der Devise, soviel Vielfalt wie möglich und soviel regulative Beschränkungen wie nötig gelöst werden müßte.

Im Zentrum der neuen Medienordnung steht das Individuum und sein verbrieftes Recht auf Freiheit der Information und Meinung.

Skeptiker des technischen Fortschritts und Kulturpessimisten zeichnen eine apokalyptische Horrorvision als Konsequenz einer totalen Kommunikation, mit totaler Isolation des Individuums, mit der Gefahr einer Informations- und Reizüberflutung an der Grenze des Zumutbaren, aber auch mit der Möglichkeit vielfältiger Manipulation, ja der totalen Kontrolle des Individuums. Die Gegenposition hierzu: Eine zunehmende Kommunikationskapazität bietet eine Chance zur Verwirklichung

einer neuen Qualität für Informationsfreiheit und Meinungsvielfalt
für das einzelne Glied der Gesellschaft. Ein Mehr an Kommunikation -
etwa im Bereich der elektronisch Medien - wird passiven Konsum abbauen und zu einer Aktivierung des Individuums führen.

Die Auswahlmöglichkeit aus einer Vielfalt von Kommunikationsangebo-
ten entspricht dem pluralistischen Charakter unserer Gesellschaft
und korrespondiert mit unserer auf Freiheit und Demokratie angeleg-
ten Verfassung des Staates.

II Funktion und Auftrag der Medien

Die technische Entwicklung im ausgehenden 20. Jahrhundert wird -
so sagen alle Prognosen - eine neue Vielfalt von Information, Meinung und Unterhaltung im Bereich der elektronischen Medien ermöglichen. Mit dieser Ausweitung der Kommunikationskapazitäten und der
damit gebotenen Chance verstärkter individueller Auswahlentscheidungen müssen sich in Reaktion darauf Funktion und Auftrag der elektronischen Medien tiefgreifend ändern.

Lassen Sie mich zunächst definieren, was dieser Wandel _nicht_ bedeutet: Heutige und zusätzliche zukünftige Programmveranstalter dürfen
nicht von der Verpflichtung entbunden werden, sich an einen von der
Verfassung und allgemeinen sittlichen Empfinden vorgegebenen Werte-
kodex in ihrer Arbeit zu orientieren. Das Postulat der Bindung an
die Allgemeinwohlverpflichtung und die vom Grundgesetz geschützten
Rechtsgüter ist unteilbar und ist nicht abhängig von der Zahl ange-
botener Programme oder der Organisationsform der Medien.

Da die Telekommunikation von einer so großen Bedeutung auf die Be-
wußtseins- und Meinungsbildung der Menschen ist, wird auch bei einer
technisch möglichen Vielfalt der Programmanbieter durch entsprechende Maßnahmen des Gesetzgebers auf die Einhaltung wertgebundener
Grenzen und Regeln zu achten sein. Das Bundesverfassungsgericht hat
in seinen Urteilen keinen Zweifel gelassen, daß die Telekommunikation aus diesem Grunde, auch wenn eine technische Vielfalt möglich
wird, nicht gänzlich dem "freien Spiel der Kräfte" überlassen werden
darf.

Die Veränderung von Funktion und Auftrag der elektronischen Medien besagt etwas anderes. Die Massenkommunikation von heute - ich sprach vorhin in diesem Zusammenhang deshalb ja auch von einer kollektiven Kommunikationsform - ist auf die Masse hin konzipiert und in ihren Programmen auf die Masse hin festgelegt.

Dies ist kein Qualitätsurteil, sondern eine ganz lapidare Zustandsbeschreibung. Sichtbar wird dies schon daran, daß Erfolg oder Mißerfolg einer Sendung, eines Programms auch im deutschen, öffentlich-rechtlichen System an Einschaltquoten gemessen wird. Dies wird sich auch in Zukunft im Bereich der Massenkommunikation nur beschränkt ändern. Dennoch aber führt die Ausweitung der Kommunikationskapazität mit einer Vielfalt an Programmformen und Programminhalten in einem System der Konkurrenz fast unweigerlich - weil Marktmechanismen eben auch viel stärker am Konsumenten orientiert sind - zu einer stärkeren Berücksichtigung individueller Wünsche.

Dabei werden sich Kosten und Preise herausbilden, die aber im elektronischen Bereich durch den technischen Fortschritt erschwinglich sind und keine Barriere sein müssen. Das zentrale Produzieren und dezentrale Ansprechen von Minderheiten, soziologischen Gruppen und Schichten, von Institutionen im Bereich der Kultur und Bildung usw. wird hier neue Perspektiven eröffnen, insbesondere auch für die im ländlichen Bereich wohnenden Menschen.

Die Spezialisierung im Zeitungs- und insbesondere auch im Zeitschriftenwesen mag ein Hinweis sein, was damit gemeint ist. Genauso wird das lokale Produzieren eines Angebotes, wenn es den Bedürfnissen der Menschen Rechnung trägt, auf ein allgemeines Interesse stoßen.

Dies heißt natürlich, daß sowohl die Organisation der Medien als auch die Programmgestaltung solchen Bedürfnissen Rechnung zu tragen haben.

Damit ist die alte, einfache, für viele so liebgewordene Systemaufteilung, hier öffentlich-rechtliche Telemedien - dort privatwirtschaftliche Presse, unwiederbringlich überholt.

Daß durch den technischen Fortschritt auf dem Gebiet der Telekommunikation - die bisher nur eine relativ eindimensionale Massenanspra-

che erlaubte -, eine zunehmende Pluralität, ja eine mehr und mehr
individuell gestaltete Kommunikation ermöglicht wird, sollten wir
weniger als Gefahr denn als Chance, als Herausforderung für die zukünftige Generation begreifen.

Das ist ohne Zweifel auch eine große Herausforderung an die Phantasie und Kreativität der Medienverantwortlichen. Es geht darum, ein
neues Gleichgewicht, eine neue Balance zwischen den Medienformen,
zwischen Massenkommunikations- und Individualkommunikationsmöglich-
keiten zu schaffen.

III Medienwirkung und Medienpädagogik

Bei der Diskussion um eine neue Medienordnung, um die Nutzung dessen,
was technisch möglich ist, treten in letzter Zeit immer stärker moralische, kulturkritische und gesellschaftspolitische Argumente in
den Vordergrund; Argumente, wie etwa, mehr und zusätzliche Medienformen hätten verheerende Einflüsse auf das Kommunikationsverhalten
der Menschen in der Familie, auf die Erziehung der Kinder usw. Dies
sind Argumente, die ernst genommen werden müssen, die der Prüfung
bedürfen. Nur wirkt diese Argumentation dann nicht sehr glaubwürdig,
wenn sie, je nach politischer Problemstellung und Zielsetzung etwa
in der Bildungspolitik so und in der Medienpolitik eben genau kon-
trär vorgetragen wird.

Deutlicher: Man gerät notgedrungen in einen Glaubwürdigkeitskonflikt,
wenn die Adepten der Emanzipation in Sachen Medien die Mündigkeit
und Kritikfähigkeit des Bürgers rundweg bestreiten.

Ist dieses das Ergebnis unserer Bildungsexpansion, unserer vielen
Reformen im Schul- und Hochschulwesen? Haben wir die Erziehung des
jungen Menschen zu einem kritischen und mündigen Bürger bereits
vollends abgeschrieben, um nunmehr Bevormundung wieder moralisch zu
begründen? Ich glaube, wir sollten uns vor Extrempositionen hüten.
Weder hilft uns die Reformeuphorie mit einem utopischen Menschenbild weiter, noch sollten wir mit dekadent-pessimistischer Geste
unsere Wertziele und Tugenden, unsere kulturellen Bestrebungen in
Zweifel ziehen. Es fehlt jedoch politische und moralische Glaubwür-
digkeit, wenn ausgerechnet jene, die uns seit Jahren von der Erziehung zur "Kritikfähigkeit" und "Mündigkeit der Bürger", von der

"Demokratisierung aller Lebensbereiche", vom "Wagnis zu mehr Demokratie" als die gesellschaftspolitischen Aufgaben künden, hier auf einmal der staatlichen Reglementierung das Wort reden. In Wahrheit kämpft hier ein in Politik und elektronischen Medien beheimatetes Establishment um seine überholten Privilegien und schützt dabei in echt aristokratischer Manier die Verantwortung vor, das unwissende Volk und seinen verheerenden Geschmack vor der Versuchung eigener Freiheit und Selbstbestimmung zu bewahren. Man fühlt sich wahrhaftig in vergangene Jahrhunderte zurückversetzt!

Es hat schon seinen tieferen Grund, daß nach der Hitler-Diktatur das Grundgesetz vom Menschenbild des mündigen und kritikfähigen Bürgers ausgeht. Ohne ihn wären sowohl die Grundrechte als auch Demokratie Makulatur, denn Rechte - auch jenes der Freiheit der Information und Meinung - können nur dann zum Tragen kommen, wenn sie dem Bürger zugetraut und von ihm aktiv in Anspruch genommen werden.

Diese Mündigkeit ist unteilbar und darf daher auf keinem wichtigen Gebiet, also auch nicht auf dem Gebiet der Kommunikation, beschränkt werden. Damit soll nicht die grundsätzliche Problematik der Medienwirkung verkleinert werden. Im Gegenteil! Ein Nachdenken und Forschen über die kulturelle, psychische und gesellschaftliche Wirkung speziell des Fernsehens ist dringend geboten und muß in die Überlegungen zur Neuordnung der Medienlandschaft mit einbezogen werden.

Eine solche Diskussion, wenn sie redlich und ernst genommen werden will, darf sich jedoch nicht mit Horrorvisionen auf eine unbestimmte Zukunft der "Neuen Medien" einschießen - unter Mißachtung der Wirkungen des immerhin in diesem Landes seit 25 Jahren existierenden Fernsehens - und ohne Faktengrundlagen irrational im Nebel herumstochern. Die Wirkungen unseres bestehenden Fernsehens wären würdig genug gewesen, ausführlich untersucht zu werden und entsprechende Schlußfolgerungen zu ziehen.

Doch bisher waren diese Fragen offensichtlich nicht so besonders wichtig, obwohl in Teilen unseres öffentlich-rechtlichen Programms die wildesten Kreationen amerikanischer Filmkunst unbesehen übernommen werden. Bislang erntete man bei sehr vielen Medienverantwortlichen nur ein müdes Lächeln, wenn man auf Werte wie Ehe, Familie, Geborgenheit und auf die Gefahren ihrer Zerstörung hingewiesen hat.

Ein weiterer Aspekt kommt hinzu: Die Medienwirkungsdiskussion zäumt
das berühmte Pferd von hinten auf. Viel wichtiger und erfolgverspre-
chender ist der Aspekt der Pädagogik, denn Wirkung relativiert sich
nicht zuletzt dann, wenn das Medienverhalten der Menschen vernünftig
und kritisch ist. Solcherlei Mündigkeit ist jedoch ein Ergebnis
adäquater Erziehung und Bildung.

Im Bereich der Kommunikation ist daher eine aktive Pädagogik erforderlich, deren Ziel ist es, dem Menschen Verhaltensweisen zu vermitteln, das ihm eine möglichst vernünftige und sinnvolle Nutzung des
Rechts auf Information, Meinung und Unterhaltung nahelegt. Ich bin
mir bewußt, daß ich damit eine langfristige gesellschaftspolitische
Aufgabe ersten Ranges anspreche, denn intakte Familien und funktio-
nierende Schulen sind Voraussetzung zu ihrer Bewältigung. Diese Aufgabe ist zuallererst eine Aufgabe der Eltern; aber auch die Schule,
die Programmverantwortlichen in den Medien sowie der Staat als Verantwortlicher für den Ordnungsrahmen der Medien haben die Verpflichtung, den Eltern bei der Bewältigung ihrer verantwortungsvollen Aufgabe aktiv zu helfen und zu unterstützen. Dies muß allerdings in
sehr viel konkreterer Form geschehen.

Heute hat man leider nicht selten den Eindruck, daß diese Institutionen nicht selten die Aufgabe der Eltern eher erschweren als erleichtern. Hier steht, auch im Hinblick auf die Mediennutzung, die Notwendigkeit einer grundsätzlichen Neubesinnung vor uns. Verordnen,
durch simples Blockieren technischer Entwicklungen kann solches geistige Tun, welches um Überzeugung und Zustimmung der Menschen ringen
muß, allerdings nicht ersetzt werden! Die Geschichte der Menschheit
sollte uns diese Erfahrung wirklich gelehrt haben!

<u>Schlußbemerkung</u>

Allein eine offensive Strategie, eine konstruktive Antwort auf die
Herausforderung, die eine komplexe Kommunikationszukunft uns in der
Bundesrepublik Deutschland stellt, ist einer offenen Gesellschaft
würdig. Dies ist gleichzeitig ein freiheitlicher Lösungsansatz. Eine
Strategie der Bevormundung der Menschen im Kommunikationsbereich -
und darauf läuft der gegenwärtige Versuch, die Bundesrepublik Deutsch-

land kommunikationspolitisch abzuschotten und eine Mangelsituation im elektronischen Medienbereich zu zementieren, hinaus - geht nur zu Lasten von Informationsfreiheit und Meinungsvielfalt der künftigen Generation. Die Idee der Freiheit war für absolutistische Herrscher unerträglich. Und unerträglich ist sie heute für Diktaturen.

Wir sollten allerdings gelernt haben, mit ihr zu leben.

Die Zukunft der Medien aus liberaler Sicht

G. Verheugen
Bonn

Meine Damen und Herren,
erst in den letzten Wochen ist das Thema Medienpolitik aus seinem
Aschenputtel-Dasein erlöst und der technokratischen Expertendis-
kussion entzogen worden.

Es wurde höchste Zeit, denn es hätte leicht geschehen können - und
kann immer noch geschehen - daß technologische und ökonomische Sachzwänge die politische Entscheidung überflüssig machen. Die Frage
nach der Zukunft der Medien, insbesondere die Frage nach Art und Umfang der Nutzung sogenannter neuer Medien, ist eine politische Frage,
keine technische.

Der so liberal klingende Satz "Die beste Medienpolitik ist keine
Medienpolitik" ist leider nur ein Bonmot. Wenn die Politik die Entwicklung der Medienlandschaft den Medien bzw. ihren Betreibern allein überlassen würde, wäre auch das eine medienpolitische Entscheidung. Liberale Überlegungen zur Zukunft der Medien gehen von Artikel 5 Grundgesetz aus.

Dort heißt es: "Jeder hat das Recht, seine Meinung in Wort, Schrift
und Bild frei zu äußern und zu verbreiten und sich aus allgemein zugänglichen Quellen ungehindert zu unterrichten.

Die Pressefreiheit und die Freiheit der Berichterstattung durch Rundfunk und Film werden gewährleistet. Eine Zensur findet nicht statt."

Dies ist keine wohlklingende, aber für die Praxis bedeutungslose
Deklaration.

Vielmehr ist es Sache der Politiker, diesen Grundgesetzartikel zu
bewahren und bei allen neuen Entwicklungen darauf zu achten, daß die
Meinungs- und Informationsfreiheit nicht eingeschränkt, sondern, wo
immer möglich, erweitert wird.

Der Grundrechtsgehalt, die darin verfaßte Freiheit, ist die oberste Maxime der Liberalen.

Deshalb sind einengende Fragestellungen, wie etwa die Überlegung, wie einige wenige als Anbieter auf dem Medienmarkt ihren Gewinn maximieren könnten oder - auf der anderen Seite -, ob die Politiker den Bürger vielleicht vor einer Berieselung zu schützen hätten, für Liberale zweit- und drittrangig, wenn nicht abwegig.

Die Fragestellung für uns lautet: Was ist zu tun, um Informations- und Meinungsfreiheit - und dazu gehört immer auch Vielfalt - auch in Zukunft zu garantieren? Lassen Sie mich nur am Rande in Erinnerung rufen, daß diese Priorität nicht neu ist, sondern eine lange und gute Tradition für Liberale hat.

Liberale waren es, die der Obrigkeit die Pressefreiheit abgerungen haben.

Und hervorragende liberale Köpfe haben dafür gesorgt, daß sie im Nachkriegsdeutschland wieder zur Geltung kam.

Dabei wurde eine Medienordnung verwirklicht, die sich alles in allem bewährt hat.

Die Pressefreiheit wird garantiert von zwei festen Säulen: der privat-wirtschaftlich verfaßten Presse und dem öffentlich-rechtlichen Rundfunk.

Jetzt kommt Neues auf uns zu.

Und schon die pauschale Bezeichnung für alle diese unterschiedlichen Möglichkeiten als "Neue Medien" signalisiert eine gewisse Hilflosigkeit.

Einige grübeln noch immer, ob wir das überhaupt wollen sollen.

Gerade so, als ob dies eine autonome Entscheidung der Politiker wäre.

In Wahrheit war es doch so: Die Techniker hatten nachgedacht. Die Entwicklung im Ausland schritt fort.

Kapitalinteressen meldeten sich.

Spät erst, sehr spät, wurden die Politiker damit konfrontiert.

Und nicht wenige meiner Politikerkollegen waren und sind darüber er-
zürnt.

Sie hätten selbst gern die Prioritäten gesetzt.

Sie hätten vorgeben wollen, was zuerst fortentwickelt wird und was
noch Zeit hat oder gar nicht kommen soll.

Nur, in aller Regel läuft das in unserem Wirschaftssystem nicht so.

Kein Parlament hat damals beschlossen, ab 1.1. des Jahres soundso
gibt es Stereohörfunk.

Oder mit der Einführung des Farbfernsehens sollten wir noch fünf
oder zehn Jahre warten, weil vielleicht anderes Vorrang hat.

Wobei ich zugebe, daß die jetzt auftretenden Fragen eine andere
Dimension haben.

Nein, das war doch so, daß all dies am Markt angeboten wurde und
akzeptiert wurde oder eben auch nicht akzeptiert wurde wie etwa
die Bildplatte.

In bezug auf die Neuen Medien hat sich eine pessimistische Grundstimmung ausgebreitet, die nur die möglichen Gefahren sieht, aber
die ebenso vorhandenen Chancen verschweigt.

Es gibt gewiß keinen zwingenden Bedarf für weitere nationale Fernsehprogramme in Deutschland.

Aber ich habe Zweifel, ob diese Feststellung die Politik berechtigt
zu entscheiden, daß dann auch keine weiteren Fernsehprogramme sein
dürfen.

Die Stichworte "Informationsüberflutung", "Manipulation", "Zerstörung der Familie" usw. sind mir bewußt, und ich nehme sie ernst.

Dennoch muß die Frage gestellt werden, ob nicht ein rechtlicher und organisatorischer Rahmen denkbar ist, der diese Gefahren bei der Nutzung neuer Medien vermeidet, dafür aber die Chancen nutzt.

Warum sollen nicht Minderheiten stärker berücksichtigt werden, wie z. B. die Gastarbeiter?

Warum sollen nicht Bildungsprogramme angeboten werden, warum sollen die lokalen und regionalen Informationen nicht verbessert werden?

Kurzum: ich halte die prinzipielle kulturpessimistische Betrachtung im Blick auf die Neuen Medien für verfehlt. Mir schmeckt es immer etwas nach Bevormundung, wenn lamentiert wird, die armen Menschen könnten zuviel fernsehen.

Oder wenn Franz-Josef Strauß klagt, aus dem spielenden Kind dürfe kein glotzendes Kind werden.

Als Parole mag das ja ausgesprochen publikumswirksam sein. Nur, realistischerweise muß man auch die Grenzen des Politikers sehen, denn - ich zitiere noch einmal Artikel 5 des Grundgesetzes "Eine Zensur findet nicht statt".

Will denn der bayerische Ministerpräsident die Kinder persönlich vom Bildschirm fernhalten? Die Politik hat das Medien- und Freizeitverhalten des Bürgers zu respektieren, und für die Kinder sind die Eltern verantwortlich.

Ich frage Sie und mich: Was hat das alles noch mit Freiheit zu tun? Und warum sind neuerdings viele Politiker so fixiert auf Fernsehen? Unsere Gesellschaft lebt mit finsteren Spielhöllen.

Mit Porno und Peepshows. Brutalste menschenverachtende Filme und blutige Boxkämpfe sind erlaubt.

Und einige, die sich besonders verantwortungsvoll dünken, übersehen zwar das Drogenproblem, aber ereifern sich über die Droge Fernsehen.

Warum soll hier dem Bürger plötzlich die Mündigkeit abgesprochen werden?

Dieselben Menschen, die als Wähler autonom sind, Regierungen zu rufen und zu stürzen, die sollten nicht mündig genug sein, über ihren Fernsehkonsum zu entscheiden?

Dies wollte ich doch vorausgeschickt haben zur Frage, "was Sache des Politikers und was Sache des einzelnen ist". Ich will damit nicht sagen, daß die Regierungen in Bund und Ländern und die politischen Parteien sich immer nur den sogenannten Sachzwängen beugen müßten oder der normativen Kraft des Faktischen zu gehorchen hätten.

Aber das, was pauschal als Neue Medien bezeichnet wird, ist so unterschiedlicher Natur, daß differnzierte Antworten vonnöten sind.

Antworten, die unseren Vorstellungen von Freiheit gerecht werden.

Und je nachdem, um welche Form der Kommunikation es sich handelt, sind die Politiker mehr oder weniger gefordert. Ganz einfach ausgedrückt: Wenn sich zwei Menschen miteinander unterhalten, geht das dem Politiker überhaupt nichts an. Bei Problemen der Massenkommunikation hingegen ist seine Stellungnahme möglicherweise vonnöten.

Insofern sind Glaubensbekenntnisse etwa der Art "alles privat" oder "alles öffentlich-rechtlich" kaum geeignet, zur Problemlösung beizutragen.

Ich will Ihnen im folgenden knapp und stichwortartig referieren, wie die differenzierten Antworten der F. D. P.-Medienkommission aussehen.

In wenigen Tagen schon, am 1. Dezember, wird meine Partei insgesamt ihre Beschlüsse zum Thema Neue Medien fassen.

Im Entwurf der Liberalen Leitlinien Neue Medien heißt es zum Thema <u>Bildschirmtext</u> "Bildschirmtext ist jedermann als Informationsanbieter und -nachfrager zu öffnen. Liberales Verständnis von Informations- und Meinungsfreiheit verbietet grundsätzlich eine Zugangsbeschränkung.

Eine Trennung nach "publizistisch relevanten" und "publizistisch nicht relevanten Texten, wie sie von der SPD vorgeschlagen wurde und ihre unterschiedliche Behandlung ist rechtlich bedenklich und nicht praktikabel.

Für die organisatorische Ausgestaltung von Bildschirmtext gilt die strikte Trennung zwischen Netz- und Nutzungsbereich. Die Deutsche Bundespost ist als Träger des Netzes vom Nutzungsbereich auszuschliessen und auf die bloße Übertragung von Informationen zu beschränken.

Die Datenspeicherung ist dem Nutzungsbereich zuzuordnen. Lassen Sie mich auch ein paar Sätze zum umstrittenen Thema <u>Videotext</u> sagen.

Ich meine, die Kontroverse zwischen Rundfunk und Presse über die rechtliche Einordnung und Nutzung von Videotext ist in Anbetracht des vorhersehbaren Endes der Kapazitätsenge nach Einführung von Breitbandkabelsystemen recht vordergründig. Die besonderen Eigenschaften von Videotext sind, nach Meinung der F. D. P.-Medienkommission, für die Verbreitung qualifizierter Kurzinformationen zu nutzen.

Dabei muß für programmbegleitende und programmbezogene Informationen auf jeden Fall den Rundfunkanstalten eine ausreichende Übertragungskapazität vorbehalten bleiben. Die Landesgesetzgeber werden zu entscheiden haben, in welchem Umfang in der Übergangsphase Videotext den Rundfunkanstalten vorbehalten bleibt und inwieweit eine Öffnung für andere Informationsanbieter möglich ist.

Für Kabeltext gelten prinzipiell die für Bildschirmtext gefundenen Aussagen. D. h. das System ist jedermann als Anbieter und Nutzer zu öffnen. Es soll keine Zugangskontrolle bei der Texteingabe geben.

Die Netzträger sind von der Kabeltextbereitstellung ausgeschlossen.

Der Anbieter muß erkennbar sein, und die rechtliche Haftung liegt beim Anbieter.

Zum Stichwort <u>leitungsgebundene Versorgung mit Rundfunkprogrammen</u> hat sich die F. D. P.-Medienkommission für eine öffentlich-rechtliche Struktur ausgesprochen.

Die Entscheidung über die Kabelnutzung soll allerdings nicht bei den bestehenden Rundfunkanstalten liegen, sondern bei neuen, noch zu gründenden regionalen öffentlich-rechtlichen Kabelanstalten nach Landesrecht.

Diese sollen keine kommerziellen Programme ausstrahlen, sondern sie sollen bestehende Programme oder eigens produzierte Programme verteilen.

Produzenten können selbstverständlich Private sein, aber die journalistische Programmentscheidung darf nicht zugunsten der kommerziellen Kalküls zurücktreten. Die Diskussion zu diesem sehr wesentlichen Punkt in der Medienpolitik ist in meiner Partei ebensowenig wie in der deutschen Öffentlichkeit insgesamt abgeschlossen. Aber in der einen These stimme ich persönlich mit der Meinung der F. D. P.-Medienkommission voll überein: "Die Einführung der Breitbandkommunikation soll nicht zur Einführung kommerziellen Rundfunks in der Bundesrepublik Deutschland führen."

Denen, die glauben, mich bei einem Widerspruch ertappt zu haben, bin ich eine Erläuterung schuldig.

Denn auf den ersten Blick könnte es schon so aussehen, als wäre da ein Widerspruch.

Eingangs Beschwörung des Grundgesetzartikels 5, wo doch steht, daß jedermann seine Meinung verbreiten kann.

Und nun die Absage an kommerzielle Rundfunkveranstalter? Ich will es mir auch nicht so einfach machen, nur das Urteil des Bundesverfassungsgerichts zum Adenauer-Fernsehen zu zitieren, in dem es eindeutig heißt: "Artikel 5 Grundgesetz verlangt jedenfalls, daß dieses moderne Instrument der Meinungsbildung weder dem Staat noch einer gesellschaftlichen Gruppe ausgeliefert wird.

Die Veranstalter von Rundfunkdarbietungen müssen also so organisiert werden, daß alle in Betracht kommenden Kräfte in ihren Organen Einfluß haben und im Gesamtprogramm zu Wort kommen können. Dieses Urteil korrespondiert mit einem anderen Richterspruch, gesprochen vom Bundesverwaltungsgericht am 1. Dezember 1971, in dem es heißt: Die ausschließliche Finanzierung privater Rundfunksender müsse "die eineseitige Beeinflussung der öffentlichen Meinung durch die werbenden Firmen, also Kreise der Industrie, des Handels und des Gewerbes, zur Folge haben.

Das aber läßt sich mit dem im Grundgesetz verankerten Begriff der Informationsfreiheit in der Demokratie nicht vereinbaren."

Ich bin nicht der Auffassung, kommerzieller Rundfunk sei ein Unwert an sich und verbinde auf geradezu genialische Weise alle denkbaren medialen Widerwärtigkeiten miteinander.

Ich sehe die Frage auch ganz emotionslos, und ich komme dabei zum Ergebnis, daß ein kommerzielles Rundfunksystem mehr Nachteile als Vorteile hätte.

Oberstes Ziel aller Programmüberlegungen sollte es sein, Programmvielfalt zu verwirklichen.

D. h., jeder Zuschauer sollte das sehen können, was er sehen will. Und zwar nicht am Nachmittag oder um Mitternacht, sondern zur besten Sendezeit.

Nun hat es sich aber, zumindest unter Experten, herumgesprochen, daß die bloße Vermehrung von Programmangeboten nicht automatisch zu mehr Vielfalt führen muß.

Eher ist das Gegenteil der Fall, denn gerade zu den besten Sendezeiten werden alle, die auf Werbeeinnahmen angewiesen sind, _das_ Programm anbieten, das am ehesten dem breiten Publikumsgeschmack gerecht wird.

Da aber auch heute schon ARD und ZDF, wenigstens zum Teil, auf Werbeeinnahmen angewiesen sind, würde es hier zu einem Wettbewerb kommen, der auf dem Buckel des Zuschauers ausgetragen würde.

Ob wir es wollen oder nicht, wir bekämen am Ende amerikanische Verhältnisse, und das bedeutet: zur besten Sendezeit eine Mischung aus Unterhaltungs-Klimbim, Sport, dümmlichen Ratespielen und Werbung.

Anders gesagt: Wir Liberalen wären die letzten, die dem Bürger vorschreiben wollten, was er hören und sehen darf und was nicht. Wir halten es aber für sinnvoll, daß wir uns rechtzeitig darum kümmern, daß nicht zur allerbesten Sendezeit auf allen Kanälen ein unpolitisches seichtes Programm läuft.

Programmflut bringt nicht automatisch Programmvielfalt. Und hier beginnen für uns Überlegungen des Minderheitenschutzes. Wir fühlen uns als Liberale auch jener Gruppe verpflichtet, die Wert darauf legt, gute Informationssendungen sehen zu können und ein Programm ins Haus zu bekommen, in dem z. B. die Auslandberichterstattung nicht vollkommen unter den Tisch fällt.

Ein Mediensystem, das sich am Gewinn orientiert, muß aber Minderheiten geradezu zwangsläufig vernachlässigen oder gar aussteuern. Und wer behauptet, ARD und ZDF könnten sich dieser Sog-Wirkung auf Dauer entziehen, der argumentiert nicht redlich. Denn es ist nicht zu erwarten, daß die Wirtschaft ihre Werbe-Etats aufstockt, nur weil weitere Kanäle zur Verfügung stehen.

Da muß also jeder Kunde anderswo abgeworben werden. Kein Zweifel, auch das jetzige Fernsehen müßte sich darauf einstellen.

Je strenger aber der Wettbewerb auf dem Werbemarkt, desto stärker der Sog, in den das öffentlich-rechtliche Programm gezogen wird. Ich bin auch nicht so blauäugig, daß ich die dahinterstehende Machtfrage nicht sehen würde.

Zur Zeit ist es doch so, daß ein einziger Pressekonzern in der Bundesrepublik keine Regierung stürzen kann.

Andererseits könnten die Rundfunkanstalten keinen Politiker retten, wenn die gesamte Presse gegen ihn schreibt.

Aber wie groß wäre die mögliche Gefahr, wenn die jetzt schon die Presselandschaft beherrschenden Verleger auch noch die einflußreichsten Fernsehkanäle beherrschten.

Und unter diesem politischen Aspekt ist es mir auch lieber, wenn auf relativ wenigen Kanälen alle in der Gesellschaft geäußerten Meinungen repräsentiert sind, als wenn sich die Schwarzen einen schwarzen und die Roten einen roten Kanal leisten und dann durch nichts und niemanden mehr veranlaßt werden können, sich auch mal mit anderen, abweichenden Meinungen auseinanderzusetzen.

Ich bin der Meinung, daß beim Kabelfernsehen unter dem öffentlich-rechtlichen Dach auch private Rundfunkanbieter zum Zuge kommen sollten.

Für deren Rundfunkveranstaltungen gelten dann natürlich auch die vom Verfassungsgericht aufgestellten inhaltlichen Grundsätze. Ich würde Werbung in solchen Veranstaltungen nicht ausschließen, allerdings nur als Blockwerbung in einem möglichst engen Volumen und nur zu bestimmten Zeiten.

Bei den privaten Rundfunkanbietern sollten nach meiner Meinung dann weder die Verleger noch die Journalisten selbst fehlen - für das Verlegerfernsehen wäre ein Modell wie bei dpa denkbar, für das Journalistenfernsehen so ähnlich wie bei "Le Monde". Was die Satellitenprogramme angeht, so werden sie ja vielleicht eher kommen als die Vollverkabelung der Bundesrepublik.

Hier halte ich Absprachen zumindest innerhalb der EG für unerläßlich und auch für möglich. Daß bei der grenzüberschreitenden Kommunikation für uns der Grundsatz des freien Flusses der Information beachtet werden muß, halte ich für selbstverständlich.

Im Augenblick befinden wir uns in einer Sackgasse.

Alle sind sich einig, daß die Technik nicht notwendige inhaltliche Entscheidungen präjudizieren soll.

Deshalb hat die Bundesregierung - wie ich finde zu recht - zunächst einmal die Verkabelungsprojekte der Post gestoppt. Und darum haben sich die Ministerpräsidenten auf sogenannte Pilotprojekte geeinigt.

Ich zweifle, ob sich nach den Pilotprojekten die politischen Fragen anders stellen werden als jetzt.

Sicher bin ich, daß wir vier so gigantische und immens teure Projekte nicht brauchen, und angesichts der vollkommen ungelösten Finanzierungsfragen stellt sich ohnehin die Frage, ob das alles so ernst gemeint war!

Ich meine:

1. Die verantwortlichen Politiker aus Bund und Ländern sollten sich in einer Kommission zusammenfinden, die das auswertet, was es heute in anderen Ländern schon an gesicherten Erfahrungen mit Kabelfernsehen gibt;

die mit allen gesellschaftlichen Gruppen noch einmal redet und
die dann eine politische Entscheidung trifft, was eigentlich ge-
wollt ist.

Das F. D. P.-Konzept dafür habe ich Ihnen dargestellt. Wir würden
es in die Arbeit einer solchen Kommission einbringen.

2. Wir sollten Abschied nehmen von der Idee der Pilotprojekte in der
bisher diskutierten Form. Statt dessen sollten einige kleine,
aber auf sehr präzise technische oder inhaltliche Fragen zuge-
spitzte Feldversuche angesetzt werden.

Dabei könnte z. B. anhand von zwei Kontrollgruppen untersucht werden,
wie sich ein vermehrtes Programmangebot auf die schulischen Leistungen von Kindern oder auf das soziale Verhalten der Erwachsenen aus-
wirkt.

Dabei könnte untersucht werden, welche Einflüsse lokale oder regionale Programme auf die Existenz der gedruckten Medien haben.

Vieles ist hier machbar.

Aber um herauszufinden, daß ich keine italienischen Verhältnisse
und keine Dauerberieselung mit "Bonanza" oder Schlimmerem wünsche,
dazu brauche ich kein Pilotprojekt. Das weiß ich schon jetzt.

Meine Damen und Herren,
ich kann Ihnen heute versprechen, daß die F. D. P. den Leitgedanken
der Freiheit für den einzelnen Bürger bei allen Entscheidungen im
Bereich der Neuen Medien nicht aus den Augen verlieren wird.

Wo andere den Teufel vermuten, da steckt für uns oft die Freiheit,
nämlich im Detail.

So darf es beispielsweise nicht zu Anschlußzwang bei der Kabelkommunikation kommen.

Die Entscheidung gegen einen Kabelanschluß muß jedem Hausbesitzer
und jedem Mieter offengehalten werden, auch wenn dies für den Anbieter eine ungünstige Kostenkonstellation zur Folge hat.

Zur Freiheit gehört weiterhin, daß es auch in Zukunft die herkömmlichen Übertragungswege geben muß, damit via Ätherrundfunk der Betrieb von Kofferradios und tragbaren Fernsehgeräten möglich bleibt
und damit vor allen Dingen auch Programmvielfalt für den Autofahrer
garantiert ist.

Und lassen Sie mich zum Schluß noch auf einen für uns ganz wichtigen
Freiheitsaspekt hinweisen, nämlich auf die Fragen des Datenschutzes
im Zusammenhang mit den Neuen Medien. Ich meine damit nicht das Me-
dienprivileg, wie es im Bundesdatenschutzgesetz zum Ausdruck kommt
und das für personenbezogene Daten gilt, "die durch Unternehmen oder
Hilfsunternehmen der Presse, des Rundfunks oder des Films ausschließlich zu eigenen publizistischen Zwecken verarbeitet werden". Der
F. D. P. geht es vielmehr um den Schutz des Bürgers vor einer Offen-
legung seines Kommunikationsverhaltens. Die vom einzelnen Teilnehmer
getroffene Auswahl der Informationen darf nicht kontrollierbar sein.

Auch bei der Gestaltung von Abrechnungssystemen, z. B. bei Pay-TV
ist dies zu beachten.

Für uns ist es eine Horrorvision, wenn der Große Bruder am Ende eines
Monats Auskunft darüber geben könnte, wer wie oft Bildungsprogramme
eingeschaltet hatte und wer sich für nichts anderes als für Krimis
interessiert.

Diese Datenschutzüberlegungen gelten ganz besonders für alle Versuche mit dem Rückkanal, weil sich hier eine Auswertung der Antworten
des Publikums durch Daten-Händler geradezu anbietet.

Auch hierfür gibt es Beispiele aus den USA, die einer weitergehenden
Untersuchung wert wären.

Meine Damen und Herren, die Diskussion bewegt sich zwischen zwei Po-
len, die meilenweit voneinander entfernt sind.

Die einen sagen: laßt uns anfangen mit den Neuen Medien, es geht um
viel Geld, das man verdienen kann.

Es geht um Arbeitsplätze.

Es geht um Fortschritt.

Die anderen sehen - wie der Vorsitzende der Publizistischen Kommission der Deutschen Bischofskonferenz, Bischof Georg Moser - die einzige Legitimation für die Neuen Medien "in einem Zuwachs an Menschlichkeit".

Die Position der F. D. P. ist vielleicht die schwierigste. Sie versucht Fortschritt und Menschlichkeit zusammenzubringen.

Die Wirkungen der Telekommunikation aus der Sicht der Gewerkschaften

G. Stephan
Düsseldorf

Meine sehr verehrten Damen und Herren!

Dieser Kongreß des "Münchner Kreises" beschäftigt sich mit der Telekommunikation für den Menschen, den durch sie zu erwartenden individuellen und gesellschaftlichen Wirkungen. Ein Anliegen, das die Gewerkschaften natürlich besonders anspricht.

Denn wenn die Gewerkschaften zum Thema Telekommunikation Stellung nehmen, dann stehen der menschliche und soziale, aber ebenso der arbeitsplatzpolitische Aspekt im Vordergrund.

Das ist verständlich. Von den Auswirkungen der Telekommunikation sind beispielsweise die 7,8 Millionen Mitglieder des Deutschen Gewerkschaftsbundes als künftige Verbraucher und Nutzer der neuen Medien ganz sicher betroffen. Gleichzeitig wird ein großer Teil von ihnen als Arbeitnehmer in naher oder weiter Zukunft unmittelbar mit den Folgen der Telekommunikation in der Arbeitswelt konfrontiert. Praxisbezogen heißt das: steigende oder sinkende Qualifikationsanforderungen, Veränderungen oder Verlust des Arbeitsplatzes. Das bedeutet, für den einzelnen können diese Auswirkungen im ungünstigsten Fall zur Existenzfrage werden.

Neben den neuen Medien, wie Kabelfernsehen, Videotext und Bildschirmtext, auf die ich mich aufgrund meiner Verantwortung für die Medienpolitik des Deutschen Gewerkschaftsbundes in meinen Ausführungen konzentrieren möchte, werden neue Dienste, wie das Bürofernschreiben, das Fernkopieren sowie die elektronische Briefübermittlung die Bürowelt und den Postservice revolutionieren.

Aus gewerkschaftlicher Sicht ist es deshalb nur zu begrüßen, daß dieser Kongreß den Menschen, seine Wünsche und Forderungen, aber ebenso seine berufliche Betroffenheit im Hinblick auf neue Telekommunikationsformen in den Mittelpunkt der Betrachtung rückt.

Die Diskussion um die neuen Medien in den letzten Wochen und Monaten
in den verschiedenen Publikationsorganen hat - das ist meine Auffassung -
leider ein ganz anderes Bild vermittelt. Im Gegensatz zum Thema dieses Kongresses konnte da vielmehr der Eindruck entstehen, daß es nicht
um Telekommunikation für den Menschen, sondern um gezielte Interessen
der mit der Telekommunikation befaßten Gruppen geht. Das sind einmal
die kommerziellen Interessen von Elektro- und Verlagsindustrie. Das
sind zum anderen die ganz klar artikulierten machtpolitischen Interessen der Parteien in unserem Lande.

Der mündige Bürger und seine Ansprüche wurden und werden täglich erneut als Aushängeschild genutzt, um dahinter bewußt die eigenen Interessen zu formieren. Es wäre erfreulich, wenn dieser Kongreß dazu
beitragen würde, diesem falschen Rollenspiel ein Ende zu setzen und
ein stärkeres Bekenntnis zu den jeweils vertretenen tatsächlichen
Interessen bewirkte.

Klare medienpolitische Haltung des DGB

Der Deutsche Gewerkschaftsbund hat zu den unter dem Sammelbegriff
Telekommunikation zusammengefaßten neuen und zu den traditionellen
Medien für die Öffentlichkeit klar und unmißverständlich Stellung
genommen. Sowohl die Anträge zum letzten DGB-Bundeskongreß 1978 in
Hamburg als auch die Aussagen im Mitte dieses Jahres veröffentlichten
neuen Aktionsprogramm unterstreichen das anschaulich. Ebenso werden
diese medienpolitischen Forderungen Bestandteil des im Frühjahr 1981
zu verabschiedenden neuen Grundsatzprogramms des DGB werden.

Die breite Diskussion medienpolitischer Fragen innerhalb der gesamten Gewerkschaftsorganisation und nicht nur in den unmittelbar dafür
fachlich zuständigen Gewerkschaften signalisiert ein wachsendes Bewußtsein und ein waches Interesse eines ständig zunehmenden Teils von
Arbeitnehmern an diesen, sie ganz persönlich betreffenden Fragen und
Problemen.

Diese Entwicklung stimmt die Gewerkschaften optimistisch. Sie kann
und darf jedoch nicht darüber hinwegtäuschen, daß noch sehr viel an
Aufklärung und Information unter der Bevölkerung zu leisten bleibt.
Der Deutsche Gewerkschaftsbund hat vor allem im vergangenen Jahr erhebliche Anstrengungen unternommen, um das im Hinblick auf die neuen
Medien vorhandene Informationsdefizit abbauen zu helfen. Veranstaltungen wie die medienpolitische Konferenz des DGB zu Fragen des Ausbaus und der Weiterentwicklung des öffentlich-rechtlichen Rundfunk-

systems und der Einführung der neuen Medien sowie die internationale
Konferenz zu den Auswirkungen der Pressekonzentration und der neuen
Technik im Druckgewerbe in Berlin fanden lebhafte öffentliche Resonanz.

Sie waren unter anderem auch darauf ausgerichtet, Fehl- und Vorurteile
gegenüber den Gewerkschaften und ihrer Haltung zu medienpolitischen
Fragen abbauen zu helfen.

Zu diesen Fehlurteilen muß vor allem die Einschätzung gerechnet werden,
daß die Gewerkschaften den Entwicklungen auf dem Gebiet der Telekommunikation fortschrittsfeindlich und restriktiv gegenüberständen. Dagegen verwahren sich die Gewerkschaften zu Recht. Sie bejahen und unterstützen den technischen Fortschritt, wenn er zugleich ein menschlicher
und sozialer Fortschritt ist. Das gilt auch für die Telekommunikation.
Es bringt die Entwicklung keineswegs voran, wenn versucht wird, ver-
antwortungsbewußtes gewerkschaftliches Engagement als moderne Maschi-
nenstürmerei auszulegen oder die Gewerkschaften - was zum Beispiel
die Erweiterung der Fernsehmöglichkeiten betrifft - als "Vormund der
Nation" abzustempeln.

Gewerkschaftliche Forderungen an die neuen Medien

Die Gewerkschaften erwarten von der Einführung der neuen Medien, insbesondere von Kabelfernsehen, Videotext und Bildschirmtext, daß sie
dazu beitragen,
- die Meinungs- und Informationsfreiheit jedes einzelnen zu erweitern
  und zu verbessern,
- die Chancengleichheit in der Information zu sichern und
- dem einzelnen eine aktivere Mitarbeit und Mitgestaltung am Informationsaustausch zu ermöglichen.

Das bedeutet für die Organisation der neuen Medien:
- Unabhängigkeit von Staat, Parteien und kommerziellen Gruppen,
- Verhinderung weiterer Machtkonzentration im Medienbereich aufgrund
  der negativen Erfahrungen im Bereich der gedruckten Presse,
- Sicherung des Zugangs zu den neuen Medien für jedermann unter Wahrung der Interessen von Minderheiten und
- eine klare Trennung von Netzträgerschaft und Nutzer- bzw.Programm-
  bereich.

Die derzeitigen Entwicklungen im Presse- und Rundfunksystem bestärken
die Gewerkschaften in diesen Forderungen an die künftige Telekommunikation.

Der Deutsche Gewerkschaftsbund hat sich wiederholt und nachdrücklich
für die Beibehaltung der Balance von öffentlich-rechtlichem Rundfunk
und privat strukturierter Presse ausgesprochen, da diese sich - trotz
aller berechtigten kritischen Einwände - in der Vergangenheit bewährt
hat.

Mit der Entwicklung der neuen Medien droht diese Balance zunehmend
in Gefahr zu geraten. Die Vertreter der gedruckten Presse haben ganz
massiv ihre Ansprüche zur Beteiligung an den neuen Medien angemeldet.
Die gegenwärtigen Auseinandersetzungen um die vier geplanten Pilotprojekte des Kabelfernsehens sowie um die Versuche von Video- und
Bildschirmtext unterstreichen das.

Hier bahnt sich - geht man von dem bereits im Pressebereich vollzo-
genen Konzentrations- und Verdrängungswettbewerb aus - eine gefährliche Entwicklung an. Von Vielfalt und Ausgewogenheit der Informationen kann, wenn allein die Gesetze des freien Marktes das Angebot bestimmen, nicht mehr die Rede sein. Das ist eine unleugbare, wenn auch
unbequeme Tatsache.

Gewerkschaften verteidigen den öffentlich-rechtlichen Rundfunk

Der Deutsche Gewerkschaftsbund zählt - das ist unbestritten - mit zu
den konsequentesten Verfechtern und Befürwortern des öffentlich-rechtlichen Rundfunksystems. Informationsfreiheit und -möglichkeit dürfen
nach gewerkschaftlicher Auffassung nicht davon abhängig gemacht werden,
daß nur derjenige Informationen aktuell vertreiben und beziehen kann,
der dafür die nötigen Mittel besitzt.

Als Gegenpol zur Verödung und Einseitigkeit in der Presselandschaft
hat das öffentlich-rechtliche Rundfunksystem besonders in den letzten
Jahren zunehmend an Bedeutung gewonnen. Für die Gewerkschaften bedeutet deshalb die mit der Entwicklung der neuen Medien - insbesondere
des Kabelfernsehens - mögliche Aufhebung der Frequenzknappheit keinen
Grund, vom öffentlich-rechtlichen System abzugehen oder es privat-
wirtschaftlicher Konkurrenz auszusetzen.

Die Auseinandersetzungen um den Norddeutschen Rundfunk und die At-
tacken des niedersächsischen Ministerpräsidenten Albrecht werten wir
als gezielten Angriff, um damit das öffentlich-rechtliche System von
Funk und Fernsehen in unserem Land insgesamt aus den Angeln zu heben.

Herr Albrecht hat sehr unmißverständlich dargelegt, daß er eine privatwirtschaftliche Konkurrenz bereits jetzt zum öffentlich-rechtlichen Rundfunksystem für angebracht hält und damit nicht bis zur Einführung der neuen Medien zu warten gedenkt.

Er muß in dieser Frage mit dem entschiedenen Widerstand der Gewerkschaften rechnen.

Unter den neuen Medien hat das Kabelfernsehen mit seinen Chancen und Möglichkeiten wohl mit die heißesten medienpolitischen Diskussionen der letzten Zeit ausgelöst. Der Deutsche Gewerkschaftsbund hält in dieser Frage unbeirrt an seiner auch aus den Kongreßanträgen ersichtlichen Haltung fest:
die Programmverantwortung für dieses neue Medium muß bei den öffentlich-rechtlichen Rundfunkanstalten liegen, die Netzträgerschaft bei der Deutschen Bundespost.

Für eine Produktion neuer zusätzlicher Programme - durch wen auch immer - sehen die Gewerkschaften in Anbetracht der derzeitigen Finanzsituation der Funk- und Fernsehanstalten keine Chancen und Möglichkeiten. Sie plädieren vielmehr dafür, alle bereits ausgestrahlten deutschsprachigen Programme des In- und Auslandes - hier ist vor allem an die Regionalprogramme im dritten Kanal, das Programm des Schweizer Fernsehens sowie das Programm von Österreich I und II gedacht - für eine bundesweite Ausstrahlung vorzusehen.

Außerdem unterstützen die Gewerkschaften das Vorhaben des öffentlich-rechtlichen Rundfunks zur Einführung des Fernseh-Vormittagsprogramms für Schichtarbeiter nachdrücklich. Obwohl dieses nicht erst des Kabelfernsehens bedarf, besteht die Verpflichtung dazu natürlich bei Verkabelung umsomehr.

Bereits diese genannten ergänzenden Auswahlmöglichkeiten im Programmangebot werden erheblich mehr kosten, als die derzeitigen drei Programme. Zusätzlich muß der Teilnehmer mit den Gebühren für den Kabelanschluß rechnen. Es wäre deshalb alles andere als realistisch, hier mit Vehemenz auf die Produktion zusätzlicher Programme zu dringen, die dann niemand bezahlen kann oder will, zumal ja nach wie vor auch nur sehr wenig aussagekräftige Untersuchungen über den tatsächlichen Bedarf der Bevölkerung, d.h. den Wunsch nach mehr Programmen und die Bereitschaft, sie auch zu finanzieren, vorliegen.

Internationale Erfahrungen mit mehr Programmen

In diesem Zusammenhang möchte ich einige Erfahrungen aus unseren Nach-
barländern anführen, die meines Erachtens dazu dienlich sind, daß wir
bei unseren Planungen und Erwartungen nicht den Boden unter den Füßen
verlieren.

Zunächst zu unseren Nachbarn nach Österreich. Hier hat Helmut Lenhardt
als Vertreter der Firma Kabel-Signal zum österreichischen Konzept
Kabelfernsehen u.a. folgendes gesagt:
"Wir rechnen uns eine Chance aus, von den künftigen Kabelabonnenten
Geld zu erhalten, wenn wir ihnen neben den ORF-Programmen auch ARD,
ZDF, vielleicht Bayern III, Südwestfunk III und ein Schweizer Pro-
gramm anbieten." [1]
... Und weiter:
"Wir bauen das, was wir wirtschaftlich für möglich halten. Wir bauen
nichts umsonst: Nichts für ein Testpublikum. Bei uns müssen alle
gleich bezahlen. Wir glauben im übrigen, daß das Bezahlen-Müssen oder
Nicht-bezahlen-Wollen auch einen gewissen Testwert hat." [2]

Was die Produktion eigener zusätzlicher Programme anbelangt, führt
Helmut Lenhardt in Österreich eine Desillusionierungskampagne. So
sagte er zum österreichischen Kabelkonzept: "Ich rechne jedermann vor,
was Programm-Machen kostet. Man muß nicht gleich die Programmkosten-
statistik der ARD zitieren, wo eine Programmstunde im Kernprogramm
200 000 Mark kostet. Sicher kann man einfachste Lokalprogramme semi-
professionell um 2 000 oder 3 000 Mark pro Stunde auf die Beine stellen, aber ich frage: Wer wird für eine kleine Kabelstation mit 2 000,
5 000, meinetwegen 10 000 Teilnehmern 14 000 Mark pro Woche aufbringen - das wären die Kosten einer einzigen Programmstunde täglich?
Weder der Teilnehmer noch die lokale Werbung, wenn man nicht gleich
die Annoncenteile der lokalen Zeitungen abschaffen und damit die lokale Presse zum Einsturz bringen wollte." [3]

Soweit Helmut Lenhardt, wohlgemerkt ein Vertreter der Firma "Kabel-
Signal", die maßgeblich an der Verkabelung Österreichs beteiligt sein
wird, und nicht etwa ein Vertreter des österreichischen Gewerkschaftsbundes.

1/2/3 Vgl. Helmut Lenhardt "Kabelfernsehen - Das österreichische
      Konzept", Zeitschrift "Markenartikel", Heft 1/79 S. 26, 27

Auch aus Belgien liegen inzwischen Erfahrungen vor, die eine Kon-
kurrenz-Situation von öffentlich-rechtlichen und privaten Kabelfern-
sehprogrammen alles andere als das Nonplusultra der medienpolitischen
Zukunftsvision erscheinen lassen. Wer Gelegenheit hatte, anläßlich
der diesjährigen Hamburger Medientage den Vortrag von Madame Lhoest
von der belgischen Radio-Television zu hören, mußte sich Zahlen und
Fakten nennen lassen, die vor allem gegen eine solche Konkurrenz-
Situation sprechen. Opfer dieser Konkurrenz sind vor allem die sogenannten kulturellen Programme und die gesellschaftspolitischen Magazin-
Sendungen. Selbst Nachrichten-Sendungen halten der Konkurrenz durch die
leichte Unterhaltungskost nicht stand, wenn diese zeitgleich liegen.

Zu ähnlichen Aussagen gelangt übrigens die bei der belgischen Radio-
Television für die kontinuierliche Zuschauerforschung verantwortliche
Mitarbeiterin Claude Geerts, die sie in den "Media-Perspektiven" ver-
öffentlichte. [4]

Sehr oft werden, wenn es um die Befürwortung und Unterstützung der
Schaffung einer Konkurrenzsituation von öffentlich-rechtlichem und
privatem Funk- und Fernsehen geht, die so "positiven" englischen Er-
fahrungen angeführt. Aber auch hier trügt der Schein. Der Managing
Direktor der BBC von 1969 bis 1973 schreibt zum Wettbewerb zwischen
BBC und ITV, daß diese "zunächst zu sinkenden Einschaltquoten des
BBC-Fernsehens führte, bis die BBC die massenattraktiven ITV-Programme
durch populäre Unterhaltung zu konkurrenzieren begann:
Die Tatsache, daß sie in einem Wettbewerbsverhältnis stand, zwang die
BBC langsam, aber unausweichlich, zumindest in gewissem Umfang glei-
ches mit gleichem zu bekämpfen, Film gegen Film, Nachrichtensendung
gegen Nachrichtensendung zu plazieren." [5]

Diese Anpassung an die an hohe Einschaltquoten gebundenen privaten
Unterhaltungsprogramme der ITV zwang also die BBC zu einer Senkung
der Programmqualität. Und gerade das wollen einige, die auf mehr Angebot aufgrund des Wettbewerbs von privatem und öffentlich-rechtlichem
Funk- und Fernsehen in unserem Land bestehen, nicht wahrhaben. Wer aus
ihrer Sicht gegen die so zustandegekommenen mehr oder weniger ange-
paßten leichten oder seichten Unterhaltungsprogramme ist, der bevor-

4 Vergl. Claude Geerts, "Die Kabelverbreitung in Belgien",
  "Media-Perspektiven", Heft 6/1979, S. 353 ff
5 Vergl. "Rundfunk nach britischem Vorbild - eine Alternative?"
  "Media-Perspektiven", Heft 1/1979, S. 7

mundet dann den Bürger. Ich könnte mir vorstellen, daß die Gewerkschaften den, wenn auch falsch plazierten Begriff der Bevormundung,
in diesem Zusammenhang bereit wären in Kauf zu nehmen.

Soviel zu den Erfahrungen unserer europäischen Nachbarn, die unsere
Euphorie dämpfen und uns nachdenklich stimmen sollten.

Neue Medien sozial-wissenschaftlich untersuchen

Neben dem Kabelfernsehen - das hat vor allem die letzte Funkausstellung vor wenigen Wochen in Berlin deutlich gemacht - bestimmen unter
den neuen Medien Videotext und Bildschirmtext das öffentliche Interesse.

Was Videotext betrifft, so fällt er nach der Definition des Rundfunk-
begriffs klar in die Zuständigkeit des öffentlich-rechtlichen Rundfunksystems.

Bei Bildschirmtext ist der publizistisch relevante Teil des Angebots
rundfunkrechtlich umstritten. Es bleibt abzuwarten, welchen Anteil
und welche Bedeutung er im 1980 in Düsseldorf-Neuss beginnenden Feldversuch einnehmen wird, um hier eine endgültige Lösung zu finden. Die
Gewerkschaften werden sich an diesem Feldversuch beteiligen, um eigene
Erfahrungen mit diesem neuen Medium zu sammeln. Gleichzeitig werden
sie bemüht sein, ihre Vorstellungen und Forderungen bei den sozialwissenschaftlichen Begleituntersuchungen zu diesem Versuch einzubrin-
gen. Schon jetzt wird von Bildschirmtext eine Reihe von Folgewirkungen
auf die Arbeitnehmer und ihre Arbeitsplätze erwartet.

Die Gewerkschaften drängen bei der Erprobung aller neuen Medien auf
entsprechende sozial-wissenschaftliche Begleituntersuchungen, um das
Verhältnis von finanziellem Aufwand und gesellschaftlichem Nutzen,
vor allem aber die Wirkungen auf die Faktoren Bildung, Familie, Arbeitsplatz und Freizeitgestaltung zu analysieren. Sie gehen davon aus, daß
die Interessenvertretungen aller Arbeitnehmer in diese Untersuchungen
einbezogen werden, um sicherzustellen, daß nichts über die Köpfe der
unmittelbar Betroffenen hinweg entschieden wird.

Nicht erst seit gestern und heute wissen wir, daß nicht alles, was
bereits technisch machbar ist, auch gesellschaftlich notwendig und
nützlich sein muß. Die Gewerkschaften sind bereit, im Interesse einer
Telekommunikation für und nicht gegen den Menschen mit dazu beizutragen,
daß hier die richtigen Relationen gefunden und entsprechende Weichen
für die Zukunft gestellt werden.

Die neuen Medien sollen nicht uns, sondern wir wollen sie beherrschen,
bewußt und verantwortungsvoll nutzen. Ich spreche die Hoffnung aus,
daß dieser Kongreß dazu einen konstruktiven Beitrag leisten wird.

Strukturwandel und Arbeitsmarkt

J. Stingl
Nürnberg

1. Anforderungen der Industriegesellschaft

2. Aktuelle Arbeitsmarktperspektiven

3. Berufliche Bildung - ein Kernpunkt finaler Arbeitsmarktpolitik

4. Sozialpolitische Möglichkeit und Grenzen

1. Anforderungen der Industriegesellschaft

Ich danke Ihnen für die freundliche Einladung, zu Ihnen über das
Thema "Strukturwandel und Arbeitsmarkt" zu sprechen.

Arbeitsmarkt- und Wirtschaftsentwicklung

Seit Beginn der Industrialisierung ist das Wirtschaftsgeschehen von
einem rasant fortschreitenden Strukturwandel gekennzeichnet. Fortschritte der Technologie beeinflussen die Produktionsverfahren unter anderem auf eine ständig steigende Mechanisierung, Rationalisierung und Automation hin. Die elektronische Datenverarbeitung setzte
neue Margen nicht zuletzt auch hinsichtlich der Arbeitsorganisation.
Die Arbeits- und Berufswelt im allgemeinen wie auch des einzelnen
blieb davon nicht unberührt.

Der ständige Wandel der industriellen Branchenstruktur vom Massen-
produkt zu spezialisierten, technisch hochwertigen Produktionen ist
nicht nur Folge und Ergebnis einer immer breiteren Wissensbasis.
Dieser Wandel stellt auch ständig neue Anforderungen an die beruflichen Kenntnisse und Fähigkeiten der Beschäftigten. Seinen Nieder-
schlag findet das z. B. auch rein zahlenmäßig in der Entwicklung
der Fachliteratur. Gab es z. B. im Jahre 1865 erst 10 wissenschaft-

liche Zeitschriften, so waren es 1950 bereits etwa 1.000, nur 10 Jahre später kletterte die Zahl auf ca. 100.000. Selbst wenn sich diese Entwicklung in der Zukunft etwas abschwächen sollte, wirkt die Beschleunigung fast beängstigend. Da auch Fachliteratur einer Marktgesetzlichkeit unterliegt, ist die Folgerung berechtigt, daß dieses Angebot der Spiegel einer entsprechenden Nachfrage ist.

Eine einmal durchlaufene Berufsausbildung kann nicht mehr als Grundstock für den weiteren beruflichen Werdegang sein. Die ständige Weiterentwicklung und Anpassung der beruflichen Fähigkeiten bis hin zum Extremfall des Berufswechsels erweisen sich als unabdingbare Notwendigkeit.

Wie stellt sich nun unter Berücksichtigung dieser Tatsachen die Lage auf dem Arbeitsmarkt in der Bundesrepublik dar?

2. Aktuelle Arbeitsmarktperspektiven

Eine fundierte Beurteilung der gegenwärtigen Arbeitsmarktsituation ist nur bei guter Differenzierung möglich. Die Bundesanstalt für Arbeit bemüht sich um diese Differenzierung durch die Ermittlung der monatlichen Arbeitsmarktdaten und durch Sondererhebungen, die jeweils Ende Mai und Ende September sowohl die Arbeitslosen als auch das Stellenangebot unter vielfältigen Gesichtpunkten durchleuchten.

Ursachen: Konjunkturell

Fragt man nach den Ursachen der gegenwärtigen Arbeitslosigkeit, so kommen dafür in erster Linie konjunkturelle Gründe in Betracht. Daß gerade Nordrhein-Westfalen und dort wiederum besonders das Ruhrgebiet, ebenso das Saar-Land die höchsten Arbeitslosenquoten aufweisen, ist ein deutlicher Hinweis darauf. Die Konjunktur ist eben in den wichtigsten Industriezentren noch nicht hinreichend angesprungen. Hier soll deshalb das neue Arbeitsmarktprogramm der Bundesregierung ansetzen. Aber gerade die Schwierigkeiten des Ruhrgebiets zeigen, daß nicht immer klar zu trennen ist zwischen konjunkturellen und strukturellen Ursachen der Arbeitslosigkeit.

Strukturell

Strukturelle Einflüsse auf den Arbeitsmarkt gehen vom ständigen
Wandel der Technik und des Wirtschaftslebens aus. Die fortschreiten-
de Weltarbeitsteilung gewinnt dabei zunehmend an Bedeutung. Was
Strukturveränderungen in der Weltwirtschaft bedeuten, läßt sich
z. B. an der Entwicklung bei Kohle und Stahl aufzeigen. So gab es
1958 in Essen noch 20 Schachtanlagen, heute nur noch eine, deren
Schließung wohl auch schon begonnen hat. Entsprechend waren in dieser Stadt 1958 noch 48.800 Menschen bei der Kohle beschäftigt, heute
nur noch 5.000.

Daß Rahmenbedingungen des Arbeitsmarktes aber nicht nur negativ zu
Buche schlagen, haben uns die Erfahrungen der 60er Jahre gelehrt.
Von 1962 bis 1972 schrumpfte die Zahl der Beschäftigten in der deutschen Textilindustrie um 130.000, im Kohlebergbau in der gleichen
Zeit um 230.000, wobei hauptsächlich Strukturveränderungen und Rationalisierung eine Rolle spielten. Für viele Betroffene war das
eine harte Sache. Insgesamt aber hat das die Öffentlichkeit verhältnismäßig wenig bewegt, da in einer Zeit des allgemein wachsenden Arbeitskräftemangels die Freigesetzten nicht arbeitslos blieben,
sondern meist schnell anderweitig unterkamen. Noch drastischer ging
die Zahl der Beschäftigten in der Landwirtschaft zurück - aber sie
wurden aufgesogen durch den Aufschwung der fünfziger und sechziger
Jahre.

Rationalisierung

Zur Begründung für strukturelle Arbeitslosigkeit werden häufig Rationalisierung und Vernichtung von Arbeitsplätzen durch technischen
Wandel angeführt. Im konkreten Fall gibt es sicher solche Freiset-
zungen. Zu wenig wird dabei oft bedacht, daß eine Rationalisierungsinvestition zunächst einen Auftrag an die Investitionsgüterindustrie
darstellt und damit dort Arbeitsplätze sichern oder schaffen hilft.
Rationalisierung kann den Arbeitsplatz gefährden, hilft aber die
Arbeitsplätze sichern!

Saisonal

Als dritte Komponente unter den Ursachen der Arbeitslosigkeit kommen die Einflüsse der Saison in Frage. Es ist einsichtig, daß der Winter die Beschäftigung in den Außenberufen einschränkt. Durch verschiedene Formen der produktiven Winterbauförderung ist es zwar gelungen, diesen Faktor stark herunterzudrücken, ganz ausschalten lassen sich die Wintereinflüsse aber nicht. Als weitere saisonale Einflüsse machen sich regional bemerkbar die verschiedenen Termine der Schulentlassungen in den einzelnen Bundesländern, Betriebsferien, vor allem aber auch die erheblichen Saisonausschläge in den Fremdenverkehrsgebieten. Bei der getroffenen Unterteilung in konjunkturelle und saisonale Einflußfaktoren sind die Grenzen freilich fließend. Es kann nicht jeder Arbeitslose gewissermaßen mit einem Etikett versehen werden: Konjunktur, Struktur, Saison.

Demographisch

Die Probleme auf dem deutschen Arbeitsmarkt verschärfen sich noch durch die Veränderung des Bevölkerungsaufbaues. Bis in die Mitte der 80er Jahre wird das inländische Erwerbstätigenpotential erheblich anwachsen. Geburtenstarke Jahrgänge drängen auf den Arbeitsmarkt. Seit 1962 sank die Zahl der deutschen Arbeitskräfte von 26,2 Mio. auf den Tiefpunkt mit 24,5 Mio. im Jahre 1975. Seit 1976 steigt die Zahl der deutschen Erwerbstätigen - zunächst noch langsam - bis zu einem oberen Wendepunkt mit etwa 25,5 Mio im Jahre 1988. Danach geht das Angebot an deutschen Arbeitskräften wieder stark zurück. Wir werden uns also rein von der Bevölkerungsentwicklung her für die kommenden Jahre auf eine schwierige Arbeitsmarktlage einstellen müssen.

3. Berufliche Bildung - ein Kernpunkt finaler Arbeitsmarktpolitik

Nach diesem Blick auf die aktuelle Arbeitsmarktsituation erhebt sich die Frage, welche konkreten Aufgaben sich der Arbeitsmarktpolitik stellen. Die Veränderung des Bevölkerungsaufbaus entzieht sich in ihrer Auswirkung auf den Arbeitsmarkt weitgehend einer Beeinflussung. Das Anwachsen des Erwerbspotentials kann freilich etwas abgemildert werden durch Verkürzung der Arbeitszeit, wobei an eine Ausweitung der Bildungsphase ebenso zu denken ist wie an eine Herabsetzung der flexiblen Altersgrenze, an eine Kürzung tariflicher Arbeitszeit und so weiter. Aber das sind politische Entscheidungen oder Abmachungen der Tarifvertragsparteien und nicht Aufgabe der Arbeitsmarktpolitik. Konjunkturelle und saisonale Schwächen lassen sich durch arbeitsmarktpolitische Instrumente und Maßnahmen flankierend abstützen. Das Hauptfeld arbeitsmarktpolitischer Aktivität richtet sich auf die strukturelle Komponente. Angebot und Nachfrage auf dem Arbeitsmarkt dürfen von der Qualifikation her nicht auseinanderklaffen. Angesichts des eingangs schon angesprochenen schnellen Wandels in unserem Wirtschaftssystem ist daher die Förderung beruflicher Bildung ein Kernpunkt finaler Arbeitsmarktpolitik.

Berufsausbildung und berufliche Qualifikation sind zwar kein absoluter Schutz gegen Arbeitslosigkeit. Aber wer eine abgeschlossene Berufsausbildung hinter sich hat, wer beruflich beweglich ist und sich bereit zeigt, ständig hinzuzulernen, ist von Arbeitslosigkeit weniger bedroht und betroffen bzw. leichter wieder in Arbeit zu vermitteln als der Ungelernte.

Man hat nun gefragt, ob diese Formel auch in Zukunft noch stimmen werde oder ob sich nicht erhebliche Verschiebungen in den Anforderungen an die berufliche Qualifikation abzeichnen. Das hängt entscheidend ab von der Entwicklung der Wirtschaftsstruktur. Wird die Bildungsintensität mit steigender Arbeitsproduktivität ständig wachsen müssen, oder wird vielleicht das Gegenteil eintreten? Es gibt Fachleute, die zum Beispiel eine Polarisierung für möglich halten, bei der die Stufe hoher Qualifikation und die niedriger Qualifikation sich weiter ausdehnen würden auf Kosten der mittleren Qualifikation, also etwa der Facharbeiter und kaufmännischen Angestellten. So gibt es noch eine Reihe zum Teil gegenläufiger Thesen in bezug auf die weitere Entwicklung des Bedarfs in den verschiedenen Ebenen beruflicher Qualifikation. Am wahrscheinlichsten ist ein weiteres Ansteigen des Anspruchsniveaus der modernen Wirtschaft und Gesellschaft. Was ergibt sich daraus für die Bildungspolitik?

Die Grundthese ist sicher richtig, daß Bildungs- und Beschäftigungssystem aufeinander bezogen sein müssen. Je stärker man aber ins Detail geht, umso schwieriger wird die Sache. Unsere Wirtschaft hat einen Spitzenstand der Industrialisierung in der Welt erreicht. Um wettbewerbsfähig zu bleiben und die Arbeitsplätze sichern zu können, bedingt das einen sehr dynamischen Wirtschaftsprozeß mit ständigen

Veränderungen und Innovationen, die weder im wünschenswerten Maße
vorauszusehen noch entsprechend zu planen sind, um alle Risiken aus-
zuschalten. Es darf hier nicht außer acht bleiben, daß diese Entwicklungen sich nicht in der Isolation vollziehen, sondern eingebettet sind in weltwirtschaftliche Abläufe. Die Industrieausrüstungen,
z. B. Stahl- oder Chemiewerke, die wir exportieren, machen die Emp-
fängerländer zu Konkurrenten unserer Wirtschaft. Zugleich aber
schafft dieser Wettbewerb im Ausland Kaufkraft, die bei uns auf
anderen Gebieten den Absatz fördert.

Ich halte es für äußerst dringlich, daß diesen Zusammenhängen auch
in der Forschung verstärkte Aufmerksamkeit gewidmet wird, wenn wir
nicht eines Tages vor bösen Überraschungen stehen wollen. Das gehört hinein in die Überlegungen einer vorausschauenden Wirtschafts-
planung, an der sich dann auch wieder die Bildungsplanung orientieren muß.

Die Folgerung daraus kann nur heißen, daß sich die Bildungspolitiker
in möglichst enger Verbindung von Theorie und Praxis weiter bemühen,
mit den sich vollziehenden Änderungen halbwegs Schritt zu halten,
wobei besonderes Gewicht zu legen wäre auf die Vermittlung eines
ausbaufähigen Grundwissens und entsprechender Grundfertigkeit.

Unsere duale Ausbildung vermittelt nicht nur Fertigkeiten, sondern
ermöglicht auch ein besseres Hineinwachsen in die Berufs- und Arbeitswelt. Die Voraussetzungen beruflicher Mobilität, die heute und
in Zukunft so wichtig ist, werden in vielen Zweigen dualer Ausbildung geschaffen. Außerdem gelingt der Übergang von der Ausbildung
zum späteren Arbeitsplatz leichter. In Ländern mit dualer Ausbildung,
wie wir sie in der Bundesrepublik und zum Beispiel auch in Österreich und der Schweiz haben, stellt sich die Problematik dieses
Übergangs nicht in der Schärfe wie in Ländern mit vorwiegend schuli-
scher Berufsausbildung. Nach Angaben der OECD betrugen die Arbeitslosenquoten für Arbeitnehmer von 15 bis unter 25 Jahren im Jahre
1976 zum Beispiel in Italien, Großbritannien, USA und Kanada zwischen 12 und 15 % und waren damit erheblich höher als die Gesamt-
Arbeitslosenquote in diesen Ländern. Zur gleichen Zeit verzeichneten
wir in der Bundesrepublik Deutschland 5,2 % und in Österreich 1,4 %
Arbeitslosenquoten für die genannte Altersgruppe. Das entsprach in
etwa dem Niveau der entsprechenden Gesamt-Arbeitslosenquote. Von
den ca. 6 Mio. Arbeitslosen in der EG sind gegenwärtig etwa 40 % unter 25 Jahre alt.

Wenn es um berufliche Qualifikation und in diesem Zusammenhang um die Bildungspolitik geht, wäre es überhaupt wichtig, daß wir auch den internationalen Arbeitsmarkt im Auge behalten. Was nützt uns eine berufliche Freizügigkeit in Europa, wenn Schulabschlüsse und Diplome zwischen den einzelnen Ländern nicht vergleichbar sind?! Gerade bei Berufen, nicht zuletzt im technischen und industriellen Bereich, für deren Einsatz und Arbeitsmarkt nationale Grenzen mehr und mehr zu eng werden, gilt es, bestehende Ungleichheiten abzubauen, keinesfalls aber neue Hindernisse aufzurichten.

In bezug auf eine geeignete berufliche Qualifikation aber sollte man sich von dem Schmalspurdenken der jüngsten Vergangenheit in Richtung auf eine Akademisierung lösen. Es gilt, unterschiedliche Begabungen zu erkennen. Entsprechend sollte die Bildungspolitik die natürlichen Begabungs- und Neigungsunterschiede der jungen Menschen beachten und hierauf ihr Angebot in breiter Ausfächerung der Qualifikationen ausrichten.

Hier noch ein Wort zur Arbeitslosigkeit der Akademiker. Die Sorgen vieler in bezug auf die künftige Entwicklung sind berechtigt. Wenn wir dennoch sagen, daß eine eventuelle Überqualifikation noch immer das geringere Übel ist gegenüber einer möglichen Unterqualifikation, dann soll das ja nicht heißen, wir wollten Überqualifikation. Etwas anderes ist freilich das Umdenken hinsichtlich des Beschäftigungs- und Sozialstatus. Dieser Appell zum Umdenken richtet sich nicht allein an die Studenten, sondern ebenso an die Hochschulen und an die Arbeitgeber. Wenn eine Volkswirtschaft nur 5 % Spitzenpositionen zu vergeben hat, können nicht 20 % der Erwerbsbevölkerung diese 5 % Arbeitsplätze besetzen. Die Alternative dazu heißt aber nicht einfach Ausweichen in jedwede unterwertige Beschäftigung, sondern eben in die jeweils nächste Ebene. Das gilt auch für die drop outs! Würde sich das durchgängig so vollziehen, dann ergäbe sich daraus ein Ansteigen des Qualifikationsniveaus in der gesamten Beschäftigungspyramide. Auf alle Fälle wird eine Erhöhung des Akademisierungsgrades die Beschäftigungsstruktur auf die Dauer entsprechend verändern. Eine wichtige Voraussetzung dafür wäre allerdings nicht nur eine größere Flexibilität der akademisch gebildeten Bewerber um einen Arbeitsplatz, sondern auch eine größere Flexibilität der Wirtschaft und des öffentlichen Dienstes in bezug auf die Einstellungsvoraussetzungen.

In der Bundesanstalt für Arbeit bemühen wir uns in dieser Richtung
und beschäftigen zur Zeit im gehobenen Dienst etwa 300 Akademiker,
vorerst allerdings überwiegend in zeitlich befristeten Arbeitsver-
trägen.

4. Sozialpolitische Möglichkeiten und Grenzen

Das berührt sich mit der Frage sozialpolitischer Möglichkeiten und
Grenzen, die gerade aufgrund der jüngsten Entwicklung bei Tarifaus-
einandersetzungen zunehmend eine Rolle spielen. Die Stichworte heis-
sen Besitzstandwahrung, adäquate Arbeitsplätze, Arbeitsplatzgaran-
tie, Einkommensgarantie und so weiter.

Grundsätzlich ist zu sagen, daß die Sorge um die Vernichtung von Arbeitsplätzen begründet und berechtigt ist. Jede Rationalisierung
ist ja von ihrem ursprünglichen Sinn her darauf gerichtet, Arbeit
zu vereinfachen, zu beschleunigen, menschliche Arbeitskraft zu ersetzen. Letzlich beruht darauf wesentlich der so wichtige Produkti-
vitätsfortschritt, der Voraussetzung ist für Einkommenszuwachs bzw.
kürzere Arbeitszeit. Dem einzelnen Arbeitnehmer ist es allerdings
kein Trost, daß ein anderer dadurch seinen Arbeitsplatz behalten
oder einen bekommen kann, weil dieser dann die Maschine baut, die
ihn den Arbeitsplatz kostet. Auch vollzieht sich der Ausgleich
durchaus nicht immer in der gleichen Volkswirtschaft. Die elektronische Industrie von Japan oder Amerika kann von Aufträgen leben,
die dann bei uns fehlen und damit letztlich Arbeitslosigkeit produzieren. Das unterstreicht die große Verantwortung bei jeder Entscheidung zu einer Rationalisierungsinvestition, bei der nicht allein die technische und wirtschaftliche Seite in Betracht zu ziehen
sind, sondern ebenso auch die sozialpolitische. Man muß also konkret
planen, auf welche Weise Umsetzungen bei möglichster Wahrung der
berechtigten Ansprüche der Arbeitnehmer vollzogen werden können.

Es wäre verfehlt, die technische Entwicklung anhalten oder zurück-
drehen zu wollen, um Arbeitsplätze zu sichern. Genau das Gegenteil
würde erreicht. Gerade rohstoffarme Länder, zu denen nicht zuletzt
auch die europäischen Industrienationen gehören, müssen auf ein
Schritthalten mit der technischen Entwicklung bedacht sein. Die
Balance ist schwierig. Es darf auch nicht übersehen werden, daß jede

Maßnahme, die den einen in seinem Besitzstand schützt, zugleich den Nichtgeschützten benachteiligt. Das kann auch auf den Geschützten zurückschlagen.

Insgesamt muß dem Fortschritt die Tür geöffnet bleiben:
Im Interesse der Humanisierung des Arbeitsplatzes,
im Interesse der Volkswirtschaft,
im Interesse der kommenden Generation.

Unsere soziale Marktwirtschaft darf dabei den Schutz des Einzelnen nicht aus dem Auge verlieren. Die vom Arbeitnehmer geforderte berufliche Mobilität muß abgestützt werden. Forschung und Entwicklung und damit die Flexibilität der Unternehmen bedürfen auch staatlicher Hilfe. Der Strukturwandel stellt Wirtschaft und Gesellschaft vor immer neue Aufgaben. Die Arbeitsmarktpolitik steht im Rahmen der Wirtschafts- und Sozialpolitik dabei in besonderer Verantwortung.

Zur Geschichte der Innovationsängste

K. Brepohl
Köln

Vor kaum zwei Jahrzehnten beherrschte noch ein allgemeiner Optimismus unsere Gesellschaft: Die positiven Seiten der Entwicklung schienen unbegrenzt zu sein. Wissenschaft und
Technik verlängerten und erleichterten das Leben; zum ersten Mal in der Geschichte verfügte
fast jeder über wirklich freie Zeit und ein Einkommen, das über dem Existenzminimum lag. Die
Menschheit machte sich auf, den Weltraum zu erobern. Man war davon überzeugt, daß sich
dieser Trend fortsetzte. Selbst tiefgreifende technische Neuerungen, wie zum Beispiel die
Automation, die manche individuelle Härte mit sich brachte, wurden ohne große Schwierigkeiten eingeführt. Man sah in ihnen die Voraussetzung für den Fortschritt, der letzten Endes
auch dem einzelnen zugute kam. Sachsse faßt dieses Gefühl zusammen: "Das Neue war auch
das ohne Zweifel Gute."

Seitdem wandelt sich die öffentliche Stimmung grundlegend, an die Stelle des Optimismus tritt
zunehmend eine pessimistische oder zumindest kritische Grundstimmung. Man beginnt, Wissenschaft und Technik zu mißtrauen. Der Glaube an unser naturwissenschaftliches Weltbild ist er-
schüttert, obwohl es den meisten Menschen heute weit besser geht als vor 20 Jahren. Noch
sind es einzelne Gruppen, die die Entwicklung aus ihrer grundsätzlichen Einstellung oder ihrer
persönlichen Betroffenheit ablehnen. Aber man denke nur an die Erfolge, die die vielen Bür-
gerinitiativen auf verschiedenen Gebieten bereits verzeichnen können und die ununterbrochen
zunehmen. Ein Teil unserer Jugend distanziert sich von der Gesellschaft oder lehnt sie rigoros
ab.

Zweifellos gibt es eine Reihe von Gründen für diesen Umschwung, um es in einigen Schlagworten zu sagen: "Ein Planet wird geplündert", "Grenzen des Wachstums", "Die Bevölkerungs-
explosion", Umweltverschmutzung, Gefahren der Kernenergie, "Maßlos informiert", "Der
gespeicherte Bürger" und so weiter. Es sei dahingestellt, wie weit diese Prognosen zutreffen,
auf jeden Fall sind sie ein Symptom der Stimmung und führen dazu, daß eine zunehmende Zahl
von Menschen die Innovationen ablehnt oder die Einführung aktiv bekämpft. Als nächstes Ziel
zeichnet sich das weite Gebiet der Elektronik ab, von der elektronischen Datenverarbeitung

bis zu den neuen Techniken, die auf ihrer Grundlage möglich werden. Hier wird die Ablehnung damit begründet, daß diese Medien die Menschen in ihrem Bereich immer mehr isolieren - unter dem Stichwort "Die Droge im Wohnzimmer" - und die Arbeitsplätze gefährdeten.

1960 glaubten - nach einer Allensbacher Untersuchung - noch 27 Prozent der Bevölkerung, daß das Leben in Zukunft immer leichter werde, 1977 waren noch 12 Prozent dieser Meinung. Dagegen stieg die Zahl derer, die davon überzeugt sind, daß das Leben immer schwerer wird, im gleichen Zeitraum von 42 auf 63 Prozent.

Dieser Meinungsumschwung hat vor allem zwei Gründe: Zum einen sind es emotionale Ängste vor dem Neuen und Undurchschaubaren. Zum anderen sind es individuelle Gründe, vor allem die Angst um den Arbeitsplatz. Wir gehen meiner Ansicht nach einer Krise entgegen, bei der die Grundlagen unserer Kultur in Frage gestellt werden.

Für den Begriff der Angst, der manchmal etwas leichthin benutzt wird, möchte ich die Definition des Psychologen May anführen: "Als die Vorstellung, daß durch eine Bedrohung bis zu einem gewissen Grad die 'Stützen' des Individuums beseitigt werden, die wesentlich für seine Existenz als Persönlichkeit sind."

Die emotionale Angst dürfte entscheidend sein. Der einzelne benimmt sich im täglichen Leben als wenn es keine Krise gäbe, er konsumiert nach wie vor, verzichtet auch bei ununterbrochen steigenden Benzinpreisen nicht auf sein Auto, verlangt Lohnerhöhungen, um seinen Lebensstandard halten oder sogar steigern zu können. Andererseits stemmt er sich gegen die Neuerungen, die zu einem guten Teil die Basis für die Befriedigung seiner Ansprüche bilden. Dieses irrationale Verhalten wird ganz deutlich an Vorstellungen über die Zukunft, wie sie in Science Fiction-Romanen, Filmen und Fernsehsendungen deutlich werden: Die Menschheit wird von außerirdischen Wesen, Robotern, selbständig gewordenen Computern oder neuen Erfindungen bedroht. Daß von all diesen Dingen auch etwas Gutes ausgehen könnte, bildet eine seltene Ausnahme. Im Gegensatz dazu werden die "guten, alten Zeiten" beschworen, die für den überwiegenden Teil der Bevölkerung sicher nicht so gut waren wie die Gegenwart. Charakteristisch ist auch, daß die Nostalgie fast immer das Land als den natürlichen Gegenpol zur künstlichen Stadt beschwört.

Doch die Geschichte zeigt, daß diese Symptome weder einmalig noch neu sind. Sie treten immer dann auf, wenn sich die Kultur in ihren Grundlagen verändert und einer neuen weichen muß. Die Ereignisse beim Übergang von der Antike zum Mittelalter, vom Mittelalter zur Neuzeit und die jetzigen Ereignisse zeigen bis in die Einzelheiten hinein grundsätzliche Parallelen. Es handelt sich bei diesem Wandel, der bis an die Grundlagen des menschlichen Selbstverständnisses geht, immer um die Auseinandersetzung zwischen den Neophoben, die das Althergebrachte bewahren möchten, und den Neophilen, die das Neue für eine bessere Lösung zur Bewältigung des Lebens halten. Und beide Verhaltensweisen haben immer die gleichen Quellen: den Wunsch, die Probleme, die aus der Umwelt entstehen oder die der Mensch selbst schafft, möglichst vollkommen zu meistern und die psychische wie die physische Existenz zu sichern. Beide Einstellungen sind nicht die Ursache, sondern die unterschiedliche Einstellung zu den Fragen, die an die Gesellschaft und den einzelnen immer wieder herangetragen werden.

Ortega y Gasset beschreibt in seinem "Wesen der geschichtlichen Krisen" diesen Vorgang: "Der primitive Mensch, verloren in seiner rauhen, elementaren Umwelt, reagiert durch einen Inbegriff von Haltungen, die ihm die Lösung der Probleme darstellt, die jene aufgegeben hat: Dieses System von Lösungen ist die Kultur."

Doch mit der Zeit verliert die so entstandene Kultur ihre Gültigkeit, sei es, daß sich die Verhältnisse, auf die sich die Haltung bezieht, geändert haben, sei es, daß einige Menschen eine neue Haltung den vorhandenen Problemen gegenüber für besser halten. Die einmal entstandenen Verhaltensformen verselbständigen sich aber, werden mit der Zeit immer komplizierter mit dem Anspruch auf Absolutheit: Aus der einstmals lebendigen Form wird eine tote Formel, aus der lebendigen Reaktion ein sinnloser Gemeinplatz. Noch heute wird in den Schulbüchern vom fleißigen Bauern, selbstverständlich ohne Traktor und der fleißigen Mutter, selbstverständlich ohne Waschmaschine und Kühlschrank, berichtet. Kein Wort über die gegenwärtigen und zukünftigen Berufsformen. Hier wird überwiegend Wissen vermittelt, das den Bedingungen von Gestern entspricht, die junge Generation aber nicht auf die Anforderungen von Morgen vorbereitet. Gleichzeitig wird aber unsere Gesellschaft und die Technik in Frage gestellt. Die Leitbilder werden entwertet, ohne daß neue an ihre Stelle gesetzt werden. Mit dem Blick in den Rückspiegel fährt die Gesellschaft in die Zukunft.

Nun sind diese Verhaltensformen und Wertvorstellungen von Geburt an als etwas Absolutes eingeprägt worden, das sich kaum oder gar nicht verändern kann. Eine Kultur, die sich selbst relativiert und als eine von mehreren denkbaren Lösungen darstellt, muß ihre Aufgabe verfehlen, dem Menschen die Sicherheit und die Leitlinien seines Verhaltens zu vermitteln. Sie muß verbindlich und allein gültig sein, dem einzelnen ein zentrales Leitbild vermitteln. Bis ins 19.Jahrhundert hinein gelobten die Lehrlinge bei ihrer Freisprechung zum Gesellen noch, die Kunst zu wahren und sie weder zu mindern noch zu mehren.

Neuerungen, seien sie geistiger, wissenschaftlicher oder technischer Art, werden aus dieser Einstellung heraus zunächst einmal als Bedrohung empfunden, wenn sie sich nicht offensichtlich in das Wertgefüge einpassen, es höchstens erweitern, aber keinesfalls verändern. Hat man aber das Gefühl, das Neue könne zu einer Gefahr für das Bestehende werden, so entwickeln sich ihm gegenüber Aggressionen und Ängste.

Man denke nur an die Naturwissenschaftler in der Renaissance, wie Galilei oder Giordano Bruno. Ihre Bemühungen um die Naturgesetze wurden als ketzerisch verurteilt, sie selbst mußten widerrufen oder wurden hingerichtet. Daß die Natur von Gesetzen bestimmt wird, die ihr immanent sind, war eine Absage an den Glauben von Gottes allmächtigem Walten. Dagegen wurden Erfindungen wie das Fernglas zum Beispiel sofort akzeptiert, weil der Nutzen auf der Hand lag und die Grundlagen nicht berührt zu werden schienen. Aber Johann Fust, der Geldgeber Gutenbergs, mußte sich in Paris durch Flucht dem Kirchengericht entziehen, da ein solches Buch nur Teufelswerk sein könne. Und der Historiker Commynes lehnte den Druck seiner Bücher ab, damit sie nur denjenigen zugänglich blieben, für die sie bestimmt seien.

Doch im Laufe der Jahrhunderte setzte sich das rationalistische Denken durch und bildete auf der Basis der Naturwissenschaften die Grundlage der Neuzeit; die Dogmen wurden durch die Empirie abgelöst. Jetzt setzte die zweite Phase einer solchen Wandlung ein: Man war nicht mehr grundsätzlich gegen das Neue, solange es innerhalb eines Rahmens der Vorstellungen blieb und die vorhandenen Erfahrungen nicht entwertete: So wurde Benz nach längerem Zögern das "Fahren mit elementarer Kraft" bis zu vier Kilometern in der Stunde und einem vorangehenden Mann mit roter Fahne erlaubt. Dagegen verjagten die Bauern, die immer das konservative Element verkörpern, die Landvermesser für die Eisenbahnlinien und in England schlugen sie sie in mehreren Fällen sogar tot.

Individuelle Ängste entstanden dadurch, daß ganze Berufsgruppen durch die neuen Techniken ihre Aufgaben verloren. So wurde zum Beispiel das gesamte Transportwesen, das auf Pferden und Fuhrwerken beruhte, von der Pferdezucht über Kutscher, Schmiede, Ausspannstationen bis zu den Wagenbauern überflüssig. Die Angst um die eigene Existenz ist die zweite Wurzel der Innovationsängste. Der Kampf gegen den Jacquard-Webstuhl, die Weberaufstände, die Ablehnung der Dampfmaschine sind Beispiele für diese individuellen Existenzängste.

In der dritten Phase hat sich das Neue durchgesetzt und beginnt, der Gesellschaft als Leitbild zu dienen. Mit dem Beginn des Industriezeitalters vertauschten Millionen Menschen das bäuerliche mit dem industriellen Dasein; vor allem im Ruhrgebiet, aber auch in allen anderen Teilen Deutschlands fanden sie völlig fremde Arbeits- und Lebensbedingungen, die zwar hart waren, aber immer noch besser als das Leben und die Bezahlung auf den ostdeutschen Gütern, von wo die meisten Ruhrgebietsarbeiter kamen. Sie stellten sich ohne größere Schwierigkeiten von der Jahres- und Tageszeit auf die chronometrische, von dem Landleben auf die Fabrik um. Jede technische Neuerung wurde optimistisch akzeptiert, da sie die Arbeit erleichterte und auch ganz allmählich dem einfachen Menschen ein besseres Leben und ein Einkommen über dem Existenzminimum bescherte.

Diese Einstellung hielt praktisch bis in die Gegenwart an: Die Neophilen bestimmten die Entwicklung, die praktisch aus ununterbrochenen Veränderungen bestand, und die Gesellschaft akzeptierte diese Form. Allmählich folgten die Innovationen in einem solchen Tempo aufeinander, daß die Gesellschaft nicht mehr folgen konnte. Sie fand keine Zeit, die Neuerungen in ihr Weltbild einzubeziehen, vor allem, weil die Entwicklungen immer undurchschaubarer, immer komplizierter wurden. Die Elektronik und die Atomenergie mit all ihren Folgeentwicklungen übersteigen das Verständnis des Laien; selbst für den Fachmann sind diese Gebiete in ihrer Gesamtheit kaum noch überschaubar.

Es breitet sich das Gefühl der Ohnmacht gegenüber einer omnipotenten Technik und Wissenschaft aus, man fühlt sich undurchschaubaren Mächten ausgeliefert. Die Innovationsangst ergreift die Gesellschaft wieder. Und sie richtet sich allmählich gegen die neuen Formen der elektronischen Informations- und Kommunikationstechniken. Begriffe wie "Elektronenhirn", "künstliche Intelligenz" signalisieren die Angst, daß der Mensch im Zentrum seines Selbstverständnisses, seiner Intelligenz und seiner geistigen Leistung von Maschinen übertroffen werden könnte. Die Diskussion über die gespeicherten personenbezogenen Daten und die bekanntgewordenen Fälle des Mißbrauchs erwecken das Gefühl des hilflosen Ausgeliefertseins an diese neue Technik, und damit eine Ablehnung gegenüber der elektronischen Technik insgesamt. Diese Innovationsängste scheinen ein Ausmaß anzunehmen, wie wir es seit Jahrhunderten nicht mehr erlebt haben. Nur 37 Prozent der Bevölkerung glaubten 1977, daß der Mensch sich der neuen Technik anpassen könne.

Und diese Angst stammt überwiegend aus dem emotionalen Bereich, der viel schwerer beeinflußbar ist als das sachliche Argument. Sie ist irrational, denn wie wäre es sonst möglich, daß die Nutzung der Kernenergie so verbissen bekämpft wird, weil es vielleicht irgendwann einmal zu einer Katastrophe kommen könnte. Die gleichen Personen nehmen die 15.000 Verkehrstoten und mehrere hunderttausend Verletzte jährlich, die seit Jahren eine Realität sind, als naturgegeben hin; dagegen gibt es nicht eine einzige ernsthafte Initiative. Genau so irrational ist es, wenn man mit einigen tausend Autos zu einer Veranstaltung gegen die Umweltverschmutzung fährt. Doch muß man gerade dieses irrationale Verhalten besonders ernst nehmen, weil es unberechenbar ist und viel tiefer wirkt als rationale Verhaltensweisen. Es ist auch viel schwerer zu beeinflussen.

Hinzu kommen die individuellen Ängste. Die Datenverarbeitungsanlagen haben im vergangenen Jahrzehnt viele Funktionen überflüssig gemacht oder grundlegend verändert. Viele Fachkräfte, die mit Recht auf ihre Fähigkeiten stolz waren und von hier ihr Selbstgefühl bezogen, mußten plötzlich erkennen, daß die elektronischen Geräte die Arbeit schneller, exakter und ohne Ermüdung verrichten. Die Tätigkeit der Sachbearbeiter wird zunehmend von Terminals übernommen, Schreibkräfte benötigen keine Stenografie mehr und geben oft nur noch die Bezeichnungen der Texte in den Automaten ein, der daraus einen perfekt geschriebenen Brief selbständig zusammensetzt.

Aber wir stehen noch am Anfang der Entwicklung, die eine immer größere Geschwindigkeit bekommt. Intelligente Terminals, Textautomaten, Fernkopierer und elektronische Fernschreiber verändern die Arbeitsweise im Verwaltungsbereich grundlegend und fordern ganz andere Fähigkeiten von den Mitarbeitern. Die Anforderungen an die geistige Mitarbeit, die Bereitschaft zur Fortbildung und Umschulung werden zunehmen. Fortbildung bedeutet aber gleichzeitig, das bisher für gültig Gehaltene in Frage zu stellen. Und gleichzeitig entsteht die Angst, ob man den neuen Anforderungen gewachsen sein wird.

Die Zukunft ist noch nicht definierbar, man fürchtet sich vor dem unbekannten Neuen. Man ahnt, daß damit eine soziale Umstrukturierung verbunden ist, aber man weiß nicht genau, wie sie aussehen wird und welchen Platz der einzelne einmal einnehmen wird. Diese Sorgen haben bereits die Jugendlichen erfaßt, die in ihrer Berufswahl verunsichert sind, weil sie gar nicht wissen, welche neuen Berufsbilder entstehen und welche Funktionen plötzlich überflüssig werden. Die Informationsverweigerung, die gerade bei intelligenten Jugendlichen anzutreffen ist, die Ablehnung der Gesellschaft, sei es durch die Flucht in Kommunen, Sekten, radikale Organisationen, die die ganze Gesellschaft verändern wollen, oder in Rauschgifte und Alkohol sind gefährliche Anzeichen.

In den verantwortlichen Kreisen scheint man sich der ganzen Brisanz noch nicht bewußt zu sein;
man reagiert mit sachlichen Argumenten auf emotionale Urängste. Psychologisch ausgedrückt:
Das "Erwachsenen-Ich" spricht das "Kindheits-Ich" an und merkt nicht, daß diese Diskussion
auf zwei verschiedenen Ebenen erfolglos sein muß. Die Menschen - und vor allem die jungen
Menschen - müssen ein Gefühl dafür bekommen, daß diese Techniken zu ihrem Nutzen sind,
daß sie neue Möglichkeiten zur Selbstverwirklichung bieten und daß wir nur mit ihrer Hilfe
die weltweiten Schwierigkeiten langfristig meistern können. Wir müssen bewußt machen, daß
nur mit Hilfe der Datenverarbeitung die Informationslawine bewältigt werden kann, daß die
großen Probleme wie Überbevölkerung, Welternährung, die Suche nach neuen Rohstoffen, die
Wiederherstellung des ökologischen Gleichgewichts, die Energieversorgung nur mit den neuen
Techniken bewältigt werden können. Kurz: Es muß Vertrauen nicht nur zu den neuen Techniken
geschaffen werden, sondern es muß das Bewußtsein geschaffen werden, daß wir mit der Zukunft
fertig werden.

Jede historische Krise war bisher von einer Untergangsstimmung begleitet, die alten Sicherheiten wurden ungültig, ohne daß man schon wußte, durch welche neuen sie ersetzt werden. Und
in keiner Krisenzeit konnten die Probleme relativiert, auf ein sachliches Maß zurückgeschraubt
werden. Dabei wird übersehen, daß diese Umorientierungen immer wieder mit schweren gesellschaftlichen Unruhen verbunden waren. Weil man das Neue nicht sah, glaubte man in dieser
Situation immer an den Untergang der gesamten Kultur. Von den 20 überschaubaren Kulturen
sind aber - wie Toynbee ausführt - 18 untergegangen, weil sie sich den neuen Anforderungen
nicht mehr anpassen konnten. Sie waren in ihren Konventionen erstarrt.

Wir dürfen die Möglichkeit nicht übersehen, daß die Bevölkerung die Umstellung auf die Zukunft verweigern könnte. Es ist ein Wohlstands- und Besitzstandsdenken entstanden, man
glaubt einen Anspruch auf seinen Lebensstandard zu haben und ihn - trotz aller Krisenzei-
chen - weiter steigern zu können. Gleichzeitig wird aber, nicht zuletzt durch das Netz der
sozialen Sicherheiten und die Nivellierung der Einkommen das Leistungsdenken immer mehr
entwertet. Die Kinder werden heute zur Kritik erzogen, aber es werden ihnen keine Ansätze
für eine neue, positive Einstellung zur Zukunft vermittelt. Das Bemühen muß darauf gerichtet
werden, die geistige Immobilität zu überwinden und insbesondere der jungen Generation ein
kritisches Vertrauen in die Zukunft zu vermitteln. Die jungen Menschen sind heute verunsichert und viele von ihnen verlassen sich lieber auf die staatliche Fürsorge als auf ihre eigene
Leistungsfähigkeit. Ihnen muß das Vertrauen zu sich selbst wiedergegeben werden und die Ge-
wißheit, daß wir die Zukunft gerade mit den neuen Medien besser bewältigen können, daß für
sie hier ganz neue Möglichkeiten zur Selbstverwirklichung entstehen. Es ist unsere wichtigste

Aufgabe, nicht nur neue Techniken anzubieten, sondern sie in das Weltbild einzuordnen. Wir müssen neue Leitbilder schaffen, die auch überzeugen.

Wenn es uns nicht gelingt, die Öffentlichkeit davon zu überzeugen, daß die neuen Techniken festere und bessere "Stützen" - wie May es formuliert - für die Existenz des einzelnen und den Wohlstand der Gesellschaft bieten, dann werden die Innovationsängste ein immer größeres Ausmaß annehmen und wir werden die Krise nicht überwinden, sondern in eine viel bedrohlichere Krise geraten.

Gehlen, A., Die Seele im technischen Zeitalter, Hamburg 1957
Hofstätter, P.R., Individuum und Gesellschaft, Frankfurt, Berlin, Wien 1972
May, R., The meaning of anxiety, New York 1950
Noelle-Neumann, E., Allensbacher Jahrbuch der öffentlichen Meinung 1978, Allensbach 1978
Nora, S., Minc, A., Die Informatisierung der Gesellschaft, hrsg. v. U.Kalbhenn, Frankfurt/
          Main, New York 1979
Ortega y Gasset, J., Das Wesen geschichtlicher Krisen, Stuttgart 1951
Rüstow, A., Kritik des technischen Fortschritts, in: ORDO, Jahrbuch für die Ordnung von
          Wirtschaft und Gesellschaft, Düsseldorf 1951, S. 373 ff.
Sachsse, H., Anthropologie der Technik, Braunschweig 1978

Mut zur Telekommunikation oder Rede auf das Selbstverständliche

R. Kreile
München

Als mich der Vorsitzende dieses Kongresses gebeten hatte, zum Abschluß
dieses dem Kabelfernsehen und der Telekommunikation gewidmeten Kongresses etwas zu dem nun nachgerade wirklich überraschenden Thema "Mut
zur Telekommunikation"zu sagen, tat ich das, was Politiker immer tun,
wenn sie sich mit der Gegenwart oder gar der Zukunft auseinandersetzen:
Ich warf einen Blick zurück. Und weil es sicherlich für die Breitband-
technik nichts Lehrreicheres gibt als das ausgehende Mittelalter,
blieb dort mein Blick hängen.

Etwa 20 Jahre nach der Erfindung der Buchdruckerkunst - so das Ergebnis meiner historischen Untersuchungen - berief die Gilde zur Erforschung und Verbreitung der Druckkunst, in der sich Setzkastenschreiner,
Druckholzschnitzer, Bleigiesser, Drucker, Poeten, Juristen, Kanzlisten
und Mönche zusammengefunden hatten, in Mainz einen wissenschaftlichen
Kongreß ein, auf dem über Sinn und Gefahren der neuen schwarzen Kunst
meditiert und diskutiert werden sollte. Martin Luther sandte sein
berühmt gewordenes Sendschreiben "Wider die gräuliche Unvernunft der
Verächter des gedruckten Worts"; erwartungsgemäß trat diesen Ausführungen sein üblicher, und wie auch er durch die Druckkunst und Verbreitung seiner Schriften bekanntgewordener Disputant entgegen. Egler
verlas sein trefflich gefertigtes Traktat "Über die Überwindung der
Gefahren mechanischen Teufelswerks durch den Geist", in dem in einer
subtilen Vermischung von Latein - für alles Gedankenvolle - und von
Deutsch - für alles Derbe und Grobe - die neue Druckkunst zugleich
begrüßt und als Werk des Teufels gegeißelt wurde, letzteres - und insoweit stimmte er mit Luther überein -, wenn durch die Druckkunst die
Gedanken des anderen verbreitet würden. Ulrich von Basel, ein militan-
ter Intellektueller, später als der Hutte bekanntgeworden, brachte

die bis dahin in den üblichen akademischen Bahnen laufende Versammlung
ganz durcheinander, als er erklärte: Ihm sei gleich, ob die Druckkunst
Teufelswerk sei oder nicht, auf jeden Fall habe sie gemäß der Recht-
fertigungslehre ihre Rechtfertigung nur dann in sich, wenn sie ein
"regalum agricolae" werde, zu deutsch das Monopol des Bauernstandes.

Dies wiederum gab dem juristisch ebenso versierten wie den Trend der
neuen bürokratischen Herrschaftsform erspürenden und ihn unverzüglich
in die Praxis umsetzenden Pfalzgrafen bei Rhein zu der Replik Anlaß:
Wenn es nun schon nicht mehr beim Schreiben der Bücher in Klöstern
mit der Auflage ein Buch pro Mönch pro Jahr verbleibe, der Geist der
Zeit also wirklich nicht mehr zurückgedreht werden könne, so gäbe es
nur ein regalum, sprich Monopol: das des Reiches.

Daraufhin - so die alten, als Zeugnis der frühen Printkommunikation
wunderschön gedruckten Kongreßberichte - seien alle über ihn herge-
fallen, nahezu jeder hätte auf gleiche Weise argumentiert: Nur er und
seine Freunde hätten das richtige Bewusstsein für das Richtige und
Wahre, nur seine Gruppe - und niemals das Reich - wüßten dieses moderne Teufelswerk richtig einzusetzen und zu kontrollieren.

Da erhob sich in diesem rumor mediae, was wohl zutreffend nicht mit
Getöse, sondern besser mit Interessenstreit der an den Medien Beteiligten übersetzt werden sollte, ein kleiner Mann, der den gelehrten
und machtbewussten Teilnehmern bisher nur durch kluges Zuhören aufge-
fallen war. Er zeigte auf die in der Kongreßhalle zu wahren Gebirgen
aufgebauten Druckerzeugnisse, zumal die Biblen, und meinte: an der
Zunahme der Buchproduktion zweifle doch hier ohnehin niemand, die Welt
werde sicherlich von tausenden und abertausenden weltlicher und geist-
licher Werke überschüttet; da bitte er um Verständnis dafür, dass ihn
der Mut verliesse, dieser erlauchten Runde seinen vorbereiteten Vortrag
über den Mut zur Printkommunikation zu halten. Das Selbstverständliche
müsse ohnehin akzeptiert werden, doch hielte er es für reizvoll, einige
Thesen zum Selbstverständlichen vorzutragen.

Ich möchte nun gerne, mit Erlaubnis dieser heutigen Versammlung versuchen, diese mittelalterliche Rede über das Selbstverständliche auf
unser Tagungsthema, die Telekommunikation zu übertragen:

Die _erste These_ lautet: Der technische Fortschritt läßt sich nicht behindern, läßt sich nicht eindämmen. Gutenberg erfand die Drucklettern,
seine Nachfolger die Bleilettern, dann kam der Fotosatz, und so wird
es weitergehen. Niemand hat mit Erfolg versuchen können, die Eisenbahn

auf die Strecke zwischen Fürth und Nürnberg zu beschränken. Niemand wird die Ausbreitung der Telekommunikation, vom Kabelfernsehen über das Satellitenfernsehen bis zu heute noch nicht gedachten Medienträgern, verhindern können.

<u>Zweite These</u>: Die Monopolisierung des Fortschritts in eine einzige oder zu einer einzigen Organisationsform behindert nicht nur den Fortschritt - was für sich alleine schon schlimm genug wäre -, sondern behindert die Freiheit des Geistes und des Menschen.

Gäbe es ein staatliches Zeitungsmonopol, so gäbe es keine Freiheit und keine freien Menschen. Dies ist nicht nur eine theoretische Einsicht. Wie richtig diese Einsicht ist, können wir leider an gar zu vielen Stellen unserer Erde nachprüfen. Wir sehen: wo es keine Menschenrechte gibt, gibt es nur staatliche Zeitungen und Medien.

Aber auch jedes andere Monopol nichtstaatlicher Art widerspricht der Freiheit: Der Geist weht, sagt der Dichter, so er will. Ihn wehen lassen, ihm den Freiheitsraum hier zu garantieren, ist die Aufgabe des Politikers.

Deswegen kann es auch für die neuen Medien, für die Telekommunikation, keine Monopole geben, keine staatlichen, keine öffentlich-rechtlichen, aber auch keine privaten.

Wer heute auf einer - etwa auch der öffentlich-rechtlichen - Organisationsform als der einzig möglichen für die Telekommunikation beharrt, erweist sich auf eine besonders vertrackte Weise als konservativ-reaktionär, als einer nämlich, der seinen einstigen Stand der Fortschrittlichkeit noch verteidigt, nachdem der Fortschritt bereits über ihn hinweggegangen ist.

Deswegen haben die klugen Verfechter der öffentlich-rechtlichen Organisationsform auch längst erkannt, dass die Ausgewogenheit nicht nur für Programm gilt, sondern auch für die Organisationsstrukturen der Programme. Hier müssen neben öffentlich-rechtlichen solche privatrechtlicher Art stehen, weiterhin daneben solche gemischt-öffentlich- und privat-rechtlicher Art. Die Juristen werden hier einige Mühe haben, mit dem Erfindungsreichtum der Physiker und Elektroniker Schritt zu halten; wenn dies aber nicht in dem Wunsche geschieht, zu gängeln, sondern in dem grundgesetzlichen Willen zur Verwirklichung der Freiheit, dann wird dies gelingen.

Deswegen lautet die <u>letzte These</u>: Alles Neue erfordert Mut und Vertrauen in die Kraft des Geistes.

Wir sollen und wollen uns nicht täuschen: Auch die Erfindung und die Hinnahme der Erfindung der Druckkunst, der Printmedien, erforderte Mut. Das Wort, einmal gedruckt und verbreitet, konnte die Welt verändern und hat dies getan. Aber auch nur das gedruckte Wort wiederum vermochte die weitere Veränderung der Welt in die richtige Richtung vorzunehmen.

So wird auch das elektronische Wort und Bild immer von dem Geist abhängen, der den Kommunikationsinhalt ausmacht. Das Instrumentarium Telekommunikation als solches zu verteufeln oder zu vergötzen, ist ebenso realitätsfern wie die von Hegel vortrefflich denunzierte Annahme, man könne in einen Hund Geist dadurch hineinbringen, dass man ihn gedruckte Schriften kauen lasse.

Und wenn die Theologie der modernen Soziologen meint, durch die neuen Telekommunikationsmedien würden wir noch länger auf den Bildschirm starren, noch weniger miteinander reden und noch einsamer werden, so ist das schlicht falsch. Schon jetzt könnte man, wenn man wollte, fast 24 Stunden auf den Bildschirm starren und tut es nicht; künftig kann man sicher auch nicht 25 Stunden telekommunizieren, aber man kann in grösserer Freiheit aussuchen, was und wen man sehen will, wen man über was befragen will, und man kann über die Auswahl miteinander reden und den Mut finden, die Einsamkeit zu überwinden. Diesen Mut zur Telekommunikation wünsche ich uns allen.

Elektronische Textkommunikation
Electronic Text Communication

Vorträge des vom 12.–15. Juni 1978 in
München abgehaltenen Symposiums
Proceedings of a Symposium Held in Munich,
June 12–15, 1978

Herausgeber/Editor: W. Kaiser

1978. 238 Abbildungen, 11 Tabellen.
XVII, 490 Seiten (156 Seiten in Englisch)
DM 64,–
ISBN 3-540-09060-6

„Der im Jahr 1974 gegründete „Münchner
Kreis", eine übernationale Vereinigung zur
Kommunikationsforschung, hat sich zum Ziel
gesetzt, außer den technischen vor allem auch
die menschlichen, gesellschaftlichen, wirtschaftlichen und politischen Probleme zu er-
örtern, die mit der Einführung neuer Kommunikationsformen auftreten...

Das Lesen der teilweise in englischer Sprache
dokumentierten Texte erfordert nur selten
spezielle Kenntnisse. Dies sollte auch für viele
„Nichtfachleute" ein Anreiz sein, sich anhand
des Buches einen Überblick über Entwicklungen zu verschaffen, die unter anderem den
privaten Bereich beträchtlich beeinflussen
können."

VDI Zeitschrift

Springer-Verlag
Berlin
Heidelberg
New York

Two-Way Cable Television

Experiences with Pilot Projects in North America, Japan and Europe

Proceedings of a Symposium Held in Munich, April 17–29, 1977
Editors: W. Kaiser, H. Marko, E. Witte
With contributions by numerous experts.

1977. 70 figures, 8 Tables. V, 292 pages
DM 38,–
ISBN 3-540-08498-3

These proceedings of the first Symposium of the Münchner Kreis, a supranational organization for communications research, deal with future directions in broadband communications. Experts from North America, Japan, and Europe discuss their experience with pilot projects for broadband communication in distribution networks with return channel. The services and their acceptance by the users are considered in addition to technical questions. The result is an overview and preview of developments in this new sector of communications from an international perspective. This book is directed to all persons interested in the technical, economic, sociological or media aspects of communications engineering.

„…Mit dieser Übersicht bietet das Werk einen repräsentativen Querschnitt über den Stand des Zweiweg-Kabelfernsehens. Die Beiträge sind in kurzer und prägnanter Form abgefaßt und werden durch Bilddarstellungen, Fakten und Blockschaltbildern unterstützt.“

Bild und Ton

Springer-Verlag
Berlin
Heidelberg
New York